应用语言学译丛

自然语言交流的计算机模型

——数据库语义学下的语言理解、推理和生成

〔德〕罗兰德·豪塞尔　著

冯秋香　译

冯志伟　审校

商务印书馆
创于1897 The Commercial Press

2016年·北京

图书在版编目(CIP)数据

自然语言交流的计算机模型:数据库语义学下的语言理解、推理和生成/(德)豪塞尔著;冯秋香译. —北京:商务印书馆,2016
ISBN 978 - 7 - 100 - 11518 - 6

Ⅰ.①自⋯　Ⅱ.①豪⋯ ②冯⋯　Ⅲ.①自然语言处理 - 语言模型 - 研究　Ⅳ.①TP391

中国版本图书馆 CIP 数据核字(2015)第 191095 号

应用语言学译丛
自然语言交流的计算机模型
——数据库语义学下的语言理解、推理和生成
〔德〕罗兰德·豪塞尔 著
冯秋香 译 冯志伟 审校

商 务 印 书 馆 出 版
(北京王府井大街36号 邮政编码100710)
商 务 印 书 馆 发 行
北京市白帆印务有限公司印刷
ISBN 978 - 7 - 100 - 11518 - 6

2016年3月第1版　　开本787×960 1/16
2016年3月北京第1次印刷　印张27½
定价:56.00元

《应用语言学译丛》

审校者的话

本书作者罗兰德·豪塞尔（Roland Hausser）是德国爱尔兰根-纽伦堡大学计算语言学教授。他先后出版了《表面组成语法》《自然人机交流》《计算语言学基础-人机自然语言交流》和《自然语言交流的计算机模型》等多部专著，发表文章近百篇。Hausser是"左结合语法"（Left-Associative grammar，简称LA）的创始人，后来他又进一步提出了"数据库语义学"（Database Semantics，简称DBS）和完整的"语表组合线性内部匹配"理论（Surface compositional Linear Internal Matching，简称SLIM），在计算语言学界形成了他自己独特的风格。

我与Hausser教授曾有一面之交。2002年联合国教科文组织（UNESCO）韩国委员会在韩国首尔（Seoul）举行了一次关于"信息时代的语言问题"的学术研讨会，我和Hausser都被邀请参加了这次会议，在会议期间的交谈中，我对Hausser的独特理论有了初步的了解，回国之后，我又细读了他的《计算语言学基础-人机自然语言交流》（英文版）一书，对他的理论又有了进一步的认识。我认为Hausser教授是一位具有独创精神的计算语言学家。

Hausser认为，面向未来的计算语言学的中心任务就是研究一种人类可以用自己的语言与计算机进行自由交流的认知机器。因此，自然语言的人机交流应当是计算语言学的中心任务。计算语言学研究应当通过对说话人的语言生成过程与听话人解释语言的过程进行建模，在适宜的计算机上复制信息的自然传递过程，从而构建一种可与人用自然语言自由交流的自治的认知机器，这样的认知机器也就是机器人（robot）。为了实现这一目标，必须对自然语言交流机制的功能模型有深刻的理解。

Hausser提出的"语表组合线性内部匹配"（SLIM）理论以人作为人机交流的主体，而不是以语言符号为主体，突出了人在人机交流中的主导作用，

SLIM 理论要求通过完全显化的机械步骤,使用逻辑和电子的方式来解释自然语言理解和自然语言的生成过程。因此,SLIM 理论与现代语言学中的结构主义、行为主义、言语行为等理论是不同的,具有明显的创新特色。

SLIM 理论强调"表层成分"(Surface),以语表组合性作为它的方法论原则;SLIM 理论强调"线性"(Linear),以时间线性作为它的实证原则;SLIM 理论强调语言的"内部因素"(Internal),以语言的内部因素作为它的本体论原则;SLIM 理论强调"匹配"(Matching),以语言和语境信息之间的匹配作为它的功能原则。事实上,SLIM 这个名字本身就来自于这四项原则的英文名称的首字母缩写。

SLIM 理论的技术实现手段叫作"数据库语义学"(DBS)。DBS 是把自然语言理解和生成重新建构为"角色转换"(turn-taking)的规则体系。角色转换指的是从"说话人模式"(speaker mode)向"听话人模式"(hearer mode)的转换,或者从"听话人模式"向"说话人模式"的转换。

在自然语言的实际交流过程中,第 1 个过程是听话人模式中的自然主体从另一个主体或者语境获得信息,第 2 个过程是自然主体在自己的认知当中分析信息,第 3 个过程是自然主体思考如何做出反应,第 4 个过程是自然主体用语言或者行动做出反馈。

DBS 的输入与第 1 个过程相似,要求计算机或者机器人具备外部界面。接下来匹配语境和认知的内容,采用左结合语法(LA)来模拟第 2 个过程,这个左结合语法是处于听话人模式中的,叫作 LA-hear。左结合语法的第二个变体负责在内存词库中搜索合适的内容,叫作 LA-think,这一部分操作对应于第 3 个过程。左结合语法的第三个变体的任务是语言生成,叫作 LA-speak,模拟第 4 个过程。如下图所示:

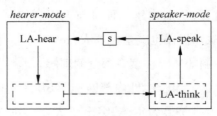

在这个图中,听话人模式的 LA-hear 模拟第 2 个过程,说话人模式的 LA-think 模拟第 3 个过程,LA-speak 模拟第 4 个过程。

DBS 的分析结果用 DBS 图(DBS graph)来表示。DBS 图是一种树结构,但是,DBS 图的树结构与短语结构语法和依存语法的树结构有所不同。

例如,英语的句子"The little girl slept"(那个小女孩睡着了)用短语结构语法分析后的树结构如下:

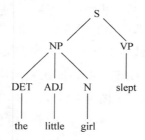

在这个短语结构语法的树结构中,S(句子)由 NP(名词短语)和 VP(动词短语)组成,NP 由 DET(限定词),ADJ(形容词)和 N(名词)组成,它们分别对应于单词 the,little 和 girl,VP 对应于单词 slept。句子的层次和单词之间的前后线性关系都是很清楚的,但是,在组成 S 的 NP 和 VP 之间,没有说明哪一个是中心词,在组成 NP 的 DET,ADJ 和 N 之间,也没有说明哪一个是中心词,句子中各个成分的中心不突出。

用依存语法分析后的树结构如下:

在这个依存语法的树结构中,全部结点都是具体的单词,没有 S,NP,VP,DET,ADJ,N 等表示范畴的结点,各个单词之间的依存关系清楚,这种依存关系是二元关系,支配者是中心词,被支配者的从属词。但是,单词之间的前后线性顺序不如短语结构语法的树结构那样明确。

用 DBS 图分析后的树结构如下:

DBS 图的树结构中,着重对语言内容进行分析,因此,没有表示定冠词 the 的结点,结点上的单词都用原型词表示。DBS 图最突出的特色在于,DBS 图树结构的结点之间的连线各自有其明确的含义,连线不仅表示结点之间的依存关系,还可以根据连线走向的不同来表示不同的功能:垂直竖线"│"表示修饰-被修饰关系,例如,上图中 little 与 girl 用垂直竖线相连,表示 little 修饰 girl;左斜线"/"代表主语-动词关系,例如,上图中 girl 与 sleep 用左斜线相连,表示 girl 是 sleep 的主语。此外,DBS 图树结构还使用右斜线"\"表示宾语-动词关系,使用水平线"—"表示并列关系。由于连线走向的不同可以表示不同的功能,这样的树结构表示的信息比短语结构语法的树结构和依存语法的树结构丰富多了。这是 DBS 图树结构最引人瞩目的特点。

上面的 DBS 图中表示了 little 做 girl 的修饰语,girl 做 sleep 的主语,表达的是句子中单词之间的语义关系,所以,Hausser 把这样的 DBS 图叫作"语义关系图"(the semantic relations graph,简称 SRG)。

如果把 DBS 图中每个结点上的单词替换为代表其词性的字母,那么语义关系图就变成了"词性关系图"(the part of speech signature,或者简写为 signature)。上一例句的词性关系图如下所示:

语义关系图和词性关系图是同一句子内容的不同表示,它们表示的内容相同,表示的形式不同。

Hausser 在 2011 年的新书中还提出了另外两个图：一个是"编号弧图"（the numbered arcs graph，简称 NAG），另一个是"语表实现图"（the surface realization）。这两个图分别表现如何从内容生成语言的过程和结果。编号弧图表示激活语义关系图的时间线性顺序，也就是说，编号弧图在某种程度上可以说是添加了编号弧的语义关系图。语表实现图表示如何按照遍历顺序生成语言的表层形式。

例如，英语句子"The little girl ate an apple"（这个女孩吃了一个苹果）的语义关系图（SRG）如下：

由于语义关系图（SRG）只表示句子的内容，所以，在这个 SRG 中，没有表示定冠词 the 的结点，也没有表示不定冠词 an 的结点，过去时形式 ate 用不定式动词 eat 来表示。

这个句子的词性关系图（signature）如下：

在这个词性关系图中，结点上的单词都替换表示其词性的字母。

这个句子的编号弧图（NAG）如下：

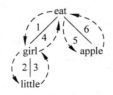

由于编号弧图（NAG）要表示激活语义关系图的时间线性顺序，这种时间顺序用编号弧表示，编号弧用虚线标出，并在虚线旁边用数字注上时间的线性

顺序:结点 eat 首先激活的结点 girl(编号弧 1);接着,结点 girl 激活结点 little(编号弧 2),由于它们之间用垂直竖线"|"相连,因此,可推导出 little 修饰 girl(编号弧 3);由于结点 girl 与结点 eat 之间用左斜线"/"相连,因此,可推导出 girl 是 eat 的主语(编号弧 4);然后,结点 eat 激活结点 apple(编号弧 5),由于结点 apple 与结点 eat 之间用右斜线"\"相连,因此,可推导出 apple 是 eat 的宾语(编号弧 6)。可以看出,所有表示推导的编号弧的方向都是自底向上的。

这个句子的语表实现图如下:

$$
\begin{array}{cccccc}
1 & 2 & 3 & 4 & 5 & 6 \\
\text{The} & \text{little} & \text{girl} & \text{ate} & \text{an\_apple} & .
\end{array}
$$

这个语表实现图中的数字表示单词生成的顺序。

数据库语义学(DBS)有两个基础:一个是左结合语法(LA-grammar),另一个是单词数据库(word bank)。左结合语法和单词数据库在 DBS 中紧密结合在一起。Hausser 把左结合语法比作火车头,把单词数据库比作火车运行必需的铁路系统。

单词数据库存储单词的内容,其存储形式是一种非递归的特征结构,叫作"命题因子"(proplets)①。英文"proplet"取自"proposition droplet",表示命题的构成部分。

一个命题因子是"属性-值偶对"(attribute-value pair)的集合。每个单词或者句子元素的句法语义信息都体现为相应的属性-值矩阵(attribute-value matrix)。例如,汉语"学生"这个单词的属性-值矩阵如下:

$$
\begin{bmatrix}
\text{sur:学生} \\
\text{pyn:xuesheng} \\
\text{noun:student} \\
\text{cat:nr} \\
\text{sem:pl} \\
\text{fnc:} \\
\text{mdr:} \\
\text{prn:}
\end{bmatrix}
$$

----

① 译者冯秋香把 proplets 翻译为"命题粒",我建议她改译为"命题子"或者"命题因子",她接受了我建议,改译为"命题因子"。

这样的属性-值矩阵就是单词数据库的"命题因子"。在这个命题因子中,sur 表示"语表",pyn 表示"拼音",noun 表示"名词",cat 表示"范畴",sem 表示"语义",fnc 表示"函词",mdr 表示"修饰",prn 表示"命题"。

左结合语法是按照自然语言的时间线性顺序自左向右结合进行分析与计算的方法。

具体来讲,每个句子的第一个词为整句分析过程中的第一个"句子起始部分"(sentence start),之后输入下"一个词"(next word),二者经过计算构成新的句子起始部分,再继续与下一个输入的单词进行组合计算。这样不断地进行分析,直到句子结束或者出现语法错误才终止。当出现句法歧义或者词汇歧义时,左结合语法允许按照不同的推导路径并行地继续运算。

Hausser 将左结合语法与短语结构语法进行了对比分析。他指出,左结合语法与短语结构语法是同质的语言分析方法。它们之间的差异在于:短语结构语法依据的是"替换原则"(the principle of substitution),而左结合语法依据的则是"可接续性原则"(the principle of continuation)。如果以"a,b,c..."来代表语言符号,以"+"代表串联符,那么,左结合语法的计算过程可以表示如下:

$$
\begin{array}{c}
a \\
(a) + b \\
(a + b) + c \\
(a + b + c) + d \\
\cdots\cdots
\end{array}
$$

左结合语法在进行推导时,总是按照自左向右和自底向上的顺序,沿着树结构的左侧,一步一步地把单词逐一地结合起来的。树结构中的推导顺序如下:

例如，英语句子"Every girl drunk water"（每一个女孩都喝了水）的推导顺序如下：

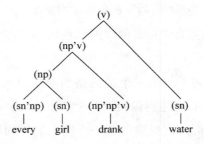

从这个树结构中可以看出，推导从左侧开始，首先把 every 与 girl 结合起来，形成（np），然后把（np）与 drank 结合起来，形成（np'v），最后把（np'v）与（sn）结合起来，形成（v）。

整个推导过程遵循时间线性（time linearity）的原则。所谓"时间线性"，就是"以时间为序，与时间同向"（linear like time and in the direction of time），也就是说，在推导时，要按照时间前后的顺序进行，要沿着时间的方向推进。

上面我简要地介绍了 Hausser 的主要理论和方法，希望这些介绍能够帮助读者更好地理解这本《自然语言交流的计算机模型——数据库语义学下的语言理解、推理和生成》。

本书共分三个部分。第一部分介绍了 SLIM 语言理论的基本框架，包括认知主体的外部界面、数据结构和算法。这一部分涉及很多对整个系统至关重要的问题，比如概念的本质、概念在识别和行动中的作用、不同符号的指代机制、语境层的形式结构，等等。

第二部分系统分析了自然语言的主要结构，以英语在听话人和说话人模式下的示意推导为例。听话人模式下的分析主要介绍如何严格按照时间线性顺序将函词－论元结构（hypotaxis）和并列结构（parataxis）编码为命题因子，并把共指（coreference）作为推理基础上的二级关系来分析。说话人模式下的分析主要介绍如何在词库内进行以提取内容为基础的自动导航，如何按照相应语言的语法要求输出正确的词形、语序，如何析出适当的功能词，等等。

第三部分介绍英语断片，作者构建了一个功能完整但覆盖面有限的英语交流体系。这部分详细介绍了如何理解和生成小样本文本，对词汇、LA-hear、LA-think 和 LA-speak 进行了明确定义。

本书为计算语言学相关的研究人员、学生和软件工程师等提供了一个对自然语言交流进行理论分析的功能框架，这个框架可以适用于任何自然语言的自动处理。

本书译者冯秋香是大连理工大学外国语言学及应用语言学硕士，计算机科学与技术方向博士，具备良好的语言学和计算机科学的跨学科背景，又有很扎实的英语功底。她从 2009 年 10 月开始，到德国爱尔兰根-纽伦堡大学学习，师从 Hausser 教授研究"左结合语法"。她熟悉 Hausser 教授的计算语言学理论，对于 Hausser 的"数据库语义学"和"语表组合线性内部匹配"理论有深入的了解。我觉得，冯秋香是本书最适合的中文译者，这个中文译本忠实于原文，译文准确精当，通顺流畅，可读性强。

商务印书馆请我审校此书。我对照本书的英文原文《A Computational Model of Natural Language Communication—Interpretation, Inference and Production in Database Semantics》，仔细地审校了冯秋香的中文译本，并参照有关材料，在这里介绍一些与本书有关的背景知识，希望对于读者理解本书有所帮助。我相信，本书中译本的出版，一定会增进我国语言学界对于当前国外计算语言学独创性理论的了解，从而推进我国计算语言学研究的发展。

冯志伟

2014 年 2 月 4 日，于杭州仓前

前　　言

　　《自然哲学的数学原理》[1]第一版的前言里,牛顿把力学分为理论力学和实用力学。理论力学又被称作理性力学,包括精确示范等;实用力学则包括所有的手工技术。如果用同样的方法来对当今的语言学进行分类,会怎样呢?

　　牛顿会首先强调本学科的重要性,但我们不想这样做。我们直奔主题:什么是理论语言学? 什么是实用语言学? 实用语言学的例子有语音识别、桌面出版、文字处理、机器翻译、内容提取、文本分类、互联网查询、自动辅导、对话系统和其他所有的自然语言的应用。这些实际应用催生了对实用语言学方法的巨大需求。

　　但是,现有的实用语言学方法还远远不能满足用户的需求和期待。到今天为止,最成功的实用语言学方法是基于统计学和元数据标注的方法。这些是快速解决的方法(smart solutions)[2],不需要关于自然语言交流过程的一般性理论支持,其目的是最大限度地挖掘每一次应用或者每一类应用的特殊性及其本质上的局限性。

　　我们来看一下实用力学:从准确预测潮汐到预测行星未来的位置,从炮弹瞄准到登陆月球等,都是力学的实际应用。和语言学应用一样,力学的实际应用,对方法也产生了巨大的需求。

　　但是,和语言学不同的是,实用力学的方法不但能够满足这一需求,甚至还超出人的想象。其原因是,牛顿的理论在应用于具体实践的同时,能够

---

　　① 拉丁语原文全名:*Philosophiœ Naturalis Principia Mathematica*(1687),英文全名:*The Principia:Mathematical Principles of Natural Philosophy.*

　　② 见 FoCL,Section 2.3. 与可靠解决方案(solid solution)相对.

保持与传统工艺技能之间的相容性。虽然每一次应用都很艰难,需要理论知识和实践经验相结合,但是,其结果总是好的。

这就很自然地引出了一个问题:语言学能不能也这样呢? 能不能把语言学理论直接转换成各种实际应用的有限的个别的背景,从而设想一个新的能够满足各式各样需求的框架呢? 对于基础研究来说,这是一个相当大的挑战。

为了构建一个完整的、具有普遍性的语言学框架,我们首先要重建人类自然语言交流的认知"力学"。本书讨论的数据库语义学(*Database Semantics*,DBS)理论[①]就是会说话的机器人的陈述性规范说明(declarative specification)。数据库语义学在实际应用上的潜力和它能够成功地、充分地模拟人类认知的能力直接相关。这一点是我们这个研究项目的本质。[②]

一个会说话的机器人的陈述性规范说明必须是一个能够有效地实现自然语言交流机制的功能模型。为了确保完整性,该模型必须以人与人之间的基于语言的互动为原型。该模型的功能性和数据覆盖面必须通过具体实践来验证,也就是要有一个与之相应的运行有效的计算机程序。从长远看,功能性、完整性和可验证性相结合是模型升级成功的最佳科学基础。

由此得到的系统能够应用于所有与自然语言交流相关的实践活动。大多数情况下,只要降低该模型的功能性和数据覆盖面就可以满足某一具体实践的要求。例如,会说话的机器人具备认知功能、人工视觉、操纵以及移位功能等,要建立一个电话的自动对话系统,只需要用到它的认知功能。[③]

其他的应用,例如我们熟知的机器翻译,在降低机器人功能性的同时,还要求对理论进行扩展。不过,数据库语义学有坚实的基础来满足这个要

---

　　①　作为一个具体的科学理论的名称,数据库语义学(Database Semantics)每个词的首字母都要大写,以区别于一般用法,如数据库语义约束条件(见 Bertossi, Katona, Schewe, and Thalheim (eds.) 2003)。

　　②　和任何有实际应用的基础科学一样,自然语言交流的计算模型也有可能被误用。这就要求在保证学术自由、信息获取和对话自由的同时,按照法律的明确规定来制定责任制度等,来保障隐私和知识产权。

　　③　类似的策略也适用于诸如自动语法检查、内容提取、索引以提高互联网查询的查全率和精度或者自动语音识别等具体应用。

求,因为它也可以模拟单语交流,包括单语理解的过程。

　　另外,不依存于实践的(理论上的)任何有关词典数据覆盖率、自动词形识别、句法-语义分析、绝对知识和情景知识、推理等方面所取得的进步都可以直接提高现有理论的实际应用能力。方法很简单,就是把相关的部分定期地替换为新版本。这种可能性的来源在于,理论所提供的各个模块以体现功能为目的,各个界面的定义也很明确。

　　下面我们来尽可能直接地、简单地介绍一下数据库语义学。本书面向语言学和自然语言处理领域的在校研究生、其他研究人员,以及软件工程师等。语言哲学、认知心理学和人工智能等领域的学生和研究人员也可以参阅本书。

　　对计算语言学和数据库语义学还比较陌生的读者可以读一读《计算语言学基础》(*Foundations of Computational Linguistics*,1999,2001 第二版)。作为一本教材,《计算语言学基础》系统地描述了传统的语法,对各种语言学方法的历史背景也作了对比分析,并提出了 SLIM 语言学理论。本书也采用了这一理论。

　　认知心理学方面的知识储备对理解本书也有一定的帮助,如 Anderson 的 ACT-R 理论(见 Anderson and Lebiere 1998)。和数据库语义学一样,ACT-R 理论在本质上是以符号,而不是以统计为基础的。它也把计算模拟的方法作为验证方法。但是,ACT-R 理论的研究焦点是记忆、学习和问题求解,数据库语义学的核心是模拟自然语言交流过程中的说者模式和听者模式。

致　　谢

　　本书完成于爱尔兰根-纽伦堡大学的计算语言学系。我要感谢系里的所有成员：Matthias Bethke，Johannes Handl，Besim Kabashi 和 Jörg Kapfer（按姓氏的字母顺序排列）。他们和我一起广泛而深入地讨论了与本书相关的理论和实践两方面的技术问题和概念问题，并提出了很多很好的建议。我还要感谢我的学生们，尤其是 Arkadius Kycia。他是第一个采用 Java™ 语言来编写说者、思考和听者三个模式下的 DBS.1 和 DBS.2 应用程序的人。另外要感谢的人是 Brian MacWhinney（卡耐基梅隆大学，匹兹堡）和刘海涛教授（中国传媒大学，北京）。他们对我的早期手稿提出了中肯的意见。Mike Daly（Dallas）承担了手稿的校对工作，也提出了宝贵的建议。Marie Hučinova（查尔斯大学，布拉格），Vladimir Petroff（东北大学，波士顿），Kiyong Lee（韩国大学，首尔），以及 Springer 的编辑们，在本书出版的最后阶段做了大量的改进工作，在此一并致谢。本书如有错误之处，责任全部在我个人。

罗兰德·豪塞尔

2006 年 2 月

爱尔兰根-纽伦堡

书中常引文献的缩写形式

SCG'84   = Hausser, R. (1984) *Surface Compositional Grammar*, pp. 274, München: Wilhelm Fink Verlag

NEWCAT'86   = Hausser, R. (1986) *NEWCAT: Parsing Natural Language Using Left-Associative Grammar*, Lecture Notes in Computer Science 231, pp. 540, Berlin Heidelberg New York: Springer

CoL'89   = Hausser, R. (1989) *Computation of Language, An Essay on Syntax, Semantics, and Pragmatics in Natural Man-Machine Communication*, Symbolic Computation: Artificial Intelligence, pp. 425, Berlin Heidelberg New York: Springer

TCS'92   = Hausser, R. (1992) "Complexity in Left-Associative Grammar," *Theoretical Computer Science*, 106.2: 283-308, Amsterdam: Elsevier

FoCL'99   = Hausser, R. (1999/2001) *Foundations of Computational Linguistics, Human-Computer Communication in Natural Language*, 2nd ed., pp. 578, Berlin Heidelberg New York: Springer

AIJ'01   = Hausser, R. (2001) "Database Semantics for natural language." *Artificial Intelligence*, 130.1: 27-74, Amsterdam: Elsevier

L & I'05   = Hausser, R. (2005) "Memory-Based pattern completion in Database Semantics," *Language and Information*, 9.1: 69-92, Seoul: Korean Society for Language and Information

目　　录

引言 ……………………………………………………………… 1

第一部分　认知交流机制

1. 方法问题 ………………………………………………… 11

　1.1　以符号还是以主体为导向来进行语言分析? ………… 11

　1.2　验证原则 ………………………………………… 14

　1.3　等同原则 ………………………………………… 15

　1.4　客观化原则 ……………………………………… 17

　1.5　界面和输入∕输出的等价原则 ………………… 19

　1.6　语表组合性和时间线性 ………………………… 20

2. 界面和组成成分 ………………………………………… 25

　2.1　有和没有语言功能的认知主体 ………………… 25

　2.2　模块和媒介 ……………………………………… 28

　2.3　语言指代的不同本体 …………………………… 29

　2.4　语言理论和语法理论 …………………………… 31

　2.5　直接指代和媒介指代 …………………………… 32

　2.6　SLIM 语言理论 ………………………………… 34

3. 数据结构和算法 ………………………………………… 40

　3.1　编码命题内容的命题因子 ……………………… 40

　3.2　语言和语境命题因子之间的内部匹配 ………… 42

　3.3　在词库内存储命题因子 ………………………… 44

　3.4　LA 语法的时间线性算法 ……………………… 46

　3.5　自然语言交流循环 ⋯⋯⋯⋯⋯⋯⋯⋯⋯⋯⋯⋯⋯ 50

　3.6　数据库语义学示例：DBS－字母 ⋯⋯⋯⋯⋯⋯⋯⋯ 54

4.概念类型和概念个例 ⋯⋯⋯⋯⋯⋯⋯⋯⋯⋯⋯⋯⋯⋯ 60

　4.1　命题因子类型 ⋯⋯⋯⋯⋯⋯⋯⋯⋯⋯⋯⋯⋯⋯⋯ 60

　4.2　用来确立指代关系的类型－个例关系 ⋯⋯⋯⋯⋯⋯ 64

　4.3　语境识别 ⋯⋯⋯⋯⋯⋯⋯⋯⋯⋯⋯⋯⋯⋯⋯⋯⋯ 67

　4.4　语境行动 ⋯⋯⋯⋯⋯⋯⋯⋯⋯⋯⋯⋯⋯⋯⋯⋯⋯ 68

　4.5　符号识别与生成 ⋯⋯⋯⋯⋯⋯⋯⋯⋯⋯⋯⋯⋯⋯ 69

　4.6　普遍命题因子和语言相关命题因子 ⋯⋯⋯⋯⋯⋯⋯ 71

5.思考模式 ⋯⋯⋯⋯⋯⋯⋯⋯⋯⋯⋯⋯⋯⋯⋯⋯⋯⋯⋯ 74

　5.1　根据问题提取答案 ⋯⋯⋯⋯⋯⋯⋯⋯⋯⋯⋯⋯⋯ 74

　5.2　情景命题和绝对命题 ⋯⋯⋯⋯⋯⋯⋯⋯⋯⋯⋯⋯ 79

　5.3　推理：重新建构假言推理 ⋯⋯⋯⋯⋯⋯⋯⋯⋯⋯ 82

　5.4　语言的间接使用 ⋯⋯⋯⋯⋯⋯⋯⋯⋯⋯⋯⋯⋯⋯ 86

　5.5　作为角度选择的二级编码 ⋯⋯⋯⋯⋯⋯⋯⋯⋯⋯ 89

　5.6　意义变化 ⋯⋯⋯⋯⋯⋯⋯⋯⋯⋯⋯⋯⋯⋯⋯⋯⋯ 91

第二部分　自然语言的主要结构

6.命题内部函词论元结构 ⋯⋯⋯⋯⋯⋯⋯⋯⋯⋯⋯⋯⋯ 97

　6.1　概述 ⋯⋯⋯⋯⋯⋯⋯⋯⋯⋯⋯⋯⋯⋯⋯⋯⋯⋯⋯ 97

　6.2　冠词 ⋯⋯⋯⋯⋯⋯⋯⋯⋯⋯⋯⋯⋯⋯⋯⋯⋯⋯⋯ 99

　6.3　形容词 ⋯⋯⋯⋯⋯⋯⋯⋯⋯⋯⋯⋯⋯⋯⋯⋯⋯ 105

　6.4　助词 ⋯⋯⋯⋯⋯⋯⋯⋯⋯⋯⋯⋯⋯⋯⋯⋯⋯⋯ 109

　6.5　被动语态 ⋯⋯⋯⋯⋯⋯⋯⋯⋯⋯⋯⋯⋯⋯⋯⋯ 110

　6.6　介词 ⋯⋯⋯⋯⋯⋯⋯⋯⋯⋯⋯⋯⋯⋯⋯⋯⋯⋯ 113

7.命题间函词论元结构 ⋯⋯⋯⋯⋯⋯⋯⋯⋯⋯⋯⋯⋯ 116

　7.1　概述 ⋯⋯⋯⋯⋯⋯⋯⋯⋯⋯⋯⋯⋯⋯⋯⋯⋯⋯ 116

　7.2　句论元作主语 ⋯⋯⋯⋯⋯⋯⋯⋯⋯⋯⋯⋯⋯⋯ 119

7.3 句论元作宾语 ·················· 121

7.4 主语空缺的定语从句 ·················· 123

7.5 宾语空缺的定语从句 ·················· 126

7.6 状语从句 ·················· 127

8. 命题内并列关系 ·················· 130

8.1 概述 ·················· 130

8.2 简单名词并列结构作主语和宾语 ·········· 135

8.3 动词和形容词的简单并列结构 ·········· 140

8.4 动词和形容词的复杂并列关系:主语空缺 ·········· 144

8.5 主语和宾语的复杂并列结构:动词空缺 ·········· 148

8.6 主语和动词的复杂并列结构:宾语空缺 ·········· 151

9. 命题间并列关系 ·················· 156

9.1 概述 ·················· 156

9.2 理解和生成命题间并列关系 ·········· 158

9.3 简单并列结构作句子论元和修饰语 ·········· 161

9.4 复杂并列结构作句子论元和修饰语 ·········· 168

9.5 提问和回答过程中的角色转换 ·········· 175

9.6 作为思考结构的复杂命题 ·········· 179

10. 命题内和命题间共指 ·················· 184

10.1 概述 ·················· 184

10.2 命题内共指 ·················· 187

10.3 句子论元的兰盖克-罗斯限制定理 ·········· 189

10.4 兰盖克-罗斯限制定理用于修饰名词的句子 ·········· 194

10.5 兰盖克-罗斯限制定理用于状语修饰句 ·········· 197

10.6 通过推理处理代名词共指关系 ·········· 201

第三部分 形式片段的陈述性规范说明

11. DBS.1:听者模式 ·················· 209

11.1 自动词形识别 ·················· 209

11.2 LA-hear.1 词典 ·················· 211

11.3　LA-hear.1 前导 ……………………………………… 214

11.4　LA-hear.1 定义 ……………………………………… 216

11.5　解析句群 …………………………………………… 218

11.6　在词库中存储 LA-hear.1 的分析结果 ……………… 224

12. DBS.1:说者模式 ……………………………………… 226

12.1　LA-think.1 的定义 …………………………………… 226

12.2　LA-think.1 导航 ……………………………………… 229

12.3　自动词形生成 ………………………………………… 231

12.4　LA-speak.1 的定义 …………………………………… 233

12.5　生成句群 ……………………………………………… 235

12.6　DBS.1 系统总结 ……………………………………… 237

13. DBS.2:听者模式 ……………………………………… 239

13.1　LA-hear.2 的词典 …………………………………… 239

13.2　LA-hear.2 前导和定义 ……………………………… 248

13.3　分析带复杂名词短语的句子 ………………………… 252

13.4　分析带一个复杂动词短语的句子 …………………… 260

13.5　分析带三价动词的句子 ……………………………… 265

13.6　在词库中存储 LA-hear.2 的输出结果 ……………… 270

14. DBS.2:说者模式 ……………………………………… 274

14.1　LA-think.2 定义 ……………………………………… 274

14.2　LA-speak.2 定义 ……………………………………… 278

14.3　自动词形生成 ………………………………………… 280

14.4　生成带复杂名词短语的句子 ………………………… 286

14.5　生成带复杂动词短语的句子 ………………………… 293

14.6　生成带有三价动词的句子 …………………………… 297

15. DBS.3 定语和状语修饰语 …………………………… 303

15.1　基本修饰语和复杂修饰语 …………………………… 303

15.2　介词短语的 ADN 和 ADA 理解 ……………………… 314

15.3　介词短语的 ADV 理解 ……………………………… 320

15.4　名词短语和介词短语中的强化词 …………………… 327

15.5　带强化词的基本副词 ⋯⋯⋯⋯⋯⋯⋯⋯⋯⋯⋯　335

15.6　LA-hear.3 定义 ⋯⋯⋯⋯⋯⋯⋯⋯⋯⋯⋯⋯⋯　339

附　　录

A. 语序变化的普遍基础 ⋯⋯⋯⋯⋯⋯⋯⋯⋯⋯⋯⋯⋯　349

　A.1　基本铁路系统概述 ⋯⋯⋯⋯⋯⋯⋯⋯⋯⋯⋯⋯　349

　A.2　基于导航的渐进式语言生成 ⋯⋯⋯⋯⋯⋯⋯⋯　354

　A.3　从一价命题生成不同语序 ⋯⋯⋯⋯⋯⋯⋯⋯⋯　357

　A.4　由二价命题生成基本的 SO 语序 ⋯⋯⋯⋯⋯⋯　359

　A.5　从不同导航实现 OS 语序 ⋯⋯⋯⋯⋯⋯⋯⋯⋯　363

　A.6　从三价命题实现基本语序 ⋯⋯⋯⋯⋯⋯⋯⋯⋯　366

B. 发动机程序说明 ⋯⋯⋯⋯⋯⋯⋯⋯⋯⋯⋯⋯⋯⋯⋯　368

　B.1　起始状态应用 ⋯⋯⋯⋯⋯⋯⋯⋯⋯⋯⋯⋯⋯⋯　368

　B.2　命题因子格式和语言命题因子之间的匹配 ⋯⋯　371

　B.3　广度优先的时间线性推导顺序 ⋯⋯⋯⋯⋯⋯⋯　374

　B.4　规则应用和 LA-hear 发动机的基本结构 ⋯⋯⋯　376

　B.5　操作 ⋯⋯⋯⋯⋯⋯⋯⋯⋯⋯⋯⋯⋯⋯⋯⋯⋯　378

　B.6　LA-think 和 LA-think-speak 发动机的基本结构 ⋯⋯　381

C. 术语 ⋯⋯⋯⋯⋯⋯⋯⋯⋯⋯⋯⋯⋯⋯⋯⋯⋯⋯⋯　385

　C.1　命题因子属性 ⋯⋯⋯⋯⋯⋯⋯⋯⋯⋯⋯⋯⋯⋯　385

　C.2　命题因子值 ⋯⋯⋯⋯⋯⋯⋯⋯⋯⋯⋯⋯⋯⋯⋯　386

　C.3　变量,限制条件和一致条件 ⋯⋯⋯⋯⋯⋯⋯⋯⋯　388

　C.4　抽象语表 ⋯⋯⋯⋯⋯⋯⋯⋯⋯⋯⋯⋯⋯⋯⋯⋯　390

　C.5　规则名称 ⋯⋯⋯⋯⋯⋯⋯⋯⋯⋯⋯⋯⋯⋯⋯⋯　391

　C.6　例句列表 ⋯⋯⋯⋯⋯⋯⋯⋯⋯⋯⋯⋯⋯⋯⋯⋯　392

参考文献 ⋯⋯⋯⋯⋯⋯⋯⋯⋯⋯⋯⋯⋯⋯⋯⋯⋯⋯⋯　398

名称索引 ⋯⋯⋯⋯⋯⋯⋯⋯⋯⋯⋯⋯⋯⋯⋯⋯⋯⋯⋯　407

引　言

Ⅰ. 基本假设

自然语言交流的计算机模型不能仅仅局限于对语言符号进行语法分析,而是必须以认知主体的识别和行动的一般性步骤为起点,把语言理解和语言生成当作特例来处理。

认知主体的识别和行动依赖于认知主体的外部界面,认知主体内部有一个储存内容的数据库。没有语言功能的主体只有一层认知结构,称作语境层。具备语言功能的主体的认知结构则有二层:语境层和语言层。语言与世界之间的联系,即指代关系(reference),完全通过主体的认知步骤建立起来。这种指代关系的建立有两个要素:(i)主体的外部界面,(ii)语言认知层和语境认知层之间通过格式匹配建立关联的过程。[①]

数据库语义学(DBS)模拟自然认知主体的行为,包括语言交流,自动(a)把识别得到的命题内容读入主体数据库,以及(b)把命题内容从主体数据库读出来形成行动。识别和行动之间(c)通过能够进行合理(有意义的、理性的、成功的)推理的控制机制联系起来。

Ⅱ. 认知主体构成

从最抽象的层次上看,认知主体包含三个基本组成部分:(i)外部界面,(ii)数据库,(iii)算法[②]。它们采用共同的格式,称作数据结构[③],来表示和

---

① 元语言自主。见 FoCL'99,pp. 382-383。

② 这些组成部分和冯诺依曼计算机(vNm)的组成部分大致相似:外部界面代表 vNm 的输入—输出装置,数据库对应 vNm 存储器,算法和 vNm 算术逻辑单元的功能相似。标准计算机、机器人和虚拟现实机之间的对比见 FoCL'99,p. 16。

③ 术语"数据结构"的意义和"数据类型"紧密相关。尽管有人认为,这里采用"抽象数据类型"的说法比"数据结构"更合适,但是为了避免和经典的类型/个例(见4.2)的说法相互混淆,本书坚持采用术语"数据结构"。出于同样的原因,本书采用术语"符号种类",而不是"符号类型"(见2.6),采用"句子种类"而不是"句子类型",采用"词的种类"而不是"词的类型",采用"并列种类"而不是"并列类型",等等。

处理内容。

认知主体需要通过外部界面来完成识别和行动。识别指的是看和听等，其前提是认知主体有眼睛和耳朵。行动指的是说话、操作和走路等，其前提是认知主体有嘴、有手和脚。没有外部界面，认知主体就不能告诉我们它理解了什么，也不能按我们说的去做。

主体的数据库用来存储和提取由外部界面提供的内容。没有数据库，主体将无法判断之前有没有见过某一物体，也无法对某一语言的词汇和意义形成记忆。其功能也就只能局限于直接联系输入与输出的反射行为。

算法负责在外部界面和数据库之间建立联系，(i)把识别到的内容读入数据库，(ii)从数据库中读取内容形成行动。同时，算法还必须(iii)处理数据库里存储的内容，以确定目标、计划行动和导出概论。

自然主体的认知过程中，外部界面、数据库和算法之间紧密互动。因此，自然认知过程的计算机模型当中，这三个部分也必须相互合作、联合行动。初始阶段，这三个基本构成部件可能很简单，但是必须具有普遍性，必须从一开始就能够在功能上整合为一个统一的框架。

III. 自然语言处理

自然语言交流模型需要一些传统的语法的构成成分，即针对某一语言的词典，针对某一语言的构词法、句法和语义规则。交流过程中，这些成分必须在(i)听者模式、(ii)思考模式和(iii)说者模式下协同合作。

听者模式下，外部界面提供由语言符号构成的输入；算法对这些符号进行解析，并将其内容以某种表示方式存入数据库。符号解析依靠的是自动词形识别系统和自动句法语义分析系统。

思考模式下，算法实现数据库内的自主导航，选择性激活相应的内容。这种自主导航也用于根据当前输入和数据库存储的内容进行推理以导出行动的过程。

说者模式下，被激活的内容和导出的推理成为语言生成的概念化基础，即解决说什么的问题。根据被激活的内容生成语言还要求对词形进行正确选择、处理语序以及注意一致性问题。

Ⅳ. 侧重点

接下来的章节对数据库语义学（DBS）的某些组成部分作了详细的分析，其他部分则只简单介绍其输入、功能和输出。这是难免的，因为全部作详细介绍的话，任务过于繁重，又因为跨学科的原因，涉及面过宽，而且有些技术相对于其他技术来说比较容易获得。

例如，本书没有说明如何把数据库语义学（DBS）实现为一个实实在在的机器人原型，这个机器人有外部识别和行动界面，即人工视觉、语音识别、操纵和运动的功能。这的确很遗憾，因为数据库里的内容来自主体识别和行动过程中"通过感知"得到的概念（Roy 2003）。

在对人工智能主体的外部界面作高度抽象描述的同时，本书不但从理论上介绍了算法和数据结构，还用具体实例将其开发为模拟听者、思考和说者模式的"片段（fragment）"。这些片段被定义为明确的规则体系，并采用Java™语言具体实践为一个与之相应的计算机程序。

Ⅴ. 现有体系和方法

目前，我们有很多种分析器可供选择。有的是基于统计的方法，如Chunk 句法分析器（Abney 1991；Déjean 1998；Vergne and Giguet 1998），Brill Tagger and Parser（Brill 1993，1994）以及头驱动分析器（Collins 1999；Charniak 2001）。有的是基于短语结构语法的方法，如 Earley 算法（Earley 1970），Chart 句法分析器（Kay 1980；Pereira and Shieber 1987），CYK 句法分析器（Cocke and Schwartz 1970；Younger 1967；Kasami 1965），和 Tomita 句法分析器（Tomita 1986），等等。

同样，我们也有很多句法理论。有的以范畴语法（Leśniewski 1929；Ajdukiewicz 1935；Bar-Hillel 1964）为基础。和范畴语法相关的是配价理论（Tesnière 1959；Herbst 1999；Ágel 2000；Herbst et al. 2004），以及依存语法（Mel'čuk 1988；Hudson 1991；Hellwig 2003）。其他的还有短语结构语法（Post 1936；Chomsky 1957），如广义短语结构语法（GPSG，Gazdar et al. 1985），词汇功能语法（LFG，Bresnan 1982，2001），头驱动短语结构语法（HPSG，Pollard and Sag 1987，1994）和构式语法（Östman and Fried 2004；

Fillmore et al. 待出版）等。

语义分析的方法也很多。有的基于模型理论（Tarski 1935,1944；Montague 1974），有的基于言语行为理论（Austin 1962；Grice 1957,1965；Searle 1969）或者语义网络（Quillian 1968；Sowa 1984,2000）。此外，还有修辞结构论（RST,Mann and Thompson 1993）和语篇语言学（Halliday and Hasan 1976；Beaugrande and Dressler 1981）等。从认知心理学角度定义概念的方法也多种多样，如图示、模板、原形和几何离子方法等（见 4.2）。

如果加上人们在建立广义机器翻译理论（Dorr 1993）、普遍语义基元集（Schank and Abelson 1977；Wierzbicka 1991）和以应用为导向的语言生成体系（Reiter and Dale 1997）等方面的努力，这个分系统的名单可以列得更长。此外，以基于 XML、RDF 和 OWL 的元数据标注法来改进互联网索引和检索（Berners-Lee,Hendler,and Lassila 2001）方面的工作也不容忽视。这就引出了一个问题：要建立一个具有普遍性的、完整的、协调的自然语言交流的计算模型，应该选择哪一个体系来构成其组成成分呢？

一方面，我们没有兴趣去重塑一个已经存在的组件。另一方面，把这些分系统理论整合进自然语言交流的一般理论，其代价是巨大的：现有各种理论的历史背景不同，目的也不同，使之兼容要花费大量的时间和精力。

整合分系统理论除费时费力之外，还存在着另一个问题，这个问题更具有普遍性：它们中的哪一个在原则上适合用来建立一个实用理论以解释自然语言交流如何进行呢？ FoCL'99 就上述大多数理论讨论了这个问题。①

讨论的结果导致了数据库语义学的诞生。数据库语义学从上述很多思想和方法中吸取了经验，其中最基本的两点是亚里士多德的命题观和索绪尔强调的语言的线性结构。

尽管数据库语义学的语法分析在很多方面仍然是传统的，但是和目前

---

① 这些分析是在很高的抽象水平上进行的。例如，FoCL'99 并不讨论情景语义学和语篇语言学之间的区别，而专注于更基本的问题，即基于语言的真值条件法在原则上是否适合构建计算模型的问题。同样，FoCL'99 关注的不是 GPSG、LFG、HPSG 和 GB 之间的区别，而是基于替换的短语结构语法的算法在原则上能否用于建立听者模式和说者模式下的计算模型。

普遍采用的方法不同,数据库语义学的句法分析(组合分析)和语义分析(语义理解)并没有分开,而是按照时间线性顺序同时进行(Tugwell 1998)。纯粹的句法分析和句法语义分析相结合的方法之间存在着区别,这一区别在于(i)前者定义的句子成分的词汇特征比后者少,(ii)前者定义的句子成分之间的关系也比后者少。

VI. 形式化基础

迄今为止,数据库语义学是第一个,也是唯一的一个将自然语言理解与生成重构为角色转换的规则体系。角色转换指认知主体在听者模式与说者模式之间的转换。数据库语义学重新建构自然语言交流过程的两个基础也都颇有开创性。这两个基础是:

LA 语法(the algorithm of Left-Associative Grammar)：

LA 语法以接续的可能性原则为前提。这完全不同于当今语言学领域的常用算法,如 PSG 和 CG。这些常用语法遵循词的可替代性原则。计算接续可能性符合自然语言的时间线性结构,允许我们把角色转换处理为三种LA 语法之间的互动,即 LA-hear(听)、LA-think(思考)和 LA-speak(说)之间的互动。

词库数据结构(the data structure of a Word Bank)(AIJ'01)： 5

命题内容以非递归特征结构(flat feature structure)的形式存储在词库当中。这种特征结构称作命题因子(proplet)。以替代为基础的分析方法允许嵌套,如主语的特征结构嵌入动词的特征结构(见 3.4.5),数据库语义学(DBS)不允许这种情况发生。相反,命题因子仅仅通过特征(feature),即属性-值对(attribute-value pairs)来体现彼此之间的语法关系。以命题因子集合来表示内容的方法,方便(i)数据存储和提取;也方便进行(ii)格式匹配,从而为建立(iia)语法规则和语言之间(见 3.4.3 和 3.5.1),以及(iib)语境层和语言层之间(见 3.3.1)的联系奠定基础。

LA 语法和词库数据结构共同构成在命题内容之间进行自动导航的前提。命题因子之间的语法关系就像是一套铁路系统,而 LA 语法则像一辆机车沿着这套铁路系统推动唯一的焦点移动。这种新的数据结构和算法相结合的方法构成基本的思考模型。它可以仅仅用来在词库内选择性激活内容（自由联合），也可以扩展为一个控制结构，通过已存储的知识和推理来建立主体识别和行动之间的联系。

VII. 语言学分析范围

我们的语言学分析目标是对自然语言的主要结构进行系统研究。自然语言的主要结构包括(i)函词论元结构、(ii)并列结构、(iii)共指结构。这些结构可能存在于命题内部，也可能存在于命题之间，还有可能以其他方式自由组合。

我们严格按照时间线性顺序，在听者和说者模式下对这些结构进行语法分析。实践证明，数据库语义学（DBS）和以符号为导向的方法相比，在功能上更加完备，完全可以进行直接的符合语言学规律的同源分析，能够在计算机上高效实践。

本书的分析也会涉及先天论（Nativism）难以分析的结构，即空缺结构（gapping constructions）（见第 8 章和第 9 章），尤其是"右节点提升（right-node-raising）"（FoCL'99），以及"驴句（donkey sentence）"和"巴赫-彼得句（Bach-Peters' sentences）"中的共指结构（见第 10 章）。

VIII. 本书结构

本书内容共分三个部分。第一部分介绍 SLIM 语言理论的基本框架，包括认知主体的外部界面，数据结构和算法。这一部分谈及很多对整个系统至关重要但却无法深入下去的问题，比如概念的本质，以及概念在识别和行动中的作用，不同符号种类的指代机制，以及语境层的形式结构等。

第二部分系统分析自然语言的主要结构，以英语的派生过程为例，概要性介绍听者模式和说者模式下的语言理解和生成过程。听者模式下的分析主要介绍如何严格按照时间线性顺序把函词论元结构和并列结构编码为命题因子集合，并把共指作为推理基础上的二级关系来处理。说者模式下的分析揭示基于内容提取的自动导航（概念化）过程、如何按照相应语言的语法要求输出正确的词形、语序，以及析出适当的功能词。

第三部分介绍几个英语片段。延用 Montague 的观点，"片段"指功能完整但覆盖面有限的自然语言交流体系。这部分详细介绍如何理解和生成小样本文本,明确定义了词汇、LA-hear、LA-think 和 LA-speak。

这三个部分各自的范围和抽象程度如下图所示:

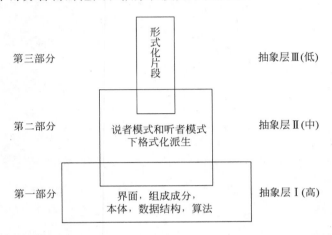

抽象程度越高,语言学和技术上的细节越少。反过来,抽象程度越低,语言学和技术上的描述就越详细。

第一部分的框架建立在第二部分之上。第二部分介绍的分析方法以第三部分为基础。第二、第三部分的分析和定义构成指导 JSLIM 实验操作(Kycia 2004)的陈述性规范说明。目前 Jörg Kapfer 和 Johannes Handl 正采用第五版 Java™ 对 JSLIM 进行再现(1.5)(译者注:在本译本完成前,该实验已成功结束)。

第一部分
认知交流机制

1. 方 法 问 题

在科学领域,验证(verification)是对错误的最外层防御。只要客观,验证可以采用很原始的方法。验证一般针对某一特定理论(或者某一类理论)来设计,验证的方法要和被验证的理论之间产生互动,验证产生的新问题可以(i)多多少少通过验证来进行结论性判定,(ii)其答案与理论发展相关。

在自然科学领域,验证包括(i)明确的定量实验,(ii)可以由任何人在任何地方再现的实验。这就要求理论的点和架构必须精确到一定程度,以满足科学实验设置的需要。但是,对自然语言进行的语法分析,定量的方法恰恰不合适。

我们提出的方法是建立自然语言交流的功能模型。建立这样一个模型需要与之相应的(i)有效技术实现(会说话的机器人的原型)和与之相关的陈述性规范说明,需要(ii)建立客观的观察信道,需要(iii)机器人行为的充分性和理论的正确性之间构成等同关系,也就是说,机器人必须有(iv)和人类一样的各种外部界面,以及(v)和人类一样的处理语言的能力,处理过程中的输入和输出也要与人类的语言输入和输出等价。

1.1　以符号还是以主体为导向来进行语言分析?

自然语言的表现形式是语言符号。某一语言环境下,符号与符号之间的结构关系是约定俗成的。认知主体在说者模式下生成语言符号,在听者模式下解析语言符号,这些符号是在说者与听者之间传递内容的媒介。有的科学分析聚焦于孤立的语言符号,有的聚焦于进行语言交流的认知主体,我们据此将这些分析方法分为以符号为导向的和以主体为导向的两种。①

　　以符号为导向的方法包括生成语法、真值条件语法和语篇语言学等。它们把自然语言的表达方式作为研究客体,研究材料来源于书本、磁带或者电子媒介物。这种分析是脱离交流的抽象分析。其语言学样本脱离了交流主体,根据可替代性原则被解析为层次结构,不适合也不以模拟说者和听者模式为目的。

　　数据库语义学(DBS)以主体为导向,不同于以符号为导向的分析方法。数据库语义学(DBS)的分析过程中,语言符号是说者生成语言的结果和听者理解语言的起点。要把语言生成和语言理解结合起来,需要遵循语言的时间线性顺序,根据可接续性原则对主体生成语言和理解语言的各个步骤展开来分析。

　　数据库语义学的目标是建立一个功能完备、数据完全、计算复杂度小而计算机操作性强的关于自然语言交流的理论。该理论的核心问题是:

自然语言交流是如何进行的?

　　下面,我们以最简单的方式来回答这个问题。

　　自然语言交流发生在两个认知主体之间。他们在世界上实实在在的存在着,具有各种各样的外部界面。这些外部界面帮助他们进行语境层的非语言识别和行动,以及语言层的语言识别和行动。同时,每一个认知主体都有一个数据库来存储内容。这些内容由主体的知识、记忆、当前识别到的内容、意图和计划等构成。

　　认知主体可以在说者和听者模式之间转换(角色转换)②。交流时,说者模式下的主体将数据库中的内容编码为语言符号,通过语言输出界面在外部得到实现。另一个在听者模式下的主体通过语言输入界面来识别这些符号,对其内容进行解码,之后存储到自己的数据库当中。如果由说者编码的内容被听者等价解码并存入数据库,则视为交流成功。

---

① 　Clark(1996)认为语言分为二种:作为生成结果的语言和作为行动的语言。
② 　角色转换研究见 Thórisson(2002)。

数据库语义学的角色转换模型建立在特殊的数据结构和 LA（Left-Associative，左结合）时间线性算法相结合的基础之上。① LA 算法有三个变体，称作 LA-hear（听），LA-think（思考）和 LA-speak（说）。交流过程中这三个语法相互合作，如下图所示：

1.1.1　角色转换基本模型

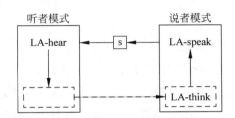

　　图右边的主体（说者模式）内，LA-think 选择性激活存储在数据库里的 11 内容。被激活的内容通过 LA-speak 映射为自然语言语表，实现为外部符号（在图中用带 s 的方块表示）。图左边的主体（听者模式）内，LA-hear 对符号进行解析，之后存入自己的数据库。

　　1.1.1 所示的角色转换可以从以下两个角度来理解：

1.1.2　角色转换的两个角度

1. 从外部看

两个交流主体分别担任不同的角色。1.1.1 所示图中的两个大方块分别代表两个不同的主体，一个在说者模式下，另一个在听者模式下。

2. 从内部看

　　每个主体本身在说者模式和听者模式之间进行转换。1.1.1 所示图中的两个大方块代表同一个主体分别处在听和说两个不同的模式之中，这两个模式之间相互转换（虚线向右的箭头表示转换）。

---

　　① 左结合语法的形式定义和复杂度分析以及左结合语法和短语结构语法、范畴语法之间的详细对比见 FoCL'99，第二部分。

　　数据库语义学的角色转换是一个定义明确的计算问题,也是对自然语言进行语言学分析的核心问题,所有的句法和语义分析都必须在角色转换这一最基本的交流机制下进行。没有角色转换,其极端结果就是单方面的自言自语。

1.2　验证原则

　　我们的自然语言交流理论是一套功能型理论,是一套用于高效计算机程序及其相关硬件的陈述性规范说明。陈述性规范说明描述了软件的必要特征,如外部界面、数据结构和算法。计算机模型的偶然性①特征,如程序语言的选择或者程序员的风格偏好等,不在陈述性规范说明之内。

　　和逻辑学的代数定义(algebraic definition)②不同,陈述性规范说明并不完全基于集合理论,而是从程序化的角度,指明输入输出条件下确保系统功能稳定的各成分的一般构造条件。陈述性规范说明必须具有普遍性,提供坚实的数学基础和框架,同时也必须足够详细,能够在不同环境下满足轻松编程的需要。

　　陈述性规范说明是必要的,因为计算机代码不容易被人理解。以高级编程语言,如 Lisp,写成的程序只适合给专家看。一般读者感兴趣的只是软件如何实现其功能的概括性说明。

　　投入某一具体应用的陈述性规范说明文件有两个层次:(i)一般理论框架(如自然语言交流的功能体系),(ii)一般理论框架的具体化应用(如应用到英语、德语、韩语或者任何其他语言)。反过来,与具体应用相结合的理论框架可以通过(iii)各种不同的,用 Lisp 语言、C 语言或者 Java 语言等编写出来的操作程序来实践,例如:

---

① 　此处所用术语"偶然"与"必然"相对,引自亚里士多德的哲学定义。
② 　关于 CoL'89 中左结合语法的几何定义,Dana Scott 提供了很多帮助。

1.2.1 陈述性规范说明与实践操作之间的关系

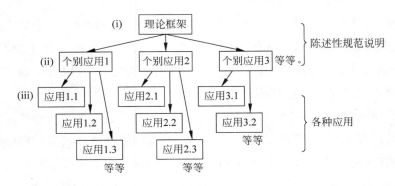

陈述性规范说明可以在必要特征等价的前提下应用于不同的实践操作。数据库语义学的陈述性规范说明还在不断发展,它要求至少有一个最新的实践来自动验证该理论在现阶段的功能,检验理论对于范围不断扩大的各种任务的解决能力。这样才能发现理论在现阶段出现的错误、不完备性以及其他弱点(形成明确假说,见 FoCL'99,7.2.3)。这是改进陈述性规范说明,使之进入下一个高级阶段的前提。

理论发展和自动检验相互促进正是数据库语义学(DBS)的验证方法。它虽然不同于自然科学的定量方法(可重复性实验),以及数学的逻辑公理方法(一致性证明),但又与之兼容。

数据库语义学的验证方法[①]非常重要,原因有以下几点:第一,自然语言符号是约定俗成的,不适合采用自然科学的定量方法。第二,语言学和相关 13 领域(如语文学)的分析流派众多,很难开展对比评估。

1.3 等 同 原 则

数据库语义学力争使人造主体的语言交流模型尽可能接近自然。原因有两个:第一,要在实际应用中最大限度地保证用户友好性。人机交流过程

---

① 另见 FoCL'99,引言 VIII-X。

中的用户友好性指的是人和机器人之间能够彼此(i)正确地相互理解，(ii)人不必刻意去适应机器人。①

第二，从长远看，要保证理论的升级能力。在建构会说话的机器人的过程中，升级指的是可以从现有原型出发，毫不费力地过渡到一个功能更完善以及/或者数据覆盖面更大的新模型。② 科学发展史上，升级有困难往往是因为理论本身有本质上的问题。③

要保证用户友好性和升级能力，数据库语义学必须在各个抽象层次上尽力接近所谓的"心理现实"。为此，我们提出要使理论描述的正确性等于电子模型(会说话的机器人原型)的行为充分性这样一个等同原则。

1.3.1　数据库语义学的等同原则

1. 重建的认知结构越接近现实，模型运转得越好。

2. 模型运转得越好，重建的认知结构越接近现实。

等同原则的第一部分需要相关学科的支持和衔接，以提高原型的性能。这就意味着，我们不能与既定的事实背道而驰，也不能过于怀疑动物行为学和发展心理学关于系统发育和个体发育的理论，要接纳解剖学和生理学等学科的实用阐释，要认真对待数学复杂理论的研究成果（不包括不可判定算法或者指数算法），等等。

等同原则的第二部分解决了"真实的"认知软体结构（在各个抽象水平

---

① 为此，机器人的设计必须包含与人类概念相应的程序。例如，要理解"红色"这个词，机器人必须能够以实际行动把红色的物体挑选出来；要理解"惊喜"的概念，机器人必须能够体验这种感情；等等。

　　因为当前并不具备确保这种用户友好性的技术，Liu(2001)提议把当前机器人的能力和人类指导下的实际任务整合起来。这个方法，和机器翻译中使用受限语言（见 FoCL'99, p.47）一样，是快速解决方案的一个好例子。

② 例如，功能完备性原则上要求机器人具备自动识别词形的能力。扩大数据覆盖面意味着有越来越多的词形能够被识别出来；同样，功能完备性在原则上要求机器人具备在一定语境下实施行动的能力。扩大数据覆盖面意味着有越来越多的语境行动种类成为可能，如不同种类的移位、操控等。

③ 真值条件语义学升级所存在的问题，表现在处理说谎者悖论（见 FoCL'99, 19.5）、命题态度（见 FoCL'99, 20.3）和语义模糊（见 FoCL'99, 20.5）的问题上。生成语法的问题出现在处理成分结构悖论（见 FoCL'99, 8.5）和空缺结构（见第8,9章）上。

上)无法进行直接观察的问题。① 我们的策略是在人工认知主体的不断升级过程中,间接获得接近现实的重新建构,以求在功能上和数据覆盖上的完备性。

1.4　客观化原则

一般意义上的认知功能重建所涉及的数据和重新建构自然语言交流功能模型的数据不一样。二者之间的区别有两个:一是二者所在的体系(constellation)不同,二是不同体系所采用的信道不同。

体系指(ⅰ)用户、(ⅱ)科学家、(ⅲ)电子模型(机器人)之间的互动关系。分为如下几类:

1.4.1　提供不同数据的体系

1. 用户和机器人之间的互动
2. 用户和科学家之间的互动
3. 科学家和机器人之间的互动

体系不同,数据传输的信道也不同:

1.4.2　交流性互动中的数据信道

1. 自动信道(auto-channel)在语境层和语言层自动处理输入,自主生成输出。对于自然认知主体,即用户和科学家,他们的自动信道从一开始就具备完整的功能。人工智能主体的自动信道却必须重新建构——数据库语义学的目标正是要为人工智能主体建造尽可能接近现实的自动信道。

2. 内省外推(extrapolation of introspection)是特殊的自动信道。因为科学家和计算机的使用者都是自然主体,科学家可以尝试从使用者的角度出

15

---

① 值得注意的是,神经学关于认知中心的直接研究是个例外,尤其是功能性磁共振成像(见Matthews et al. 2003;Jezzard et al. 2001)。不过,当前人们对这些数据各有不同的解释,各自支持不同的理论。

发来改善人机交流。内省外推就是这一努力的结果。

3. 服务信道(service channel)的设计初衷是帮助科学家来观察和控制人工智能主体。原则上科学家可以完全掌握它的认知构造和功能,所以服务信道是直接访问机器人认知的渠道。

这三个体系以及三个数据信道在用户、科学家和机器人三者之间的互动过程中的作用可以用下图来概括说明:

1.4.3　用户、机器人和科学家之间的互动

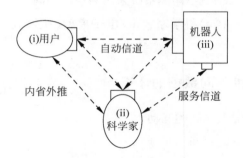

科学家通过自动信道来观察用户和机器人的外部行为,也就是说,科学家可以观察他们做了什么,当然也可以进行采访。另外,科学家一方面通过科学的内省外推来间接观察用户的认知状态,另一方面通过服务信道来直接观察机器人的认知状态。对科学家来说,用户和机器人都是在世界中真实存在的认知主体,他们的认知状态有相同的本体地位。

三个信道当中,自动信道是用户、机器人和科学家都有的信道,用得最多也最容易出错:比如,在语境层会出现视觉错误,在语言层会出现误解。另外,对话人还可能有意识或者无意识地偏离事实真相,这也可能造成自动信道出错。

如果每天和对话人的接触只局限于自动信道,那么我们永远无法完全确定对话人是否真的像我们希望的那样,理解了我们说的话,或者,我们是不是真的像对话人期待的那样,理解了对话人说的话。我们也无法确定彼此说的话是不是真话。哲学上,这被称作唯我主义(solipsism)(Wittgenstein,

1921),是一个一直存有争议的问题。

自然语言交流的科学分析方法更倾向于采用(i)内省外推(ii)服务信道。内省外推过程中,科学家和用户之间的对话只限于用户和机器人之间的互动领域。科学家与用户之间的误解虽然仍然存在,但是相比自由交流要少得多。而且,由服务信道直接访问机器人认知,科学家能够客观地确定人工智能主体的认知是否工作正常。这样,人工智能主体的特别之处就在于它排除了唯我主义的问题。

1.5 界面和输入/输出的等价原则

到目前为止提到的数据库语义学的方法论原则有:

1. 验证原则

理论以陈述性规范说明的形式出现,其发展要由实验原型在实践中不断去验证(见1.2)。

2. 等同原则

从长期可扩展性看,理论的正确性要等同于模型的行为充分性(见1.3)。

3. 客观化原则

建立客观信道观察自然主体与人工主体之间的语言交流(见1.4)。

这些方法论原则受以下两个原则的制约:

4. 界面等价原则

5. 输入/输出等价原则

根据(4)界面等价原则,人工智能主体必须装备有和自然主体一样的与外部世界接触的界面。从最抽象的层次上看,需要语境层和语言层都有识别和行动的外部界面(见2.1.3)。从较低的抽象层次上看,该界面又分为视觉、听觉、触觉等模块(见2.2),以便识别、移位、操纵和行动。

计算机模型和自然主之间的界面等价对于自动重建指代关系(也就是语言和世界之间的关系)来说非常重要。例如,如果机器人不能感知,它就不能理解在共同的任务环境下,人对于新事物的指代。界面等价原则是自 17

然语言语义学理论的基础,尤其是本体论基础(见2.3.1)。

(5)输入/输出等价原则预设了(4)界面等价原则。输入/输出等价要求人工智能主体(i)得到与自然主体同样的输入,产生同样的输出,(ii)以同样的方式把输入和输出分解为几个部分,(iii)再以同样的方式在吸入和释放过程中对这几个部分进行排序。和外部界面一样,输入和输出的数据是具体的,因此适合客观的结构分析。

模型和自然人原型之间的输入/输出等价和自然语言交流过程中的符号化自动理解和生成尤其相关。因此,这一原则对于针对自然语言的语法理论有着根本性的影响。

这两个等价原则是科学地重建认知,尤其是自然语言交流的最低要求。原因是:如果我们能够直接访问认知构造和认知功能,就像在自然科学(解剖学、生理学、化学、物理)中研究身体器官的物理结构和功能那样,那么得到的模型必须要满足界面等价原则和输入/输出等价原则。

如果不能直接访问,就必须在人工智能主体不断完善功能和扩大数据覆盖面的过程中,以间接的方式对认知系统的本质进行推理,但这也并不影响外部界面和输入/输出数据的重要性。相反,对于任何一个通过科学的方法重新建构内部认知的程序来说,外部界面和输入输出数据,作为具体的、可以直接观察的结构,是其必不可少的外部构成。

1.6 语表组合性和时间线性

界面等价和输入/输出等价的一般原则要求仔细分析和重新建构(i)自然主体的识别和行动部件,以及(ii)传输通过这些部件的数据。数据中很重要的一种就是在说者模式下被生成、在听者模式下被理解的自然语言的表达方式。

从外部看,这些数据是某一媒介的客体,表现为声音、手写字或者打印字,或者手语,可以记录在胶片、磁带或者光盘上,可以通过自然科学的方法来测量和描述。由于其具体性,这些客体构成语言学分析不能加也不能减的实验基础。这一基本的方法论原则就是语表组合性（SCG'84）：

1.6.1　语表组合性

18

把具体的词形看作语法组合成分，在此基础上进行的分析就是语表组合分析。语表组合分析从词条的句法范畴和字面意义来系统地分析复杂表达方式的句法和语义特征。

不符合语表组合的例子最能解释语表组合概念，如下面的语法分析所示：

1.6.2　不符合语表组合的分析

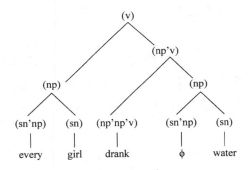

为了使名词短语 every girl 和 water 有相同的结构，上图分析假定了零元素∅。但是这种假设的"语言学归纳"是非法的，因为 water 的假定定冠词在实际语表中并不存在。

不过，1.6.2 中的这些范畴的用意是很好的，下面我们就来定义这些范畴：

1.6.3　1.6.2 中的各个范畴定义如下：

（sn' np）	=*限定词，带单数名词 sn'构成名词短语 np。*
（sn）	=*单数名词，填充定冠词的价位 sn'。*
（np' np' v）	=*及物动词，带名词短语 np 构成（np' v）。*
（np）	=*名词短语，填充动词的价位 np'。*
（np' v）	=*不及物动词，带名词短语 np 构成（v）。*
（v）	=*不带空价位的动词（句子）。*

1.6.2 所举例子的生成规则以可接续性为原则,下面我们对其进行定义:

1.6.4　导出 1.6.2 的可接续性计算规则

(v)	→(np) (np' v)
(np)	→(sn' np) (sn)
(np' v)	→(np' np' v) (np)
(sn' np)	→every , ∅
(sn)	→girl , water
(np' np' v)	→drank

每一条规则通过箭头右边的范畴来替换箭头左边的范畴(自顶向下推导)。也可以理解为由箭头左边的范畴来替换箭头右边的范畴(自底向上推导)。

如果 1.6.2 中没有假定的零冠词,那么至少还要定义另外一条规则。但是,根据语表组合原则,仅仅认为有必要或者想要,就假定一个实际不存在的成分,这在方法论上是不可靠的。① 违背语表组合性直接导致数学复杂度和计算难度的提高。

确定了语言学分析的基本元素,即以具体符号来表现的语表及其标准词汇解析,我们现在来看这些基本元素之间的合理的语法关系。一个句子当中词与词之间最基本的关系是他们的时间线性顺序。时间线性顺序指的是像时间那样直线运动并以时间为方向(见 3.4)。

时间线性结构是自然语言的最基本特点,任何人说话都只能是一句接着一句,一个词接着一个词。时间线性贯穿说话的整个过程,说话的人也可以在说到一半时决定如何接着说下去。

相应地,听者也不用等到整个句子或者语篇结束的时候才开始理解。他可以在不知道句子如何继续的情况下先理解句子的开头部分。

1.6.2 中的例子不但违反了语表组合性原则,也违反了时间线性原则。

---

① 另一种违背语表组合性的现象是语表中具体出现的词被忽略不计,原因是分析者认为这些词不重要,或者是"语言学归纳"所不需要的。详见 SCG'84 和 FoCL'99,4.5,17.2,18.2 和 21.3。

这个语法分析不是时间线性的,因为 every girl 和 drank 没有直接组合起来。相反,可替代性原则要求在分析过程中必须先组合 drank 和 water。

时间线性分析以可接续性原则为基础。下面仍以 1.6.2 中的句子来举例分析:

1.6.5　符合语表组合性和时间线性的分析

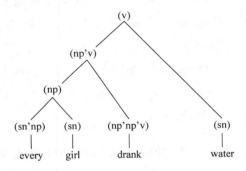

自底向上的推导方法总是先把句子的起始成分和下一个词组合在一起构成新的起始成分,其中遵循的左结合语法的相关规则为:

1.6.6　导出 1.6.5 的可接续性计算规则

20

$$(\text{VAR' X}) (\text{VAR}) \Rightarrow (\text{X})$$
$$(\text{VAR}) (\text{VAR' X}) \Rightarrow (\text{X})$$

每条规则包含三个格式,用 VAR,VAR' 和 X 来表示。[①]

规则的第一个格式(VAR' X)代表句子起始部分 ss,第二个格式(VAR)代表下一个词 nw,第三个格式(X)代表得到的新的句子起始成分 ss'。变量 VAR 和 VAR' 只是一个范畴片段,而 X 是包含零个或多个元素的范畴片段序列。

可接续性计算规则通过格式和输入词句之间的匹配运算来绑定变量。

---

① 数据库语义学当中的常数通常用小写罗马字母来表示,变量用大写罗马字母或者小写希腊字母来表示。见附录 C,C.3。

1.6.7　可接续性计算规则的应用

$$
\begin{array}{ccccc}
 & \text{ss} & \text{nw} & & \text{ss'} \\
\text{规则格式} & (\text{VAR' X}) & (\text{VAR}) & \Rightarrow & (\text{X}) \\
 & | \quad | & | & & | & \text{匹配和绑定} \\
\text{范畴} & (\text{sn'} \ \text{np}) & (\text{sn}) & & (\text{np}) \\
\text{语表} & \text{every} & \text{girl} & & \text{every girl}
\end{array}
$$

匹配过程中,变量 VAR' 纵向对应 sn',变量 X 对应 np,变量 VAR 对应 sn。计算结果当中,冠词范畴(sn' np)中的价位 sn' 被填满(或者删除),生成 ss' 的范畴(np),输入语表 every 和 girl 组合为 every girl。

要从语表组合的角度处理一个动词和一个带冠词或者不带冠词的名词宾语之间的组合,如 drank + a coke 和 drank + water,变量 VAR 和 VAR' 的值受到的限制[①]和二者之间的联系如下所示:

1.6.8　推导 1.6.5 的时间线性规则的变量定义

如果 VAR' 是 sn',那么 VAR 是 sn。(*基于同一性的一致性原则*)

如果 VAR' 是 np',那么 VAR 是 np、sn 或者 pn。(*基于定义的一致性原则*)

从 1.6.5 到 1.6.8,我们以形式化的方式初步介绍了时间线性推导过程。NEWCAT'86 采用这一方法对 221 个德语句法结构和 114 个英语句法结构进行了自动的时间线性分析,源代码用 LISP 写成。CoL'89 又采用这一方法对 421 个英语的句法语义结构进行了以符号为导向的层次语义分析。

---

① 　与处理英语当中的一致性问题相关的变量限制条件见附录 C,C.3.4。

21

2. 界面和组成成分

认知主体的身体①具有界面,这一点是无可争议的。界面将认知内容由外部世界传递给主体(识别),由主体传递给外部世界(行动)。界面的特征在外可以通过观察外部其他主体与环境之间,或者其他主体彼此之间的互动,以及在内部通过内省观察自身界面的运作情况来确定(见 1.4.3)。此外,自然科学,如生理学和解剖学,还有对相关外部界面器官的研究,也有如何在机器人身上再造这些器官的研究。

从主体外部界面开始重新构建认知过程奠定了 DBS 的本体论基础。这使得它完全不同于传统的以符号为导向的理论。因为以符号为导向的理论并不关心认知主体,而把语义学定义为"语言和世界"之间的直接关系。这个定义可能有它的优势,但是没有认知主体,也就不存在外部界面,没有外部界面的认知理论也就无法成为会说话的机器人的控制单元(the control unit)。

没有外部界面的以符号为导向的理论也可能发展为有外部界面的理论。但是希望不大。这一点可以从软件开发的角度来看:最初设计时就被遗忘的界面部分不可能在软件运行过程中凭空加入进去——除非采取一些紧急措施,巧妙地改变程序的某个偶然特征,更干脆的解决办法是重新编个程序。

2.1 有和没有语言功能的认知主体

没有语言功能的认知主体也可能像有语言功能的认知主体那样,具备外部界面。例如,松鼠有两只眼睛、两个耳朵和一个鼻子,这些外部界面可

---

① 最近,突发论再次强调了身体的作用,见 MacWhinney(1999)。

以帮助它进行识别。它还有手、后腿和嘴,来满足行动的需要。所以,松鼠可以把一颗坚果埋起来,很长时间以后再挖出来吃掉。

套用一些术语,松鼠的语境能力很强,但是没有语言能力。[①] 如果我们把人造松鼠的认知看作语境,还需要让它的耳朵能够听懂语言,增加一个合成器来让它说话,为它提供计算能力,再设计一个能够指导它进行自然语言交流的理论。这个理论就是这本书要讨论的主题。

现在人造松鼠还不是一个真实的存在。我们来简单概括一下语境能力的基本结构。我们之所以选择从语境层开始构建自然语言交流模型是因为:

2.1.1　这可以为首先建造语境能力提供支持

1. 语境层的结构也可以用于语言层。包括(i)概念类型和个例,(ii)用于输入和输出的外部界面,(iii)数据结构,(iv)算法,(v)推理。

2. 语境是普遍的——它不依赖于任何一种语言而存在,但是所有语言都可以对同一个语境进行解释。

3. 在进化和儿童发育过程中,语境能力先出现。

语境能力的外部界面和没有语言功能的认知主体的外部界面相呼应,如下图所示:

2.1.2　没有语言功能的认知主体的外部界面

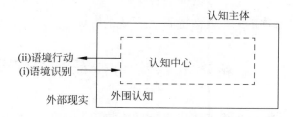

出于目前的需要,我们在很高的抽象程度上来处理这些界面,这样就可能明显看出识别和行动之间的区别。

---

① 尽管这可能会引起争议。见 Hausser(1996)。

外部界面分为不同模块,如视觉、听觉、位移、操纵等。这是下面 2.2 节主要讨论的内容。这里要说明的是,在识别过程中,外围认知(peripheral cognition)需要把来源于不同界面模块的异质数据转换成认知中心的同质编码。在行动过程中,外围认知又要把同质编码的认知中心命令转换成异质的依不同模块而变的各种外部行动步骤。[①]

从没有语言功能的主体到有语言功能的主体这一步,可以视觉化为语境复制,复制结果应用于语言层。[②] 例如,现有的用于(i)语境识别和(ii)语境行动的界面可以在语言层重新分别用于(iii)符号识别与(iv)合成。

2.1.3 有语言功能的认知主体的外部界面

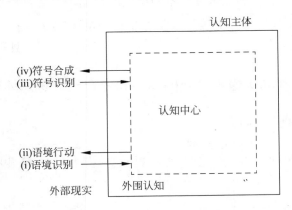

语言(图的上层)和语境(图的下层)外部界面之间的区别来源于二者在释义上的差异。例如,我们看到树皮上有一些模糊的图案,但是并不能确定那是天然形成的还是人为刻上去的一串字母,如"Caution,Tiger!"但是,当我们突然发现,这是用于交流的语言符号时,虽然原来的视觉输入没有改变,其释义却大大不同了,这样,我们就从语境层转移到了语言层。[③]

---

① 我们知道同源编码有二种:人的神经学编码和计算机的电子编码。从功能上看,认知中心的任务是分析和存储与模块无关的(同源)内容、基于内容进行推理,以及将推理结果转化为行动大纲。

② 这和突发论(Emergentist,MacWhinney,1999)的观点相近。突发论者认为,在进化过程中,旧的形式被赋予新的功能。

③ 关于书面语言的功能见 FoCL'99,6.5。

2.2　模块和媒介

人可以采用各种不同的输入输出工具来进行自然语言交流。耳朵（口语）、眼睛（文字、手语）和皮肤（盲文）等输入界面可以帮助进行符号识别。声带和嘴共同组成的输出界面（口语）、手（文字，包括盲文），或者手——胳膊——脸的动作和表情（手语）可以完成符号生成。

24　　语言层和语境层的各个输入和输出界面称作模块。各个模块的数据各不相同。外围认知负责将这些数据转换成为同质的认知中心编码，以及将同质的认知中心编码转换成适合不同模块的数据。语言符号从说者向听者传递时，独立于模块之外的编码和依存于模块的编码之间有一个转换的过程，如下所示：

2.2.1　独立于模块之外的编码和依存于模块的编码

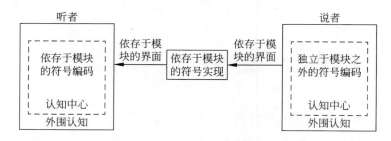

说者的外围认知首先把符号从独立于模块而存在的（同质的）编码转换成可以在外部实现的依存于模块的编码。听者的外围认知又把依存于模块的编码转换回独立于模块而存在的编码。①

行动模块和识别模块之间存在着差异。例如：口语用嘴生成，但是用耳

---

① 比如，我们假设认知中心里的语言被编码为 ASCII 码。在外，语言符号表现为可以听到的口语，或者可以看到的手稿、打印稿或者手语。在符号生成过程中（说者模式），主体必须选择一个模块来实现文字；这样，一个表示某一文字的 ASCII 码通过外围认知被翻译为基于视觉、听觉或者知觉的与模块相关的各种表示方式中的一个。在符号识别过程中（听者模式），很多与模块相关的文字表示方式，如位图轮廓、声波或者盲文，经由外围认知被翻译回一个对等的 ASCII 码。

朵来识别。同样的,文字和手语用手生成,但是需要用眼睛来识别。此外,还存在单一模块或者多模块的识别和行动。例如,同时看、摸、闻和听,这是多模块语境识别的一个例子。而拿着一个水果吃是一个多模块语境行动。识别和行动也可以结合在一起,比如边看(识别)边去拿(行动)一个物体。

外部世界里,物质的存在形式比上面提到的模块更加多样化,如不同材料、物理状态、动作、自然规律、社会习俗等。但是,它们都可以被识别和理解,并对其采取行动。不管它们之间存在多大的区别,只要能被感知到,外围认知就可以把它们转换成同质的编码,再现于主体的认知中心。 25

无论在哪一个模块,我们都必须把直接的(immediate)识别和行动与间接的(mediated)识别和行动区别开来。后者和常用词"媒介"有关,如打印机或者电视。基本上,不同媒介就是存储和激活媒介内容的不同物质。例如,我们可能在现实生活中直接看见和听见一列火车开过来,也可能在电影院里看到和听到经过胶片存储和激活的这样一个场景。这两种情况都是多模块识别。

模块指的是认知主体的输入/输出方式,媒介指的是主体之外的存储方式(见 Meyer-Wegener,2003)。但是,模块和媒介是相互关联的,因为任何一个媒介都是为某一特定模块而设计的,如打印机,就是为视觉模块设计的。

2.3   语言指代的不同本体

把语言和客观世界当中的物体或事件关联起来称作指代。以主体为导向的数据库语义学分析方法把指代当作认知主体大脑中的一个认知步骤来重新建构。除了语境层面和语言层面的外部界面之外,还要定义(i)代表主体内部认知内容的数据结构,以及(ii)能够把数据读入和读出主体数据库的算法。

以符号为导向的真值条件语义学则不同。它把指代看作是语言和世界之间的外部联系,后者被定义为一个集合理论的模型。指代关系确立与否要通过元语言来定义。元语言、把语言与模型关联起来的定义、模型本身都由逻辑学家来建构。

以符号为导向的真值条件语义学方法和以主体为导向的数据库语义学方法具有不同的本体论基础，下面以图形的方式来对比分析：

2.3.1   不同本体指代

26   在真值条件语义学的分析当中，语言层的句子形式化为"sleep（Julia）"，意思是，"sleep"是表示一个集合的函词，而"Julia"是由一个元素构成的论元。元语言定义的语言表达和集合论表示之间的关系用虚线表示。因为没有涉及主体，也没有外部界面，所以这种方法是以符号为导向的方法。它不需要也不允许有主体内部数据库，也没有把数据读入和读出主体数据库的算法。当然也不涉及说者和听者之间的区别。

在数据库语义学的分析当中，上图示例表示主体在听者模式下。[①] 主体把句子"Julia sleeps"和语境识别得到的所指关联起来。主体、语言表达和所指都是真实世界的一部分。真实世界已经存在，不需要从集合论的角度或者用其他方式来为它建立模型。相反，数据库语义学的目标是为主体建模，包括主体在语言层和语境层对真实世界的识别和行动。主体的行动在外部与真实世界相关联，在内部则以自由组合、推理、生成计划、愿望等方式存在。

---

① 语言层和语境层的识别与行动的各个不同体系分别归类为 10 种 SLIM 认知状态（见 FoCL' 99,23.5）。

2.4 语言理论和语法理论

　　数据库语义学用程序化的方式而不是元语言来建立语言表达和所指之间的指代关系。[①] 程序化重建指代关系的第一步,是把语言层和语境层之间的区别转移到认知主体的大脑当中。这样,外部世界就转化为情景知识(episodic knowledge)和绝对知识(absolute knowledge)在主体内部的表示,称为语境(context)。

2.4.1 有语言功能的主体的认知中心结构

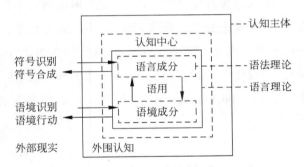

　　与2.1.3相比,认知中心的结构有很大区别:语言部分和语境部分相互区别开来,二者之间的联系通过语用学操作来建立。[②] 27

　　概括说来,语用学即使用的理论(the theory of use)。例如,用螺丝刀去拧紧螺丝,用腿从 A 走到 B,夜里从冰箱拿出食材做个三明治充饥,或者要求别人来做个三明治等。

　　行动可以通过,也可以不通过语言符号的方式来表现。据此,语用学分为语言语用学(language pragmatics)和语境语用学(context pragmatics)。从系统发生论和本体发生论的角度看,语言语用学是语境语用学的特殊化。

---

　　① 要把元语言定义应用于计算机,首先必须把这些定义转化为程序语言。大多数现有的基于元语言的系统,如模态逻辑,都不适合转化为程序语言。见 FoCL'99,19.4。

　　② 这样,数据库语义学当中,语用学的功能之一就是扮演真值条件语义学当中的元语言的角色,即建立"语言和世界"之间的联系。这里指主体内部的语言层和语境层之间的联系。

同样,语言识别和合成也分别被看作是语境识别和行动的特殊化。

在功能上,语境对于建立自然语言交流模型是非常重要的,但是,长期以来,语境却一直被语言学研究所忽视。没有语境部分,人工智能主体就不能向我们报告它感知到了什么(语境识别),也不能按我们的要求去做(语境行动)。

语言部分一直有语法理论来描述,包括词形、词典、句法和语义等几个分支。数据库语义学要求,语言成分不能只孤立地分析语言符号,还必须对计算程序进行陈述性规范说明。计算程序指的是把意义映射到语表(说者模式)和把语表映射到意义(听者模式)的程序。

语言成分、语境成分和语言语用学合在一起,构成语言理论。根据数据库语义学的需要,语言理论必须在听者模式和说者模式下建立语言和外部物体之间的指代关系。此外,它还必须有一套自然的概念化方法,也就是要说明说者如何选择“说什么”和“怎样说”。对于说者模式或者听者模式下的非线性语言使用(nonliteral language use),该理论也必须具备处理能力(见5.4 和5.5)。

2.5　直接指代和媒介指代

从系统发生论和本体发生论的角度看,指代的最基本形式是直接指代,即在交流主体的直接任务环境中用语言指代物体,如眼前的书。这种情况下,主体的外部界面同时涉及语言和语境两个层面(见2.4.1)。

另外,语言还可以指代直接任务环境中不存在,但存在于交流主体数据库当中的所指,如历史人物亚里士多德。在这种媒介指代关系中,发挥作用的只有语言层的外部界面,而不包括语境层的界面。[1]

---

① 关于直接指代和媒介指代的讨论详见 FoCL'99,4.3。

2.5.1 媒介指代中的外部界面使用情况

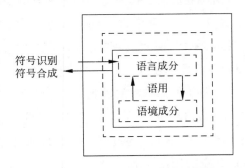

尽管从系统发生论和本体发生论的角度看,直接指代是最基本的,但是从理论角度看,直接指代是媒介指代的特殊形式。因为直接指代应用的也是媒介指代的认知程序。也就是说,直接指代和媒介指代在功能上的差异,只是直接指代要求在语境层有额外的外部界面。

没有语境界面但是具备语言功能(因此只限于媒介指代)的认知主体很有趣。原因是:第一,当今计算机的语境识别和行动能力仍然和松鼠相差很远。但是,语言层的识别和行动却可以通过现有的普通计算机的键盘和屏幕来实现。原则上,其功能损失很小。因此,如果我们用今天的技术来建立自然语言交流模型,也就是说没有合适的机器人,我们就必须面对认知主体因为缺少语境界面而无法进行直接指代的问题。

第二,认知主体在只有语言界面而没有语境界面的情况下也完全有可能完成许多任务。例如,在研究过程中,只依靠已存储数据来模拟认知操作。在实践当中,实现自然语言与数据库、自然语言与互联网之间的互动,包括读入新内容和回答查询问题等。

但是,长远看,语境层缺少外部界面(具备相关的识别和行动能力)有以 29 下几个不利之处:

2.5.2 没有语境界面的不利之处

1. 不能定义语言意义的核心概念
大多数基本概念由没有语言功能的主体通过对语境的识别和行动来获

得。这些概念又作为语言意义的核心被有语言功能的主体再次利用。[①] 因此，有语言，但是没有语境界面的主体所使用的意义是缺少概念核心(void of a conceptual core)的意义——尽管由占位词代表的概念之间的关系可能既有绝对定义又有情景定义(如"is-a"或者"is-part-of"结构)。

2. 不能自动判断内容是否连贯

存储内容的连贯性源于外部世界的连贯性。[②] 因此，只有具备语境界面的主体才能把通过语言"进口"来的内容和他们自己的经验数据联系起来。不具备语境界面的主体除了"进口"的数据之外什么都没有——连贯的责任就落在了为主体存储数据的用户身上。

因为没有合适的机器人，目前，数据库语义学的软件开发只能面向普通的计算机。但是，一旦语境界面所需要的技术出现，数据库语义学的理论框架就能够立即得到扩展。因为，简单地说，直接指代是媒介指代的特殊化。

所有为没有语境界面的版本所开发的程序都能适用于扩展的系统，如说者模式和听者模式下的词典构成成分、自动词形识别和生成、句法-语义和语义-句法分析器，以及语用推理等。

2.6　SLIM 语言理论

数据库语义学的基础是 SLIM 语言理论。SLIM 不同于其他语言理论，如结构主义、行为主义、先天论、模型理论或者言语行为理论。SLIM 设计的初衷是用完全明确的机械的(如逻辑电子)程序来解释语言符号的理解过程和有目的的生成过程。

30　　　缩写词 SLIM 的每个字母的意义如下：

S = Surface Compositionality，即语表组合性(方法论原则，见 1.6.1)

句法-语义组合只包含具体存在的词形，不包括零元素、同一性映射或

---

① 见 FoCL'99，22.1。
② 见 FoCL'99，24.1。

者变体。

L = time-Linearity，即时间线性（方法论原则，见 1.6.5）

语言的理解和生成都严格遵循时间线性顺序。

I = Internal，即内部（本体论原则，见 2.3.1）

语言的理解和生成被看作是说者-听者内部的认知程序。

M = Matching，即匹配（功能性原则，见 3.2.3）

主体用语言来指代过去、现在和未来的物体和事件，通过语言意义和语境之间的格式匹配来为此建模。

SLIM 建立自然语言交流模型遵循七个语用原则。

2.6.1　第一条语用原则

说者的言语意义（意义 2）是与内部语境相关的符号的字面意义（意义 1）的使用意义。

"意义 1"是符号的字面意义；"意义 2"是说者在使用"意义 1"所关联的符号时所要表达的意义（说者意义）。即使是在听者模式下，"意义 2"也称作"说者意义"，因为只有听者使用"意义 1"所关联的符号来指代和说者指代相同的物体或者事件，交流才算成功。

只有在语境明确（限定）的前提下才能成功使用符号。符号的 STAR 是确定使用语境的依据：

S = space，即空间（符号发出的地点）

T = time，即时间（符号发出的时间）

A = author，即作者（生成符号的主体）

R = recipient，即受者（可能收到符号的主体）

STAR 的作用正如第二条语用原则所描述的：

2.6.2　第二条语用原则

符号的 STAR 决定说者和听者语境数据库中生成和理解该符号的切入语境。

一旦根据 STAR 找到了理解语言符号的初始语境,就可以根据第三条语用原则来访问其他语境。

2.6.3 第三条语用原则

> 符号与相应语境之间的匹配顺次渐进(incremental)。生成过程中,基本符号遵循说者思考的时间线性顺序。理解过程中,听者的思路遵循听到的基本符号的时间线性顺序。

自然语言交流过程中,第三条语用原则预设了第二条。生成和理解自然语言符号的第一步是尽可能精确地确定具体语境(第二条原则)。之后,复杂的符号一个接一个地和语境层的一系列所指进行匹配(第三条原则)。①

接下来,定义"意义 1"和三种基本符号(sign),即标志(symbol)、指示词(indexical)和名称(name)的指代机制。标志的字面意义 1 是一个概念类型(如 4.2 对词"square"的分析所示)。

2.6.4 第四条语用原则

> 标志指代机制的前提是"意义 1"被定义为概念类型。标志根据在句子中的位置把自己的"意义 1"匹配给语境层的相应概念个例,从而发挥指代作用。

标志的指代机制被称为是象征性的,因为标志的作用和图标相似:都能自发地指代某一已知种类的新物体。二者的区别在于,字面意义和语表之间用标志来表示的关系是任意的,用图标来表示的则不是。

指示词的字面意义被定义为指针。英语的指示词包括"here""now""I""you"和"this"等。

2.6.5 第五条语用原则

> 指示词指代机制的前提是:字面意义 1 被定义为两个特色指针之一。第一

---

① 认知心理学的实验结果对说者模式和听者模式下的时间线性推导顺序提供了有力支持,尤其是口语理解部分。例如,Sedivy,Tanenhaus 等(1999,p. 127)给出了一个"处理模型"的有力依据。这个模型"连续地、按照时间顺序一点一点地对语言学的表达方式进行语义理解,这种理解又直接映射为一个指代模型。"同样的,Eberhard 等(1995,p. 422)在报告中说,主体"参照虚拟的语篇模型渐进地理解听到的每一个词,一旦获得有用信息即建立起指代关系"。Spivey 等(2002)也有类似的观点。

个指针指向主体的语境,称作语境指针或者"C"。第二个指针指向主体,称作主体指针或者"A"。

这两个指针如下例所示:

2.6.6 指示词用作名词和形容词,带 A 或 C 指针

32

名词A	名词C	形容词A	形容词C
I,we	you	here	there
	he,she,it	now	then
	this,they		

分享同一个指针的指示词的象征意义在语法上有一定的区别(symbolic-grammatical distinctions)。例如,"this"只能指代单个的、非动物的所指,而"they"只能指代复数的可能是动物也可能不是动物的所指。同样,"you"指代可能的交流对象,没有数和性上的限制,而"he"指代不是当前交流对象的单数男性所指。

对于名称,如"John"或者"R2D2",字面意义 1 被私人身份标记(private identity marker)所取代。这些标记在语境层生成,用来表示多次出现的所指被识别为同一个个体。

对于有语言功能的认知主体,私人标记在命名过程中被添加到公开语表(public surface)上。因此,名称指代的方式是用公开语表来唤起每个主体的私人标记,以此来匹配所指在每个主体认知结构中的对应的标记。

2.6.7 第六条语用原则

名称指代机制的前提是:私人标记与所指在认知结构中对应的标记之间相互匹配。

命名行为可能很明显,比如在受洗仪式上,也可能不明显,比如在下面的例子当中:主体 A 看到一条不认识的狗,从灌木丛里跑出来又消失在灌木丛里。主体 A 暂时把私人身份标记"＄#%＆"插入到认知结构当中,以代表出现在其语境中的那条狗,并且每一次出现都用这个标记,从而表示多次出现的是同一只狗。之后,主人喊狗的名称"Fido"。主体 A 把"＄#%＆"附加给公开语表"Fido"。这样,对 A 来说,通过匹配附加给名称的私人标记和所

指在认知结构中的相应标记,名称"Fido"就指向了那条狗。

不同种类的符号,即标志、指示词和名称之间的区别,和主要词性,如动词、形容词和名词之间的区别相关。例如,一个形容词(词性)可能是一个标志或者一个指示词(符号种类)——但不可能是一个名称。

这种独立性有其功能上的原因:词性控制句子当中词跟词之间的组合(横向关系),而符号种类确定词语意义和语境之间的指代关系(纵向关系,见 3.2.4)。符号种类和词性之间的相互关系如第七条语用原则所述:

2.6.8   第七条语用原则

> 标志可以作动词、形容词或者名词,指示词可以作形容词或名词,而名称只能作名词。

这就意味着,反过来,作名词的可以是标志、指示词或者名称,作形容词的可以是标志或者指示词,而作动词的只能是标志。①

进一步的解释可以参看下面的例子:

2.6.9   符号种类和词性之间的关系

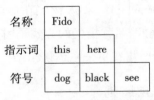

名词 形容词 动词

从和词性之间的关系上看,最具普遍性的符号种类是标志,而最有限的是名称。反过来,从和符号种类的关系上看,最具普遍性的词性是名词(宾语、论元),而最有限的是动词。

不同词性组合为命题,与其符号种类无关。例如,下面的两个句子包含相同的词性,却使用了不同种类的符号:

---

①　这种关系适用于语义核心。英语、德语和其他欧洲语言当中的动词带有汉语动词所没有的强索引信息,即时态信息。这和当前观点并不冲突。

2.6.10 不同词性和符号种类在句子中的关系

	名词	动词	形容词
名称	John		
符号		slept	
符号			in the kitchen
指示词	he		
符号		slept	
指示词			there

这七条语用原则不只具有学术上的意义,对于实际操作和系统在交流过程中的基本功能都有深远的影响。第一条原则允许把符号种类的"字面意义 1"和言语中符号个例的"使用意义 2"分开,这是根据语表组合性系统地进行句法-语义分析的前提。第二条原则提供了从空间和时间上去理解指示词的参照点,是确定使用语境的前提。第三条原则确立了说者和听者模式下统一的理解机制。第四、五和六条原则解释每一种符号如何与所指之间在理解语境中建立联系。第七条原则指明三个指代机制中的每一个必须用作哪一种词性。

根据这七个语用原则,SLIM 语言理论建立了一个抽象的自然语言交流模型。在这个模型当中,(i)人与人之间、(ii)人与建构合理的认知机器之间能够以同样的方式使用语言来表达意义——就像松鼠和喷气客机,它们能停留在空中,遵循的是相同的空气动力学原理(见 FoCL'99,p4)。

数据库语义学是 SLIM 语言理论的技术实现,其形式是软件运行程序。SLIM 语言理论的构造与数据库语义学所需要的技术方法并行发展。数据库语义学所需要的技术方法主要包括 CoL'89 中的 LA 语法和 FoCL'99 中的词库数据结构(另见 TCS'92 和 AIJ'01)。

3. 数据结构和算法

我们可以直接观察到认知主体的外部界面及其输入输出(见1.4.3),但数据结构和算法必须依其在自然认知当中的功能而定。在自然语言交流过程中,算法必须(i)把经由符号识别得到的输入映射为适合存储在主体数据库当中的格式(听者模式),(ii)选择性激活和调整数据库中的内容(思考模式),(iii)把适当格式的内容以自然语言语表的形式读出数据库,进行符号合成(说者模式)。

数据库语义学当中,这些功能由时间线性的 LA 语法的算法来完成。LA语法的三个变体称作 LA-hear,LA-think 和 LA-speak。支持该算法的数据结构是一个经典网络数据库(见 Elmasri and Navathe,1989),称作词库(word bank)。词库存储非递归(nonrecursive)特征结构(feature structure),称作命题因子(proplets)。从结构上看,命题因子等价于经典数据库里的记录。

3.1 编码命题内容的命题因子

特征结构就是一组特征。特征指的是属性-值对(attribute-value pair,avp)。[①] 命题因子当中,属性有事先定义的标准顺序(以提高可读性和计算效率)。命题因子各属性的值是包含一个或者更多原子项的列表,属性值里不能嵌入特征结构。[②]

---

① 这一术语的用法和计算机科学领域的一般用法相同(如,Carpenter 1992)。ISO 标准 CD2460-1 把特征结构定义为属性-值对的集合。

② 这和先天论中递归特征结构的用法不同,如 LFG(Bresnan 1982),GPSG(Gazdar et al 1985),或者 HPSG(Pollard and Sag 1994)。见 3.4.5。

例如，"主体听到狗叫（识别）之后跑开（行动）。"这个命题的内容可以由下面这组命题因子来表示：

3.1.1　代表 dog barks. （I） run. 的语境命题因子

$$
\begin{bmatrix} \text{sur:} \\ \text{noun:} dog \\ \text{fnc:bark} \\ \text{prn:22} \end{bmatrix}
\begin{bmatrix} \text{sur:} \\ \text{verb:} bark \\ \text{arg:dog} \\ \text{nc:23 run} \\ \text{prn:22} \end{bmatrix}
\begin{bmatrix} \text{sur:} \\ \text{verb:} run \\ \text{arg:moi} \\ \text{pc:22 bark} \\ \text{prn:23} \end{bmatrix}
$$

这些命题因子之间的语义关系只通过非递归的特征，即不以特征结构为值的属性-值对，来编码。例如，论元"dog"和函词"bark"之间的函词-论元关系编码如下：命题因子"dog"的"fnc（functor）"属性值为"bark"，命题因子"bark"的"arg（argument）"属性值为"dog"。 36

同属一个命题的所有命题因子通过一个共同的命题编号联系在一起。例如，3.1.1 当中的两个命题因子表示的命题是"dog bark"，它们有一个共同的"prn（proposition）"属性值"22"。不同命题可以通过动词命题因子（见"bark"和"run"）的属性"nc（next conjunct）"和"pc（previous conjunct）"来建立联系。为了确保前继和后续命题因子的唯一性，属性"nc"和"pc"的值前面要加上它们的属性"prn"的值，如[nc:23 run]"或者"[pc:22 bark]"。

命题因子的非组合性语义内容（noncombinatorial semantic content）编码为该因子的核心属性（core attribute）值。命题因子的核心属性主要有"noun"、"verb"和"adj"三个。根据第七条语用原则（见2.6.8），核心属性的值可以是概念（concept）（第四条语用原则，见2.6.4）、指示词（pointer）（第五条语用原则，见2.6.5）或者标记（marker）（第六条语用原则，见2.6.7）。例如，

3.1.1 当中的第一个命题因子的核心属性"noun"的值"dog"就是一个概念。

开始时，概念是在主体外围认知当中用于识别和行动的格式。作为命题因子核心属性的值，概念也是在认知中心存储和提取语境命题因子的主要关键词。

　　把概念作为命题因子的核心属性值,概念之间的语义关系(也就是组合关系)并不直接定义在概念上,而是用包含该概念的命题因子来表示,如下例当中的虚线所示:

3.1.2　通过命题因子来编码概念之间的关系

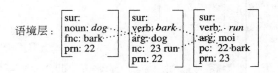

这种只通过非递归特征(即单层的属性/值对)来编码命题因子之间语法关系的方法称作双向指示(bidirectional pointering)。

3.2　语言和语境命题因子之间的内部匹配

　　为了确保语言层和语境层之间在功能上的正常互动,必须在结构上使这两个层面互相兼容。方法是,让表示语言内容的命题因子和表示语境内容的命题因子基本相似,但是,表示语言内容的命题因子的属性"sur"必须有一个非空值(non-NIL)。

　　语言命题因子的属性"sur"的值是一个专门用于语表的依存于语言的概念模式,例如,德语词形"Hund"。下面是一组用语言命题因子来编码的关联
37　命题。这些命题因子是3.1.1所示例句的德语变体。

3.2.1　表示"dog barks.（I）run."的语言命题因子

$$
\begin{bmatrix} \text{sur:Hund} \\ \text{noun:}dog \\ \text{fnc:bark} \\ \text{prn:122} \end{bmatrix}
\begin{bmatrix} \text{sur:bellt} \\ \text{verb:}bark \\ \text{arg:dog} \\ \text{nc:123 run} \\ \text{prn:122} \end{bmatrix}
\begin{bmatrix} \text{sur:fliehe} \\ \text{verb:}run \\ \text{arg:moi} \\ \text{pc:122 bark} \\ \text{prn:123} \end{bmatrix}
$$

　　语境命题因子只有一个主要关键词,即核心属性值,而语言命题因子有两个:语表和核心属性值。属性"sur"的值用来在听者模式下查找词汇,以提取和给定语表相对应的语言命题因子。核心属性的值用来在说者模式下查

找词汇,以提取与该值(即某一概念)相对应的语言命题因子。

3.2.2　在说者和听者模式下用来查找词汇的关键词

$$\begin{bmatrix} \text{sur:Hund} \\ \text{noun:dog} \\ \text{fnc:} \\ \text{prn} \end{bmatrix} \begin{matrix} \leftarrow \text{听者模式下查字典的关键词} \\ \leftarrow \text{说者模式下查字典的关键词} \end{matrix}$$

在形式上,指代所需要的语言层和语境层之间的关系,以语言命题因子和语境命题因子之间的匹配为前提。如果相关命题因子能够满足下列条件,则匹配成功。[1]

3.2.3　成功匹配的条件

1. 属性条件

如果 A 和 B 两个命题因子之间互相匹配,那么其属性交集包含一组预定义的相关属性:

$$\{预定义属性\} \subseteq \{\{命题因子\ A\ 的属性\} \cap \{命题因子\ B\ 的属性\}\}$$

2. 值条件

如果两个命题因子之间互相匹配,那么其共同属性的变量值(常量更不必说)必须互相兼容。[2]

这些条件在 LA 语法规则的应用过程中同样适用。LA 语法的规则要求规则内的命题因子格式与输入的命题因子个例之间互相匹配(见 3.4.3)。为简便起见,下面的例子当中,互相匹配的语言命题因子和语境命题因子属性相同。

语言层和语境层互相匹配的过程当中,必须区分说者模式和听者模式。

38

---

① 虽然本体论基础(见 FoCL'99,20.4)不同,Frege 提出的意义和所指之前的关系(见 4.5.2)也可以在 3.2.3 匹配条件的基础上进行计算机实现。

② 为了保证语言命题因子和语境命题因子之间相互匹配,它们的"prn"值必须一致。"prn"值存在的意义就是通过一个共同的命题编号把同属于一个命题的命题因子横向联合起来。例如,3.2.4 中语言层的"prn"值是 122/123,但是语境层的值是"22/23"。

说者模式下（从语境层映射到语言层），语境命题因子匹配兼容的语言命题因子，以其特定的语言表面输出。听者模式下（把语言内容嵌入语境），语言命题因子匹配语境命题因子，之后存储在语境中。

虽然（纵向）匹配发生在两个命题因子之间，来自两个层面的命题因子之间的（横向）语义关系也要同时考虑进来。以 3.1.1 中的语境命题因子和 3.2.1 中的语言命题因子为例：

3.2.4　命题因子关系对匹配的影响

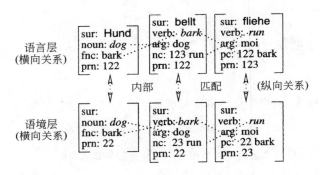

匹配失败的情况最能说明两个命题因子之间的纵向匹配（指代）如何自动扩展到横向的语法关系上。例如，我们假设语言层的名词命题因子"dog"的属性"fnc"值为"bark"，而在语境层与之相应的命题因子的属性"fnc"值为"sleep"。这种情况下，这两个命题因子在纵向上就是不相容的——因为与二者横向发生关系的动词不同，也就是相关的属性"fnc"的值不同。

3.3　在词库内存储命题因子

把命题内关系（intrapropositional relations）和命题间关系（extrapropositional relations）编码为特征，语言命题因子和语境命题因子就成了独立项，可以自由表现和存储内容，而不受任何二维空间的限制（如树结构）。也就是说，命题因子体系是完全自由的，其存储原则可以根据数据库的需要来选择。

数据库语义学当中，命题因子存储于个例行（token line）。个例行是由核心属性值相同的命题因子组成的序列。个例行的集合称作词库。

词库的结构是经典的网络数据库结构：每一个个例行都有一个主记录，39 主记录后面跟着子记录，子记录的数量没有限制。

下面我们来看一下具备语言功能的认知主体的词库。词库中包含 3.1.1 和 3.2.1 出现的语境命题因子和语言命题因子：

3.3.1 词库的数据结构

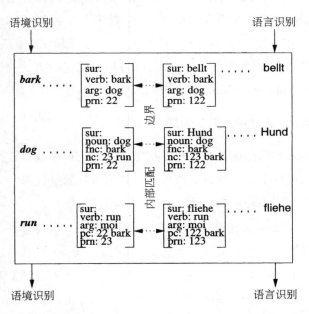

为了更清楚的展示个例行，语境层和语言层被旋转了 90 度，这样语境和语言命题因子之间的内部匹配就变成了纵向的，而不是横向的（见双箭头）。如图所示，词库左边的部分是语境命题因子，右边的则是语言命题因子（注意：3.2.4 中横向关系和纵向关系的说法不变）。

3.3.1 的词库有三个个例行。从左边看，每个个例行都从一个概念开始，这里是"bark"、"dog"和"run"，后跟任意个语境命题因子（用省略号表示）。从右边看，每一个个例行都从某个特定语言的语表开始，这里是"bellt"、"Hund"和"fliehe"，后跟任意个语言命题因子（也用省略号表示）。

词库通过主体语言层和语境层的识别和行动界面与外界进行联系。因此,带有词库的人工智能主体能够在最高抽象水平上(即不受模块的限制)满足界面等价原则(见1.5.4)。例如,水平方向上沿中心线将3.3.1中出现的图对折,可以看到输入和输出设备的方向是一致的,这样就保证了手眼协调。

40

3.4　LA 语法的时间线性算法

接下来,我们看一下输入/输出等价原则(见1.5.5)。该原则适用于对数据结构进行操作的算法。从语言的角度看,它对于人工智能主体的意义尤其明显。它要求人工智能主体(i)和自然人一样接受输入、生成输出,(ii)以和自然人一样的方式解构输入和输出,(iii)再以同样的方式在输入和输出过程中对解构得到的各个部分进行排序。

3.4.1　将输入/输出等价原则应用于语言

1. 语言层的输入和输出都是自然语言符号,如短语、句子或语篇。
2. 输入和输出过程中对自然语言符号进行解构得到的是词形。
3. 输入和输出过程中按照时间线性顺序对词形进行排序。

LA 语法(LAG)的算法遵循时间线性顺序,以一个词形序列,如abcde…,为输入,首先把已经分析过的部分,称作句首(sentence start),把它和下一个词(next word)组合起来,得到一个新的句首,也就是说,"a"和"b"组合为"(ab)","(ab)"再和"c"组合为"((ab)c)","((ab)c)"接着和"d"组合为"(((ab)c)d)",以此类推。这种结合方法被称作左结合(left-associative)的方法——LAG 由此得名。

下面以句子"Julia knows John"为例,解释数据库语义学在听者模式下的LA 语法:

3.4.2　时间线性推导(可接续性原则)

以顺次渐进法查字典(incremental lexical lookup),结果得到一组孤立的命题因子,分别替换输入的语表"Julia""knows"和"John"。此时,这些命题

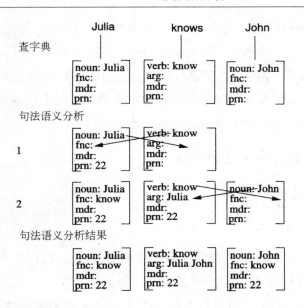

因子的大多数属性的值为空。再顺次进行句法–语义分析,各个命题因子的[41]相关属性通过复制操作获得新值(用箭头表示),由此在命题因子之间建立起联系。最后,得到一组相互独立但命题编号(这里是[prn:22])相同的命题因子。这些命题因子可以自动存入词库。

按照时间线性顺序,把没有经过分析的语表作为输入内容,通过查字典和句法–语义分析来重新建构已输入内容的函词论元关系,这种分析方法和人作为听者对听到的内容进行分析的方法,从输入的角度看是等价的。这个求导过程所遵循的 LA 语法规则称作 LA-hear。下面的例子说明如何应用LA 语法规则来完成(句法–语义)组合的第一步(用斜体字说明)。完整的LA-hear 语法定义见 3.6.2,11.4.1,13.2.4 和 15.6.2。

3.4.3 LA-hear 规则的应用

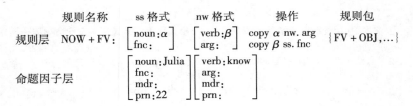

规则层(rule level)包含(i)规则名、(ii)句首格式、(iii)下一词的格式、(iv)一组操作和(v)一个规则包。规则格式在命题因子层(proplet level)根据 3.2.3 所描述的条件①和命题因子进行匹配。匹配过程中,规则层的变量纵向②绑定命题因子层的相应的属性值。这是在命题因子层实现规则层操作的前提。根据规则进行操作所得到的结果输出如下:

3.4.4　应用 LA-hear 规则的结果

$$
\begin{bmatrix} \text{noun:Julia} \\ \text{fnc:know} \\ \text{mdr:} \\ \text{prn:22} \end{bmatrix}
\begin{bmatrix} \text{verb:know} \\ \text{arg:Julia} \\ \text{mdr:} \\ \text{prn:22} \end{bmatrix}
$$

接下来,按照时间线性顺序,当前的输出结果成为新的句首,查字典之后把"John"确定为进行组合的下一词(见 3.4.2,第 2 行)。

短语结构语法(PSG)的分析过程不是这样的,它不遵循时间线性顺序,如下例所示:

3.4.5　非时间线性求导(可替代性原则)

短语结构语法的分析过程从起始标志 S 开始,然后用 NP 和 VP 来替换 S,求导出短语结构树,直到到达终端结点"Julia""knows"和"John"。接下来,查字典之后,终端结点被替换为特征结构。最后,对词的特征结构进行合一(unification)操作(用虚箭头表示),得到一个大的递归特征结构。合一操作的顺序仿照 PS 树的求导过程。③ 短语结构语法的求导过程不是从句首开始,一个词接一个词地分析,所以违背了输入/输出等价原则(见 1.5.4)。

短语结构语法是一种以符号为导向的方法,其规则和求导的陈述性规范说明并不包含与认知主体识别和行动之间的任何联系,因此违背了界面

---

①　规则应用过程中,属性条件被简化,只要模式所规定的属性是匹配命题因子属性的子集即可。

②　数据库语义学当中的纵向变量绑定以语法和命题因子层之间的匹配为前提。而横向变量绑定和谓词演算(见 5.3 和 6.2)一样是基于变量的。

③　该范例强调先天论不同变量之间的共性,如 GPSG,HPSG,LFG 和(不太明显的)GB。

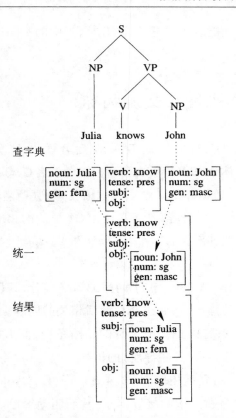

等价原则。所有短语结构语法分析所得到的树形图都是从相同的起始标志 S 开始,再经过各种替换操作所产生的结果。① 合一操作所得到的特征结构直接反映 PS 树形图,因此必须递归嵌套下一级特征结构。也正是因为这个 43 原因,短语结构语法只能分析孤立的句子。

LAG 则不同。LAG 的每一条规则都有一个外部数据界面,包含在匹配输入命题因子的格式(见 3.4.3)当中。而且,用一组独立的命题因子来表现句子的分析过程和结果是把命题因子存入词库,以及从词库里提取命题因子的前提。反过来,在听者模式和说者模式下,存储和提取命题因子是按照线性顺序进行正常操作的前提。命题因子不但可以表现命题内部的函词论

---

① 由于遵循的是可替代原则,又没有外部界面,基于 PSG 的句法分析器常常依赖庞大的、被称作图、表或者状态集的中间结构。因此,和 LA 句法分析器相比,基于 PSG 的句法分析器效率不高。

元关系、并列关系和共指关系,还能表现任意长度的语篇当中的不同命题之间的这些关系。

3.5　自然语言交流循环

两个主体 A 和 B 正常对话的过程中,A 说 B 听,然后 B 说 A 听,如此反复。自然语言交流循环要求主体 A 和 B 能够在听者模式和说者模式之间进行转换(角色转换,见 1.1.1)。数据库语义学通过把语言识别(听者模式)的外部界面和语言行动(说者模式)的外部界面实现为 LA 语法的相应变体来模拟自然语言交流循环。这些外部界面称作 LA-hear 和 LA-speak,都和主体的词库紧密相连。

LA 语法的第三个变体,称作 LA-think,位于词库的语境部分,其任务是在各个数据之间移动某个唯一的焦点,从而选择性激活相关的内容。这样,可以把命题因子之间的语义关系看作是一个特殊的铁路系统,而 LA-think就是使焦点沿着这个系统的轨道运行(自主导航)的机车。

LA-think 的规则和 LA-hear 的规则相似(见 3.4.3)。但是,LA-think 规则的作用是在词库中提取给定命题因子的接续因子,从而驱动导航。下面以 3.4.2 中求导命题的命题因子"know"为例说明 LA-think 规则的应用情况。完整的 LA-think 语法定义见 3.6.7,10.6.1,12.1.1 和 14.1.1。

3.5.1　LA-think 规则应用示例

规则名称	ss 格式	nw 格式	操作	规则包
规则层　V_N_V:	$\begin{bmatrix} \text{verb}:\beta \\ \text{arg}:X\ \alpha\ Y \\ \text{prn}:k \end{bmatrix}$	$\begin{bmatrix} \text{noun}:\alpha \\ \text{fnc}:\beta \\ \text{prn}:k \end{bmatrix}$	output position ss mark α ss	{V_N_V,...}
命题因子层		$\begin{bmatrix} \text{verb}:\text{know} \\ \text{arg}:\text{Julia John} \\ \text{mdr}: \\ \text{prn}:22 \end{bmatrix}$		

规则中的"ss 格式"匹配前一个在词库中被激活的命题因子,变量"β"纵向绑定(属性"verb"的)值"know",变量"α"绑定"Julia"或者"John","k"绑定(属性"prn"的值)"22"。假设变量"α"绑定的是"Julia",通过属性

"prn"的值"22"提取(激活)命题因子"Julia",之后再回到动词命题因子(操作"output position ss")。为了避免重复遍历同一个命题因子(relapse,见 44 "tracking principles",FoCL'99,p. 464),当前提取到的属性"arg"的值前面添加标记"!"。

3.5.2　LA-think 规则应用的结果

$$
\begin{bmatrix} \text{verb:know} \\ \text{arg:!\ Julia\ John} \\ \text{mdr:} \\ \text{prn:22} \end{bmatrix}
\begin{bmatrix} \text{noun:Julia} \\ \text{fnc:know} \\ \text{mdr:} \\ \text{prn:22} \end{bmatrix}
$$

接下来,可以再次应用规则"V_N_V"(见 3.5.1 规则包),来激活命题因子"John"。

通常,词库里的每一个命题因子都有一个以上的可接续词(successor)[1], LA-think 必须从中作出选择。最基本的方法有两个:任意选择,或者根据某个预定义的图式(schema)来作定项选择。但是,对于有意义的自然语言交流这样的理性行为,LA-think 语法有必要成为一个完善的控制结构,在评估内外部刺激、已遍历频率、已知程序以及主/述位结构等的基础上,在备选的可接续词之间进行智能选择。[2]

目前,我们假设一次标准导航的定项图式首先从动词(函词、关系)开始,接着是名词(论元、宾语),名词和名词之间的顺序依照动词属性"arg"槽内各个值的顺序。这样的一次导航可以用"VNN"来表示,其中"V"代表动词命题因子,第一个"N"代表主语,第二个"N"代表宾语(见附 A)。

原则上,词库里的任何一次导航都不受语言的限制。但是,对于有语言功能的主体来说,导航是说者概念化的过程,也就是说,是说者选择说什么和怎么说的过程。

把概念化定义为按照时间线性顺序在内容之间进行导航的过程,语言

---

① 例如,命题因子"know"有两个可接续的词,即"Julia"和"John"。如果先选择了"John"(倒序导航),那么得到的英语语表就是一个被动句(见 6.5)。

② 这样一个控制结构究竟在什么样的程度上和人的智能相匹配,这也是一个有争议的问题。与此相关的历史观点和最新观点见 Shieber(2004)。

生成就变得相对直接了：当说者决定向听者传递一次导航，导航遍历到的命题因子的核心属性值就被转换成特定语言的相应词汇，并实现为外部语言符号。除了普遍导航需要的依存于语言的词汇化过程之外，系统还必须提供依存于语言的如下因素：

1. 语序
2. 功能词析出[①]
3. 词形选择，以满足一致性关系

这个过程由依存于语言的 LA-speak 语法和词形生成程序共同完成。例如：词形"ate"由命题因子"eat"生成，其属性"sem"的值为"past"。完整的 LA-speak 语法定义见 12.4.1 和 14.2.1。

以 LA-think 和 LA-speak 为基础的语言生成可以用同一个简化图式来表示，下面以 VNN 导航实现"Julia knows John"为例。求导过程强调如何处理语序和析出功能词，词法和句法分析从略：

3.5.3　Julia knows John 的生成过程

	激活序列			实现			
i							
	V						
i.1	n			n			
	V	N					
i.2	fv	n		n	fv		
	V	N					
i.3	fv	n	n	n	fv	n	
	V	N					
i.4	fv p	n	n	n	fv	n	p
	V	N	N				

字母"i"代表句子编号。字母"n"、"fv"和"p"是抽象语表，分别代表"name"、"finite verb"和"punctuation（这里是句号）"。

[①]　语言生成过程中的功能词析出（如 6.2.2）与语言理解过程中的功能词吸收（如 6.2.1）互相呼应。

在"i. 1"行,根据 LA-think,导航从 A 转移到 N,求导开始。命题因子 N 由 LA-speak 实现为"n Julia"。在"i. 2"行,命题因子 V 由 LA-speak 实现为 "fv knows"。在"i. 3"行,LA-think 导航继续,到达第二个命题因子 N,由 LA-speak 实现为"n John"。最后,LA-speak 根据命题因子 V 实现"p"("i. 4" 行)。一次 VNN 导航就这样实现为语表,其语序为"n fv n p"。

这种生成方法不仅可以用来实现上例中的主-动-宾(SVO)[①]语表,还能实现 SOV 和 VSO(见附录 A)。不同自然语言的语序和词汇化都可以由依存于语言的 LA-speak 语法规则来处理。LA-speak 语法规则的概念基础就是 3.5.3 所示的抽象求导。

三种 LA 语法的操作,部分[②]地决定了人工智能主体所处的状态:LA-hear 运行时,主体处于听者模式;LA-think 运行时,主体处于思考模式;LA-think 和 LA-speak 同时运行时,主体处于说者模式。

下面用图形来概括 LA 语法的三个变体在自然语言交流过程中的互动情况: 46

3.5.4　自然语言交流循环

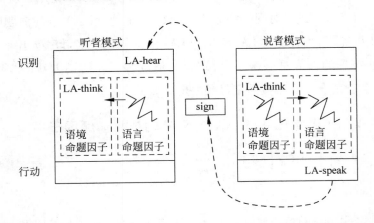

上图所示为两个主体,一个在听者模式下,一个在说者模式下。每个主体都有自己的词库,包含语境和语言两个部分,以及识别和行动外部界面。

---

① 术语 SVO,SOV,VSO 的用法引自 Greenberg(1963)。
② 其他因素包括语境层可能出现的输入/输出。

说者模式下的主体只使用语言部分的界面,即 LA-speak,而听者模式下的主体只使用语言识别界面,即 LA-hear。也就是说,如 2.5.1 中所述,两个主体间的互动恰好是一个媒介指代的过程(语境层没有行动外部界面)。

语言生成过程中的词形排序起始于时间线性导航,导航发生在说者词库内的语境命题因子之间,由 LA-think 驱动,如图中右侧主体框架里的曲线所示。导航过程中遍历到的语境命题因子匹配相应的语言命题因子,构成 LA-speak 的输入。LA-speak 的输出是外部符号,即构成 LA-hear 输入的一系列未经分析的语表。LA-hear 求导出的命题因子对 LA-speak 的导航内容进行重新建构,各个命题因子在被添加进合适的个例行的过程中,其外部顺序被打乱。如果说者编码的内容被听者等价重构则交流成功。

3.6   数据库语义学示例:DBS -字母

在一个简单而完整的体系当中,数据库语义学的基本功能如下面的 DBS-字母的形式定义所示。这个例子不涉及语言学研究,只是用合适的 LA-hear 语法对字母串进行时间线性分析,结果得到一组相互关联的命题因子,按序存入词库,再用合适的 LA-think 和 LA-speak 语法把字母串读出来。

DBS-字母的输入是一串字母,定义为命题因子。例词 LOVE,LOSS 和 ALSO 所包含的各个字母按照字母顺序定义如下:

47   ### 3.6.1   代表字母 A,E,L,O,S,V 的孤立命题因子

$$
\begin{bmatrix} \text{lett:A} \\ \text{prev:} \\ \text{next:} \\ \text{wrd:} \end{bmatrix}
\begin{bmatrix} \text{lett:E} \\ \text{prev:} \\ \text{next:} \\ \text{wrd:} \end{bmatrix}
\begin{bmatrix} \text{lett:L} \\ \text{prev:} \\ \text{next:} \\ \text{wrd:} \end{bmatrix}
\begin{bmatrix} \text{lett:O} \\ \text{prev:} \\ \text{next:} \\ \text{wrd:} \end{bmatrix}
\begin{bmatrix} \text{lett:S} \\ \text{prev:} \\ \text{next:} \\ \text{wrd:} \end{bmatrix}
\begin{bmatrix} \text{lett:V} \\ \text{prev:} \\ \text{next:} \\ \text{wrd:} \end{bmatrix}
$$

这些命题因子的核心属性是"lett",接续属性是"prev(ious)"和"next",簿记属性是"wrd(见 4.1.2)"。

用于 DBS-字母的 LA-hear 语法称作 LA-letter-IN。该语法把当前命题因子的属性"lett"的值复制到下一命题因子的属性"prev"槽内,同时把下一命题因子的属性"lett"的值复制到当前命题因子的属性"next"槽内。

3.6.2 用于连接孤立命题因子的 **LA-letter-IN** 的定义

$$ST\_S = \{ (lett:\alpha, \{r\text{-}in\}) \}$$

$$r\text{-}in: \begin{bmatrix} lett:\alpha \\ prev: \\ next: \end{bmatrix} \begin{bmatrix} lett:\beta \\ prev: \\ next: \end{bmatrix} \begin{array}{l} copy\ \alpha\ nw.\ prev \\ copy\ \beta\ ss.\ next \end{array} \quad \{r\text{-}in\}$$

$$ST\_F = \{ (lett:\beta, rp_{r\text{-}in}) \}$$

和任何一个 LA 语法一样，LA-letter-IN 有一个起始状态 ST_S，一组规则（这里只有一个），一组最终状态 ST_F。变量 α 和 β 不受任何限制，可以（纵向）绑定输入命题因子层的任何值。规则 r-in 的应用情况如下所示：

3.6.3 **LA-letter-IN** 规则应用示例

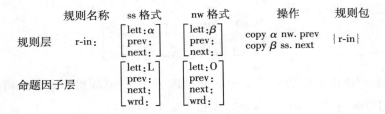

变量 α 绑定值"L"，变量 β 绑定值"O"之后，分别把这些值复制到对方槽内，结果如下：

3.6.4 **LA-letter-IN** 规则应用结果

$$\begin{bmatrix} lett:L \\ prev: \\ next:O \\ wrd:1 \end{bmatrix} \begin{bmatrix} lett:O \\ prev:L \\ next: \\ wrd:1 \end{bmatrix}$$

除了根据语法规则交叉复制接续属性的值以外，分析器的控制结构还会把属性"wrd"的值设置为"1"，表示命题因子"L"和"O"属于同一个词。

下面是字母串求导过程的示意图（与 3.4.2 相似）：

3.6.5 连接 **love** 各字母的时间线性求导过程

求导过程包括规则"r-in"的三次时间线性应用。由分析结果可见，表示该单词第一个字母的命题因子当中，其属性"prev"的值为空（用空格表示）。

同样,表示该单词最后一个字母的命题因子当中,其属性"next"的值为空。
单词"LOSS"和"ALSO"的求导过程和 3.6.5 相同。

求导结束,得到一组相互关联的命题因子,存储在 DBS-字母的词库里,
如下所示:

3.6.6   存储在词库里的 love,loss 和 also 命题因子

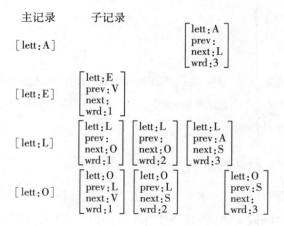

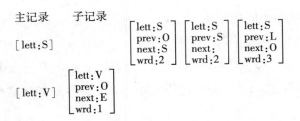

主记录　　子记录

$[\text{lett}:S]$

$\begin{bmatrix}\text{lett}:S\\\text{prev}:O\\\text{next}:S\\\text{wrd}:2\end{bmatrix}$ $\begin{bmatrix}\text{lett}:S\\\text{prev}:S\\\text{next}:\\\text{wrd}:2\end{bmatrix}$ $\begin{bmatrix}\text{lett}:S\\\text{prev}:L\\\text{next}:O\\\text{wrd}:3\end{bmatrix}$

$[\text{lett}:V]$ $\begin{bmatrix}\text{lett}:V\\\text{prev}:O\\\text{next}:E\\\text{wrd}:1\end{bmatrix}$

与 3.3.1 相比,这个词库相对简单,没有语境层和语言层之间的区别。

现在来看一下单词的生成过程。生成过程的起点是在 3.6.6 的词库中进行自主导航。应用于 DBS-字母的 LA-think 语法称作 LA-letter-OUT。其功能是根据任意一个字母命题因子的属性"next"和"wrd"的值向指定的下一个接续命题因子转移。

3.6.7　遍历关联命题因子的 LA-letter-OUT 的定义

$ST\_S = \{\,(\,\text{lett}:\alpha, \{\text{r-out}\}\,)\,\}$

r-out: $\begin{bmatrix}\text{lett}:\alpha\\\text{next}:\beta\\\text{wrd}:k\end{bmatrix}$ $\begin{bmatrix}\text{lett}:\beta\\\text{prev}:\alpha\\\text{wrd}:k\end{bmatrix}$ 　输出位置 nw　$\{\text{r-out}\}$

$ST\_F = \{\,(\,\text{lett}:\beta, \text{rp}_{r\text{-}out}\,)\,\}$

应用规则从字母 L 转移到字母 O 的过程如下所示:

3.6.8　LA-letter-OUT 规则应用示例

　　　　　　规则名称　　ss 格式　　nw 格式　　　操作　　　规则包

规则层　　　r-out: $\begin{bmatrix}\text{lett}:\alpha\\\text{next}:\beta\\\text{wrn}:k\end{bmatrix}$ $\begin{bmatrix}\text{lett}:\beta\\\text{prev}:\alpha\\\text{wrn}:k\end{bmatrix}$ 　输出位置 nw　$\{\text{r-out}\}$

命题因子层 $\begin{bmatrix}\text{lett}:L\\\text{prev}:\\\text{next}:O\\\text{wrn}:1\end{bmatrix}$

根据变量 α,β 和 k 的赋值情况,规则"r-out"应用数据库的提取机制激活接续命题因子"O":

3.6.9　LA-letter-OUT 规则应用结果

$\begin{bmatrix}\text{lett}:L\\\text{prev}:\\\text{next}:O\\\text{wrn}:1\end{bmatrix}$ $\begin{bmatrix}\text{lett}:O\\\text{next}:V\\\text{prev}:L\\\text{wrn}:1\end{bmatrix}$

50 　　求导过程继续应用相同的规则(见 3.6.7 中定义的 r-out 规则包),从"O"导向"V",再从"V"导向"E"。①

　　遍历到的命题因子构成 LA-speak 的输入内容。这个例子当中,LA-speak 语法的规模很小,只简单地按照遍历的顺序来实现导航激活的命题因子的核心属性值。

　　要把 DBS-字母这样一个简单的体系扩展成全面的自然语言交流系统需要如下几个步骤:

3.6.10　扩展到自然语言交流系统需要的步骤

1. 自动词形识别和生成

LA-letter-IN 只识别"L"或者"O"之类的基本字母,全面的自然语言交流系统必须能够识别不同语言的复杂词形。同样,也必须能够生成比 LA-letter-OUT 更复杂的词形。

2. 导航和语言实现分开

　　LA-letter-OUT 的输出语表和存储在数据库里的命题因子核心属性值是相同的。全面的自然语言交流要求通过 LA-think 和 LA-speak 来分别实现导航功能和语言实现功能(见 3.5.4)。这要求区分命题因子的核心属性值和语表属性值(见 3.2.2)。

3. 语言数据和语境数据分开

　　语言和语境是两个不同的概念,所以词库也要分成语言和语境两个部分(对比 3.6.6 和 3.3.1)。与外部世界的指代关系要求用语境层的输入-输出来补充语言层的输入-输出(对比 2.5.1 和 2.4.1)。

4. 将导航扩展为控制结构

　　LA-letter-OUT 只跟踪命题因子内编码的接续信息,而全面的自然语言交流系统必须把导航扩展为推理。这就要求把绝对命题②和情景命题(见 5.2)

---

① 根据 3.6.7 中的接续属性"prev"和"next",以及规则"r-out"的定义,LA-letter-OUT 只能向前导航。倒序导航需要一个新的规则,当前规则中的 ss 格式和 nw 模式的位置在新规则中要相互交换。

② 又称永恒句(eternal stentences)(Quine,1960)。

区分开。为主体补充值构造之后，推理又必须扩展为一个控制结构。

以上扩展步骤当中的前两个主要涉及自然语言处理部分，后两个则需要机器人具备语境界面。本书的第二部分和第三部分分别讨论如何实现前两个步骤。

4. 概念类型和概念个例

前面概述了机器人的外部界面、数据结构和算法,现在来讨论一个比较敏感的话题:意义(meaning)。我们从一个直接任务出发来切入这个概念,也就是如何让机器人能够识别一个已知类型的新物体,比如一双新鞋。识别系统允许有边缘个案存在,如木底鞋,但是对轮椅、铲子之类的会明确给予否定。这就要求机器人具备分辨必要命题因子和偶然命题因子的能力。

解决的方法是区分概念类型和概念个例[①]:把概念定义为特征结构,概念类型的偶然特征用变量来表示,而概念个例则用常量来表示与某一概念类型之间的关系(见 FoCL'99,3.3)。直观上看,常量和变量之间的区别能够充分表现类型-个例关系,而且,应用到计算机上,这种方法也很直接。

把概念作为特定命题因子的核心属性值融入数据库语义学框架,一些命题因子成为概念类型,另一些命题因子成为概念个例。在计算机上实现概念的类型-个例关系很重要,它可以用在以下几个方面(见2.4.1):(i)指代的"中间部分",也就是语言和语境之间的内部匹配;(ii)"低层指代",也就是语境识别和行动;(iii)"高层界面",也就是语言理解和生成。

4.1 命题因子类型

命题因子有属性和值两个部分。一个命题因子和其他命题因子之间的关系由这两个部分来共同决定。命题因子之间的关系有两种:横向关系涉及命题内和命题之间的函词/论元结构、并列和共指等语义关系;纵向关系

[①] 类型和个例的概念见 Peirce(CP,Vol.4,p.537)。

涉及说者模式下和听者模式下的语言和语境命题因子之间的指代关系（见 3.2.4）。

数据库语义学只用三种基本的表现命题内容的命题因子来对这些关系进行编码。这三种命题因子从本体论上看分别表示（i）物体、（ii）关系、（iii）特征①。表现在语言上则分别代表（i）名词、（ii）动词、（iii）形容词等不同词性。与之对应的逻辑学上的说法是（i）论元、（ii）函词、（iii）修饰语。

这三种基本命题因子之间的区别通过其核心属性（i）noun，（ii）verb、（iii）adj 来表现。除了核心属性之外，各个命题因子的其他属性有的相同，有的不同。如下所示：

4.1.1　三种主要命题因子示例

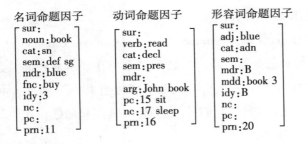

命题因子的属性分类如下：

4.1.2　命题因子以及属性

1. 语表属性：sur

所有命题因子都有语表属性。如果一个命题因子的语表属性的值为"NIL（空）"，那么这个命题因子是一个语境命题因子。语言命题因子的语表属性有一个来自词典的非空值。

2. 核心属性：noun，verb，adj

命题因子的核心属性有一个唯一的值，这个值来自词典。从符号理论

---

① 有关命题的详细论述见 FoCL'99,3.4。

的角度看①,核心属性值可以是和三个符号种类——标志、指示词和名称相对应的概念、指针或者标记。

3. 语法属性:cat,sem

语法属性"cat(category)"和"sem(semantics)"从词典当中得到初始值,之后在求导过程中不断调整。

4. 命题内接续属性:fnc,arg,mdd,mdr

命题内接续属性在命题因子的时间线性生成过程中通过复制操作得到值(见3.4.2)。接续属性的值由代表其他命题因子名称的字符(char)构成。被分析过的命题的各个因子的属性"fnc(functor)"、"arg(argument)"和"mdd(modified)"(必要接续属性)都不能为空,而属性"mdr(modifier)"(可选接续属性)的值可以为空。

5. 命题间接续属性:nc,pc,idy

命题间接续属性"nc(next conjunct)"、"pc(previous conjunct)"和"idy(identity)"用来表示命题内部关系和命题间关系。在表示命题间关系的时候,它们是必要属性(对于同一个文本,这几个属性当中,至少有一个的值不为空);表示命题内关系的时候,它们是可选属性,其值和命题内接续属性的值一样,通过复制操作得到。②

6. 簿记属性:prn

簿记属性"prn(proposition number)"的值是一个数字(整数),通过分析器的控制结构(control structure)获得。其他簿记属性有"wrn(word number)"和"trc(transition counter)",用来满足相应的具体需求。

简便起见,下面的讨论中,省略不相关属性。

为了在某些规则中对属性和属性的值进行归纳,以及满足词典设计的需要,数据库语义学用取代变量(replacement variable)RA.n来表示属性,用RV.n来表示属性的值。取代变量和绑定变量(binding variable)(如3.6.8

---

① 见上面2.6和FoCL'99,第6章。
② "nc"和"pc"在3.1.3中出现过,11.2.5部分有详细介绍。"idy"见第10章和附录A。

中的 α)不同,它不绑定任何值,而是被值取代。以取代变量 RA. n 为核心属性值的词命题因子(lexical proplet)称作命题因子壳(shell)。

4.1.3 用核心值来替换取代变量

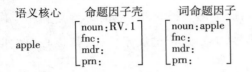

用概念 apple 来替换命题因子壳的核心属性"noun"的值,即变量 RV.1,得到一个词命题因子。

如果命题因子壳中的取代变量被一个绑定变量所取代,那么得到一个可以匹配词命题因子的规则格式:

4.1.4 命题因子壳、词条和规则格式之间的关系

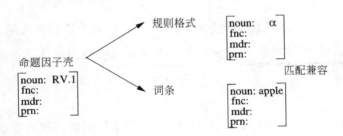

命题因子壳、规则格式和词条之间的区别仅仅在于其核心属性值各不^{相同} [54] 相同。命题因子壳的核心属性值是取代变量"RV.1"。词条的核心属性值是概念"apple"。规则格式的核心属性值是可以在规则应用过程中绑定任一核心属性值的绑定变量"α"(见 3.4.3)。

命题因子的内容用核心属性值来表示。命题因子的组合信息则用(i)必要的接续属性,如"fnc",(ii)可选接续属性,如"mdr",(iii)簿记属性,如"prn"。这样,通过不同的属性来表示内容和组合信息,就可以脱离内容而相对独立的处理组合信息,也可以脱离组合信息而相对独立的对内容进行加工。

处理命题因子的组合信息时,其核心属性值可以用占位符,也就是没有

明确所指的名称(如概念)来表示。但是,实用的交流模型(机器人)的核心属性值必须要有详细的说明,而且该说明要具备与之相应的程序。

例如,我们向机器人展示一些具备不同几何形状的物体,然后给它指令,让它拿起一个方形的,那么它必须能够(i)在语言层面理解方形这个词,同时(ii)在语境层面识别这个形状,再(iii)把语言意义和相应的语境中的所指联系起来。作为符号,方形这个词属于标志,其核心属性值是一个概念。

相应地,如果[noun:apple],作为一个命题因子的核心特征出现,那么值"apple"就不仅仅是一个占位符,而是一个能够用来识别适当的所指的概念。为此,这个概念必须能够被认知主体(机器人)有效地识别出来。

4.2 用来确立指代关系的类型-个例关系

为了匹配语言命题因子和语境命题因子,相关属性的值必须按照3.2.3(2)当中的值条件的要求互相兼容。为了更好地说明要满足这一条件所要付出的代价,我们来看一下计算机匹配操作过程中最有挑战性的是哪个特征。

4.1.2所描述的六种属性当中,属性"sur"以及簿记属性和语言层与语境层之间的匹配无关。接续属性是相关的,但是因为接续属性的值只是其他命题因子的名称(为了匹配成功,名称之间的顺序必须一致),所以使其兼容并不困难。只有以概念、指针和标记为值的核心属性才是具有挑战性的,其中又以概念最为突出。

很多关于概念的文献介绍了图式("schema", Piaget 1926; Stein and Trabasso 1982)、模板("template", Neisser 1964)、特征("feature", Hubel and Wiesel 1962; Gibson 1969)、原型("prototype", Bransford and Franks 1971; Rosch 1975)和几何图元("geon", Biederman 1987)等方法。简便起见,我们只在较高的抽象水平上进行讨论。上述方法都强调了概念类型和概念个例之间的区别,我们的讨论就从这里开始。

　　基于目前的需要,我们把概念定义为特征结构,也就是和命题因子一样,是定义为属性/值对的特征的集合。概念类型和概念个例的必要特性都用带常量值的属性来表示。但是,概念类型的偶然特性用带变量值的属性来表示,而表示概念个例的偶然特性的属性的值是常量。因此,对于一个给定的类型,可以有无限个个例与之相呼应。类型和个例之间的区别就在于类型中的变量被替换成了常量。

　　为了简化对最基本概念的解释,我们这里采用初级整体表现法(preliminary holistic representation),之后再讨论在特征的基础上识别几何图元,再在几何图元的基础上识别概念的渐进的时间线性推导过程的陈述性规范说明(见 L&I'05)。① 下面看一个采用初级整体表现法的例子:

4.2.1　概念"方形(square)"的类型和个例

类　型	个例
$\begin{bmatrix} \text{edge 1}:\alpha \\ \text{angle 1/2}:90° \\ \text{edge 2}:\alpha \\ \text{angle 2/3}:90° \\ \text{edge 3}:\alpha \\ \text{angle 3/4}:90° \\ \text{edge 4}:\alpha \\ \text{angle 4/1}:90° \end{bmatrix}$	$\begin{bmatrix} \text{edge 1}:2\text{cm} \\ \text{angle 1/2}:90° \\ \text{edge 2}:2\text{cm} \\ \text{angle 2/3}:90° \\ \text{edge 3}:2\text{cm} \\ \text{angle 3/4}:90° \\ \text{edge 4}:2\text{cm} \\ \text{angle 4/1}:90° \end{bmatrix}$

　　类型和个例都有的必要特性用四个边(edge)属性和四个角(angle)属性来表示。而且,所有角属性的值相同,即常量 90 度,类型和个例都一样。四个边属性的值也相同,但是,类型中的边属性的值和个例当中的不一样。

　　"Square"的偶然特性是边的长度,在类型里用变量 α 表示。在个例当中,这个变量被替换为一个常量 2cm。因为变量的存在,概念"square"可以 56 和边长不等的无数个个例兼容。

---

　　① L&I'05 中描述的关于顺次渐进的时间线性识别过程以数据库语义学的数据结构为前提。整个过程从探测待识别客体的任意一个特征开始,比如一条线,或者一条边。之后,按照频率高低,从内存提取并检查前面出现的这一特征与其他特征之间的所有联系。如果其中一个组合和外部客体互相匹配,那么从内存提取并检查前面出现的这一组合和其他特征之间的所有联系。实践证明,这一方法在特征层的聚合效率很高,能够识别几何图元(见 Biederman 1987,Kirkpatrick 2001)。在几何图元层也可以采用同样的方法来识别概念。

我们用这个简单的例子来说明(i)概念如何作为核心属性的值嵌入命题因子,以及(ii)概念如何在以类型-个例关系为基础的语言层和语境层内部匹配过程中发挥核心作用。

4.2.2　概念作为核心属性值

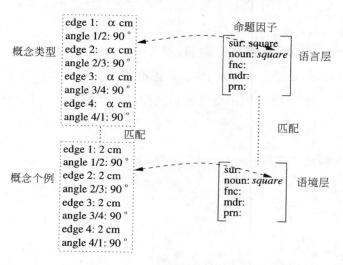

语言命题因子和语境命题因子匹配成功,因为(i)语言命题因子和语境命题因子有相同的属性,(ii)它们各自的核心属性"noun"的值兼容——事实是,它们恰巧是同一个概念的类型和个例(简便起见,其他属性从略)。

类型-个例关系在以概念为核心属性值的语言命题因子和语境命题因子有匹配过程中有着极其重要的作用,概述如下:

4.2.3　为什么类型-个例关系那么重要

类型-个例关系建立在带变量和常量值的特征结构的基础之上,计算起来很方便。语言命题因子概念类型能够匹配语境命题因子概念个例,从而使得语言命题因子能够在不同言语环境中指代不同的语境命题因子,包括之前从未出现过的。

我们假设,机器人看到一些与之前规格不同的新的几何图形。如果我57 们说:拿起方形! 那么至少机器人指代机制的中间部分,也就是语言层和语境层相匹配的部分,能够做到(如4.2.2所示)。我们在4.3和4.4部分介绍包含语言层、语境层的识别和行动的各个界面。

4.3　语　境　识　别

概念类型-个例关系对于语境层的外部界面来说也非常重要。在语境识别过程中,概念类型和概念个例共同发挥作用,如下所示:

4.3.1　语境识别过程中的概念类型和个例

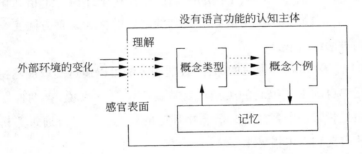

感应表面生成参数值输入,例如,以位图形式匹配数据库里的一个概念类型。于是,概念类型的变量值具体化为一个常量(见 CoL'89,p296)。得到的概念个例可以存储到内存里。

4.3.1 所示的匹配过程可以用识别方形的例子来进一步详细解释:

4.3.2　识别方形过程中的概念类型和个例

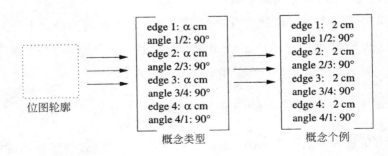

类型可以匹配各种不同的方形，其变量也被相应的具体化。

初级整体表现方形概念的方法也适用于其他多边形，以概念匹配位
58 图为基础进行识别的程序也相同。这个方法还可以延伸到其他类型的
数据，如识别颜色。把概念类型定义为色谱上的某个区间，概念个例定
义为在这一区间内的某个常量。这种方法适合识别"B 包含 A"这样的
关系。

现在，有些格式识别程序能够很好的识别几何图形。这些程序和我们
的方法不同，它们几乎完全建立在统计学的基础之上。但是，即使理论上找
不到类型和个例的描述，类型-个例的区别仍然存在于任何一个格式识别的
过程当中。而且，L&I' 05 提出的基于规则的渐进的格式识别方法完全可以
和统计学的方法结合起来。

如 Steels（1999）在书中写的那样，合适的算法可以通过提取偶然特性从
熟悉的数据中自动推导出新的类型。对数据库语义学来说，自动推导类型
得到的必须是和某一语言社区的概念相呼应的概念。这可以通过为机器人
提供恰当的数据和人工指导来实现。

4.4 语 境 行 动

前面从感知和识别的角度讨论了输入数据，下面我们从意图和行动的
角度来分析一下输出数据。意图是从认知上形成行动的过程，而行动指的
是如何通过改变环境来实现意图。

行动，和识别一样，也建立在概念类型和概念个例的基础之上，但是和
识别时的顺序相反：识别的基础是外围——类型——个例这样一个顺序，而
适用于行动的顺序是个例——类型——外围。如下图所示：

4.4.1 行动过程中的概念类型和概念个例

行动的输入是意图。意图（想要以某种方式行动）必须包括明确的时
间、地点和相关物体的特性。因此，意图被定义为概念个例。

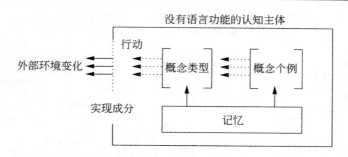

行动,作为与意图相应的概念类型,被定义为一般性的实现意图的步 59
骤,如,从杯子里取水喝。实现某一给定意图的各个步骤存储在数据库里。
当行动的步骤(类型)匹配上意图(个例)时,表示行动步骤的概念类型当中
的变量就具体化为表示意图的常量(特殊化)。外围认知对这一特殊化了的
行动的具体实现表现为对环境的改变。对于一些没有标准的行动步骤的任
务,比如,要打开一扇门,但是对门不熟悉,锁也是很复杂的锁,这时的行动
需要首先分解成几个小的行动,再通过对这些小的行动的标准步骤进行各
种组合来最终实现意图。

4.5 符号识别与生成

我们现在从语境层的识别和行动转到语言层与之相应的步骤。语言层
的识别称作理解(interpretation),语言层的行动称作生成(production)。

从进化的角度看,语言层的符号理解和生成是语境层识别与行动的二
次使用。正如依据某个模块(这里是视觉)的参数值(匹配概念类型的个例)
在语境层识别方形一样,识别方形的语表也以某个模块(这里是听觉)的参
数值为基础,这些参数值和某个概念类型相匹配,又具体化为概念个例。语
言生成过程中的语表合成也一样。简而言之,用在语言层面的语表类型和
个例是在语境层出现的概念类型和概念个例的特例。

物体,如声波或者纸上的点,由说者生成,由听者感知。其语表既没有
句法范畴,也没有语义表示和任何语法特性。但是在认知当中,语表是关键
字,对于听者来说,每一个已识别语表都是到内存里去查找词条的依据,该
词条包含相应的语表:

4.5.1   在听者模式下查找德语词"Apfel"

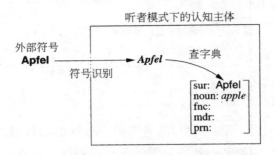

60   词条当中，语表紧跟着一组特性，如词性（这里是"noun"）、词法-句法特性（省略）和字面意义（这里是"apple"）。数据库语义学当中，这些特性都用孤立命题因子的形式来表示。词条语表和相互关联的语法特性之间的联系是约定俗成的[①]，同一语言社区的每一个成员都要懂。

说者模式下和听者模式下对语表的处理是概念之间类型-个例关系的第三个应用（另外两个分别是语境层的识别与行动，以及语言层和语境层之间的纵向匹配）。类型-个例关系在自然语言交流过程中的三重功能概述如下：

4.5.2   交流过程中的三种类型-个例关系

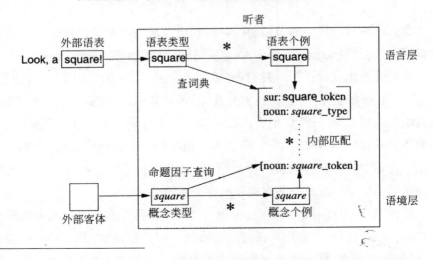

---

① 1913 年，索绪尔在他的第一个原则中把语表和意义之间约定俗成的联系描述为"l'arbitraire du signe"。详见 FoCL'99, 6.2。

类型-个例关系的三种情况用 * 标示。如 FoCL'99 的 23.5 部分所述，根据语言层和语境层识别与行动的不同组合，4.5.2 共有 10 个变体。4.5.2 中，听者模式处在直接推理的大框架下（SLIM 8，见 FoCL'99,23.5.8）。

在语言层，识别方形外部语表的前提是把它匹配给某个语表类型，再具体化为个例。通过这个类型启动查找合适命题因子的程序。语表个例取代[1]原类型的属性"sur"的值（用"[sur:square_token]"表示）。核心属性"noun"的值是概念类型"square"（用"[noun:square_type]"表示）。

在语境层，识别外部物体的基础是概念类型具体化为概念个例。通过 61 类型启动查找相应语境命题因子的程序。个例取代语境命题因子原类型的核心属性值[2]（用"[noun:square_token]"表示）。结果是，语言层的特征"[noun:square_type]"匹配上语境层的特征"[noun:square_token]"。

除了类型和个例纵向内部匹配之外，还有类型匹配类型的情况。这种情况发生在绝对命题，而不是情景命题的理解过程中（见 5.2）。例如，在命题"A square has four corners."当中，语境命题因子"square"的核心属性值是概念类型而不是概念个例。这样，匹配语言命题因子就不成问题了，因为类型匹配类型在结构上是很直观的。

4.6　普遍命题因子和语言相关命题因子

自然语言的功能是交流，而形式（包括自然语言的形式）为功能服务。作为一个抽象的陈述性规范说明，数据库语义学适合所有自然语言——原因就在于自然语言交流是如何进行的。不同的自然语言（如英语、汉语、菲律宾语或者克丘亚语）之间的种种区别对于数据库语义学的基本框架没有任何影响。那么问题是：

---

[1]　这是因为听者记住的是词的发音。而且，我们愿意保持和语境层之间的对称性。当前 JSLIM 在实践操作时对此进行了简化，在字典查询程序之后通过删除语表属性值来直接实现语言命题因子向语境命题因子的转换。

[2]　当前 JSLIM 的实践操作过程中，概念用占位符来表示。原因是没有语境界面（如 2.5.1），被定义为有效程序的概念还不可得。占位符当中的概念类型和概念个例只是名称不同。

- 自然语言之间的区别是什么？

- 如何把这些区别融入数据库语义学？

自然语言之间的最明显区别在于语表不同，体现在词命题因子上就是属性"sur"的值（见3.2.1）不同。如果两种语言足够接近，接近到其实词表示的概念相同，那么表现词命题因子上，就是核心属性值相同（见3.2.2）。

对于两种或者两组不相关的语言，传统的划分标准是它们的词根不同，如印欧语系和芬兰乌戈尔语系。如果这些词根代表的是界定明确的简单概念，如父亲、母亲或者水，那么它们的核心属性值可以相同。不然，就要重新定义新的概念，指明词根之间不可通约的关系。

最后是依存于语言的区别。语法关系和语法差异通过功能词（如冠词、连词、介词）来解析，或者用形态学的方法（如屈折变化、粘着、推导、合成）来进行综合。数据库语义学解决这些问题的方法是采用依存于语言的LA语法，建立一部合适的词典、搭配相关的词形自动识别和生成系统、采用控制变量（如13.2.2）来处理一致性问题（如13.2.3），以及用规则来调整语序（如13.2.4）等。

从功能上看，数据库语义学把自然语言之间的区别处理为较低层次（如属性值）上的相对微小的变化。但是，从语言学的角度看，数据库语义学处理自然语言的共性和个性的方法如下面这个架构所示：

4.6.1　数据库语义学的概念和区别架构

这棵结构树的根部是词形的时间线性组合（第"0"层）。自然语言的这一最基本的结构特性如3.6的DBS-字母系统所示。

该构架第"1"层分作（i）词形和（ii）关系两个部分。词形又分成实词和功能词（level 2），关系分为纵向和横向关系。

实词按三种基本的符号种类分为标志、指示词和名称（第"3"层）。关系分支上，这三种符号服务于纵向的指代关系（第"3"层），应用于语言和语境之间的匹配（见3.2.4）。

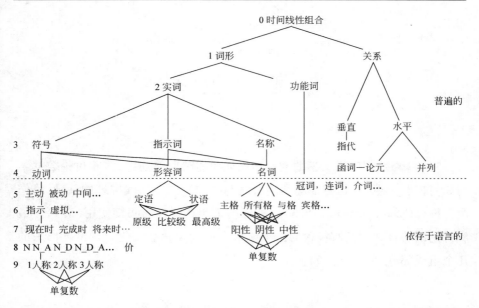

这三种符号(第"3"层)和词性(第"4"层)相互关联。标志可以是动词、[63]形容词或者名词;指示词可以是形容词或者名词;名称只能是名词,如图中符号种类和词性之间的连线所示。关系分支上,词性服务于横向的函词论元结构和并列关系(见3.2.4)。

第"4"层和第"5"层之间是一条虚线。虚线以上的部分是共性部分:所有自然语言都有词形的时间线性组合、实词与功能词的划分、三种符号、三种词性①、纵向的指代关系以及横向的函词论元结构和并列关系。

虚线以下的部分是个性部分:例如,印欧语系的动词有性、态和时(第5,6和7层)、价位结构(第"8"层),以及人称和数的区别(第"9"层)。形容词则有定语和状语的区别,以及级(原级、比较级和最高级)的综合处理。名词有不同的格、数和性上的差异(有些语言没有②,如韩语)。

---

① 从类型学上讲,这适用于"功能"层,也就是语义表示层,而不是"形式"层,即语表特征结构层(见 Stassen 1985,pp.14-15;Croft 1995,pp.88-89)。

② 这里指的是名词不具备这些特点,也不因此具有诸如一致性之类的搭配组合上的限制。见 Choe et al.(2006)。

5. 思 考 模 式

5.1 解释数据库语义学的数据结构如何能够回答问题,接着讨论数据结构如何扩展①到区分情景命题和绝对命题(5.2),这是实践推理的基础,称作假言推理(modus ponens)(5.3)。推理用来实践语言的间接使用(5.4)。最后讨论词的直观意义所包含的由主体个人经验和社会文化背景推导出来的几个组成部分(5.5 和 5.6)。

5.1　根据问题提取答案

词库由有序的个例行(见 3.3.1 和 3.6.6)构成,个例行中陈列着核心属性值相同的相互关联的命题因子(见 3.3.1,3.6.6)。到目前为止,我们已经讨论了词库数据结构的两个应用,一是用来(i)在听者模式下存储内容;二是用来(ii)在最基本的思考模式下提取接续命题因子,也就是在固定格式的基础上自由组合命题因子,这是说者的概念化过程。现在,我们来看一下由词库数据结构支持的另一种思考方式,即(iii)沿个例行移动。

假设主体想到一个女孩。这意味着要激活下面这样一个个例行:

5.1.1　个例行示例

主记录　　　子记录

$$\begin{bmatrix} \text{noun}:girl \end{bmatrix} \begin{bmatrix} \text{noun}:\text{girl} \\ \text{fnc}:\text{walk} \\ \text{mdr}:\text{young} \\ \text{prn}:10 \end{bmatrix} \begin{bmatrix} \text{noun}:\text{girl} \\ \text{fnc}:\text{sleep} \\ \text{mdr}:\text{blond} \\ \text{prn}:12 \end{bmatrix} \begin{bmatrix} \text{noun}:\text{girl} \\ \text{fnc}:\text{eat} \\ \text{mdr}:\text{small} \\ \text{prn}:15 \end{bmatrix} \begin{bmatrix} \text{noun}:\text{girl} \\ \text{fnc}:\text{read} \\ \text{mdr}:\text{smart} \\ \text{prn}:19 \end{bmatrix}$$

---

①　为某种目的而开发的框架同时适用于其他目的,这是聚合的方式之一。聚合是自然科学当中一个很重要的判断路径是否正确的指标(见 FoCL'99,9.5)。

如图所示,相关命题因子(子记录)的属性"fnc"和"mdr"的值表明,主体恰巧看到或者听到一个年轻的女孩走路、一个金发女孩睡觉、一个小女孩吃东西和一个聪明的女孩读书。

遍历给定概念的个例行的程序由下面的 LA 语法驱动,这个语法称作"LA-think. LINE":

5.1.2　定义 LA-think. LINE

66

$$ST_S : \{([\,RA.1:\alpha\,]\{1r_{forwd}\ 2\ r_{bckwd}\})\}$$

$$r_{forwd} \begin{bmatrix} RA.1:\alpha \\ prn:n \end{bmatrix} \begin{bmatrix} RA.1:\alpha \\ prn:n+1 \end{bmatrix} \text{输出位置 nw } \{r_{forwd}\}$$

$$r_{bckwd} \begin{bmatrix} RA.1:\alpha \\ prn:n \end{bmatrix} \begin{bmatrix} RA.1:\alpha \\ prn:n-1 \end{bmatrix} \text{输出位置 nw } \{r_{bckwd}\}$$

$$ST_F : \{([\,RA.1:\alpha\,]rp_{forwd}),([\,RA.1:\alpha\,]rp_{bckwd})\}$$

核心属性值由取代变量"RA.1"(见 4.1.3, C.3.2)表示。属性"prn"的值"n"、"n+1"和"n-1"延续了传统的方法:"n+1"代表同一个个例行内紧跟在当前命题因子"n"之后的命题因子,"n-1"代表同一个个例行内当前命题因子的前一个命题因子。规则"$r_{forward}$"按照时间顺序从左向右(向前)遍历个例行。规则"$r_{backward}$"按照与时间相反的顺序从右向左遍历个例行。

5.1.1 当中,有一个命题因子的属性"prn"值为"12"。下面看一下规则"$r_{forward}$"应用于这个命题因子的情况:

5.1.3　LA-think. LINE 规则应用示例

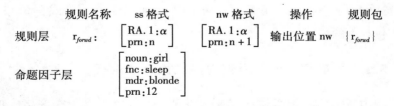

匹配过程中,取代变量"RA.n"被替换为属性"noun",绑定变量"α"和"n"分别绑定值"girls"和"12"。该规则在 5.1.1 中的个例行上的应用结果是:

5.1.4 LA-think. LINE 规则应用结果

$$\begin{bmatrix} noun:girl \\ fnc:sleep \\ mdr:blonde \\ prn:12 \end{bmatrix} \begin{bmatrix} noun:girl \\ fnc:eat \\ mdr:small \\ prn:15 \end{bmatrix}$$

显然,这种沿着已激活概念的个例行移动的方法可以用来回答问题。基本的问题有两种,称作(ⅰ)wh-问题和(ⅱ)yes/no 问题。[①] 下面举一个和5.1.1 中的个例行相关的例子:

5.1.5 自然语言当中的基本问题

wh-question(特殊疑问句)   **yes/no-question**(一般疑问句)
Which girl walked?   **Did the young girl walk?**

67　　数据库语义学当中,这些问题可以翻译为下面的命题因子格式:

5.1.6 表示两种基本问题的查询命题因子

wh-question
$$\begin{bmatrix} noun:girl \\ fnc:walk \\ mdr:\sigma \\ prn:n \end{bmatrix}$$

yes/no-question
$$\begin{bmatrix} noun:girl \\ fnc:walk \\ mdr:young \\ prn:n \end{bmatrix}$$

在 wh-问题的查询命题因子当中,属性"mdr"的值为变量"α",属性"prn"的值为变量"n"。在 yes/no 问题的查询命题因子中,只有属性"prn"的值是一个变量。技术上,要回答一个问题,需要把查询命题因子的变量绑定上合适的值。下面看一下5.1.6 当中的 wh-问题的查询格式在5.1.1 所示的个例行上的应用:

5.1.7 应用 wh-问题查询格式检查个例行

图中所示的匹配尝试的结果是失败,因为命题因子查询格式的属性"fnc"的值(即"walk")和命题因子个例的(即"read")不兼容。把命题因子

---

① 这些问题所采用的句式是疑问句。疑问句的详细的句法语义分析,包括长距离依存,见9.5。

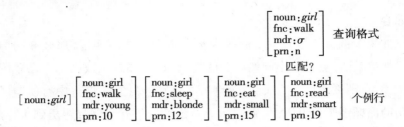

查询格式向左移动匹配下一个命题因子个例，情况也一样。只有到达最左边的命题因子个例时，匹配才成功。这时，变量"σ"绑定"young"，变量"n"绑定"10"。相应地，问题"Which girl walked?"的答案是"The young girl（walked）"。这个过程可以用下面的 LA-think 语法来形式化表示：

5.1.8　定义 LA-think. Q1（wh-问题）

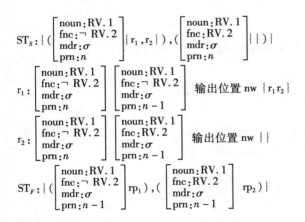

起始状态下的命题因子、规则和最终状态组合起来构成一个查询格式，其中"RV.1"和"RV.2"是核心属性和接续属性值的取代变量，"σ"、"n"和"n-1"是绑定变量。例如，将格式应用于 5.1.6 中的 wh-问题，"RV.1"被"girl"取代，"RV.2"被"walk"取代.

要匹配的特征"[fnc:¬ RV.2]"必须和输入不兼容。在 5.1.8 的 LA-think. Q1 的定义当中，"r_1"的第一个起始状态、句首和下一个词，"r_2"的句首，以及第一个最终状态，对此都有明确的规定。与之相应的特征"[fnc: RV.2]"出现在"r_2"的第二个句首、下一个词和第二个最终状态，它必须和输

68

入兼容。

如果个例行的最后一个命题因子和查询格式不匹配,那么规则"r_1"和"r_2"都被激活(见第一个起始状态的规则包)。如果倒数第二个命题因子也匹配不上,那么规则"r_1"成功;否则"r_2"成功。只要个例行中有使"r_1"应用成功的命题因子(即匹配失败),求导就继续。所有个例都遍历到了之后,算法进入第一个最终状态,实现为英语"I don't know"。如果求导过程以"r_2"应用成功来结束,那么算法进入第二个最终状态,实现为和匹配命题因子相应的一个英语名词短语,这里是"the young girl"。

Yes/no 问题也用类似的方法来处理。例如,"Did the young girl walk?"把 5.1.6 的 yes/no 查询格式应用到 5.1.1 中的个例行上,得到的答案是"yes",因为查询格式和"prn"值为"10"的命题因子匹配成功。如下面的 LA-think. Q2 所示:

5.1.9   定义 LA-think. Q2(yes/no 问题)

$$
ST_S : \left\{ \left(\begin{bmatrix} noun:RV.1 \\ fnc:\neg\ RV.2 \\ mdr:\neg\ RV.3 \\ prn:n \end{bmatrix} \{r_1, r_2\} \right), \left(\begin{bmatrix} noun:RV.1 \\ fnc:RV.2 \\ mdr:RV.3 \\ prn:n \end{bmatrix} \{\ \} \right) \right\}
$$

$$
r_1 : \begin{bmatrix} noun:RV.1 \\ fnc:\neg\ RV.2 \\ mdr:\neg\ RV.3 \\ prn:n \end{bmatrix} \begin{bmatrix} noun:RV.1 \\ fnc:\neg\ RV.2 \\ mdr:\neg\ RV.3 \\ prn:n-1 \end{bmatrix} \quad 输出位置\ nw\ \{r_1, r_2\}
$$

$$
r_2 : \begin{bmatrix} noun:RV.1 \\ fnc:\neg\ RV.2 \\ mdr:\neg\ RV.3 \\ prn:n \end{bmatrix} \begin{bmatrix} noun:RV.1 \\ fnc:RV.2 \\ mdr:RV.3 \\ prn:n-1 \end{bmatrix} \quad 输出位置\ nw\ \{\ \}
$$

$$
ST_F : \left\{ \left(\begin{bmatrix} noun:RV.1 \\ fnc:\neg\ RV.2 \\ mdr:\neg\ RV.3 \\ prn:n-1 \end{bmatrix} rp_1 \right), \left(\begin{bmatrix} noun:RV.1 \\ fnc:RV.2 \\ mdr:RV.3 \\ prn:n-1 \end{bmatrix} rp_2 \right) \right\}
$$

在 LA-think. Q2 当中,"RV. 1"、"RV. 2"和"RV. 3"都是取代变量,而"n"和"n-1"是绑定变量。答案建立在最终状态的基础之上。第一个最终状态代表答案"no",第二个代表"yes"。例如,根据 5.1.1 中的个例行来回答问题"Did the blonde girl walk?"查询结果是失败。把"r_1"应用到所有的命题因子上之后,LA-think. Q2 在第一个最终状态时结束,实现为英语的答案"no"。回答问题"Did the young girl walk?"结果是第二个最终状态,实现为英语的答案"yes"。进一步讨论参见 9.5。

5.2 情景命题和绝对命题

除了(i)沿命题内关系遍历(见3.5.1)和(ii)沿个例行遍历(见5.1.3)之外,还有另一种思考方式,即(iii)推理。数据库语义学当中,和情景命题相对的绝对命题构成推理的基础。

绝对命题表示的是不受任何 **STAR**(见2.6.2)限制的内容,如科学或者数学知识以及与个人信念有关的内容,如"Mary takes a nap after lunch"。情景命题则要求说明具体的 **STAR**,以便对命题内容进行正确编码。①

数据库语义学当中,情景命题和绝对命题的属性"prn"的值不同。下面举例说明。以下是命题"A dog is an animal"(绝对命题)和"the dog is tired"(情景命题)当中的各个命题因子。

5.2.1 词库中的绝对命题和情景命题(语境层)

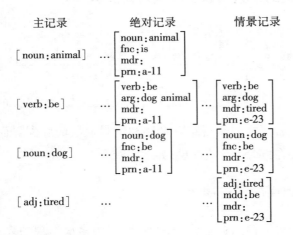

---

① 语境层的绝对问题在语言层表现为一般现在时的句子。情景命题通常表现为带有表示时间和地点的形容词的句子,句中动词采用现在时以外的其他时态。

　　除了属性"prn"的值（这里是 a-11 和 e-23）不同以外,绝对命题和情景命题的区别还在于绝对命题的核心属性值是一个概念类型,而情景命题的核心属性值是一个概念个例:

70　**5.2.2　概念类型和概念个例充当核心属性值**

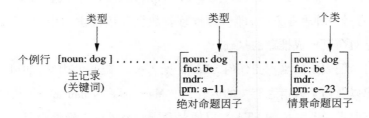

　　这样,相关的主记录间接地对语境层的情景命题因子的核心属性值进行了分类。

　　绝对问题和情景问题之间的区别要求把词库的两个部分,即语境层和语言层,都再进一步分成两个不同的区域:

5.2.3　词库里的情景命题区和绝对命题区

语境 主记录	绝对 语境 命题因子	情景 语境 命题因子	情景 语言 命题因子	绝对 语言 命题因子	语言 主记录
1	2	3	4	5	6

　　要在语境层和语言层之间获得绝对命题和情景命题的匹配界面,绝对命题和情景命题需要在概念上分成两层,如下图所示:

5.2.4　匹配界面的三维展示:

　　把绝对命题因子放在情景命题因子之上,是因为多次出现的表达同一内容的情景命题最终会转变为绝对命题,如下所示:

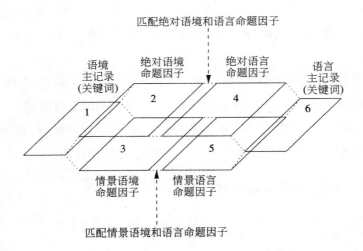

5.2.5　从情景命题到绝对命题

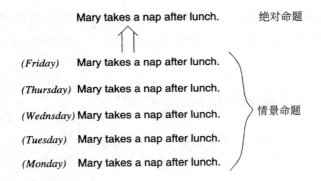

　　情景命题代表孤立的事件,有其特定的 **STAR**。如果它们的 **STAR** 是多次重复的,就把它们归纳为一个绝对命题。绝对命题的 **STAR** 忽略不计。

　　从技术角度看,我们有必要强调一下,5.2.4 所示词库的结构完全是概念性的,并不影响实际操作过程中的存储位置,因为命题因子之间的关系只通过属性和属性值来编码。

5.3   推理：重新建构假言推理

在讨论数据库语义学推理之前，我们先看一下经典的命题演算（Propositional Calculus）推理。下面的论述中，A 和 B 是两个真命题，"¬"表示否定句，"&"表示逻辑与，"∨"表示逻辑或，"→"表示逻辑蕴含，水平线上的表达式是前提，水平线下的表达式是结论，结论用"⊢"标识：

5.3.1   命题演算推理模式

1. $\dfrac{A,B}{\vdash A\&B}$ 2. $\dfrac{A\vee B,\neg A}{\vdash B}$ 3. $\dfrac{A\to B,A}{\vdash B}$ 4. $\dfrac{A\to B,\neg B}{\vdash\neg A}$

5. $\dfrac{A\&B}{\vdash A}$ 6. $\dfrac{A}{\vdash A\vee B}$ 7. $\dfrac{\neg A}{\vdash A\to B}$ 8. $\dfrac{\neg\neg A}{\vdash A}$

推理模式 1 称作联合：如两个任意命题 A 和 B 为真，则复杂命题 A&B 为真。如果在数据库语义学当中重新建构这种联合推理，就需要根据连词"and"在两个任意命题之间建立新的命题间关系。这一操作可以用下面的 LA 语法规则来描述：

5.3.2   用于联合推理的语法规则（假想）

$$\mathrm{inf_1}:\begin{bmatrix}\mathrm{verb}:\alpha\\\mathrm{prn}:m\end{bmatrix}\begin{bmatrix}\mathrm{verb}:\beta\\\mathrm{prn}:n\end{bmatrix}\Rightarrow\begin{bmatrix}\mathrm{verb}:\alpha\\\mathrm{prn}:m\\\mathrm{cnj}:m\ and\ n\end{bmatrix}\begin{bmatrix}\mathrm{verb}:\beta\\\mathrm{prn}:n\\\mathrm{cnj}:m\ and\ n\end{bmatrix}$$

箭头左面的每一个格式匹配任意一个命题的动词命题因子，由此绑定变量 α,β,m 和 n。箭头右面的格式与左面的大致相同，只是增加了一个特征"[cnj:m and n]"。这样，通过添加属性"cnj"，"$\mathrm{inf_1}$"在任意两个命题之间生成了联合关系。这一新的关系使得在词库内从任一命题向其他命题转移的新导航成为可能。

根据真值条件语义学的解释，上述推理表达了真值的联合，很直观，很明显。从这个角度看，哪两个命题组合在一起并不重要，推理有效的唯一条件是两个前提都为真。

　　从数据库语义学的角度看,这里存在这样一个问题,为什么之前不相关的两个命题应该通过"and"连接起来呢? 例如,即使把"Lady Marion smiled at Robin Hood."和"The glove compartment was open."连接起来,也不一定得到一个假命题,这样做也没有任何意义。滥用"inf$_1$"只会在没有联系的命题之间建立无关紧要的联系,从而破坏词库内容的连贯性。

　　上面的例子说明了如何在数据库语义学当中重新建构经典推理。我们已经看到经典推理模式转到数据库语义学上会发生本质的变化,因此不能盲目的应用。

　　我们现在来看假言推理(modus ponens)。它的推理模式(见 5.3.1 中的 3)可以用命题演算来表示如下:

5.3.3　命题演算中的假言推理

假设 1:如果有太阳,玛丽就去散步。$A{\to}B$
假设 2:有太阳。　　　　　　　　　　A
结论:玛丽去散步。　　　　　　　　$\overline{\vdash B}$

　　因为命题演算把命题看作未经分析的常量,如 A 和 B,这种形式的假言推理适合判断句子之间的推理关系,但是不适合判断个体之间的关系。现在我们来看谓词演算中的假言推理(见 Bochenski 1961, 16.07ff, 43.16ff)。演算过程中用演算符"¬"、"&"、"V"和"→",加上一位和二位的函词常量,如"f"、"g",和"h",以及横向绑定变量"x""y"和"z"的量词"∃"和"∀"来分析命题内部结构:

5.3.4　谓词演算中的假言推理

73

$$\frac{\forall x[f(x){\to}g(x)], \exists x[f(x)\&h(x)]}{\vdash\exists x[g(x)\&h(x)]}$$

如果 f 实现为 dog,g 实现为 animal,h 实现为 tired。那么推理过程是:

假设 1:对于所有的 x,如果 x 是一只狗,那么 x 是动物。$\forall x[dog(x){\to}animal(x)]$
假设 2:x 存在,x 是一只狗,x 累了。　　　　　　　　$\exists x[dog(x)\&tired(x)]$
结论:x 存在,x 是动物,x 累了。　　　　　　　　　$\overline{\vdash\exists x[animal(x)\&tired(x)]}$

因为命题演算中的变量绑定发生在横向上（如 $\exists x[\ldots x]$），而数据库语义学中的变量绑定发生在纵向上，又因为逻辑公式的各个部分是有序的，而命题因子是无序的，所以这个推理并不能直接应用到数据库语义学当中。相反，假言推理要重新建构，方法是（i）把带有普遍量词（universal quantifier）的前提表示为绝对命题，如"A dog is an animal"，（ii）把带有存在量词的前提表示为情景命题，如"The dog was tired"，（iii）把结论表示为下面的规则：

5.3.5　用于重新建构假言推理的推理规则——inf$_2$

$$
\text{inf}_2: \begin{bmatrix} \text{verb:be} \\ \text{arg:}\alpha \\ \text{mdr:}\beta \\ \text{prn:}e\text{-}n \end{bmatrix} \begin{bmatrix} \text{noun:}\alpha \\ \text{fnc:be} \\ \text{prn:}e\text{-}n \end{bmatrix} \begin{bmatrix} \text{adj:}\beta \\ \text{mdd:be} \\ \text{mdr:} \\ \text{prn:}e\text{-}n \end{bmatrix} \begin{bmatrix} \text{verb:is-a} \\ \text{arg:}\delta\gamma \\ \text{prn:}a\text{-}m \end{bmatrix} \begin{array}{l} \text{if } \alpha \text{ instantiates } \delta, \\ \text{replace } \alpha \text{ with } \gamma \\ \text{and replace } e\text{-}n \text{ with } e\text{-}n' \end{array} \{\ldots\}
$$

属性"prn"值为"e-n"的命题因子代表情景前提，属性"prn"值为"a-m"的命题因子代表绝对前提。通过规则操作来推出结论。

这个推理规则可以非正式的解释如下：

5.3.6　抽象解释

1. 绝对前提：名词类型 δ 是名词类型 γ。
2. 情景前提：名词个例 α 恰为形容词 β。
3. 情景结论：如果名词个例 α 是名词类型 δ 的个例，那么名词个例 γ 恰为形容词 β。

这一重构的语义学基础把语法术语名词、动词和形容词等同于逻辑术语论元、函词和修饰语，以及本体论术语物体/个体、关系和特性（见 FoCL'99, 3.4）。而且，谓词演算中假言推理的两个前提通过相似量词的等价替换（见 FoCL'99, 20.1）联系在一起，而数据库语义学中的联系建立在类型-个例之间的"例示"关系上。如下例所示，抽象解释的变量实现为具体术语：

5.3.7　抽象解释的个体

1. 绝对前提：*dog* type is-a(n) *animal* type.
2. 情景前提：*dog* token happens to be *tired*.

3. 情景结论：If dog token instantiates *dog* type，then animal token happens to be *tired*.

简便起见，规则"inf₂"的形式定义当中，隐去概念个例和概念类型之间的区别。①

下面看如何把规则"inf₂"应用在5.2.1词库的命题因子上：

5.3.8　在5.2.1的词库上应用 inf₂

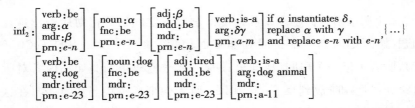

上例中，规则的前三个格式匹配情景命题因子"be"、"dog"和"tired"，由此，变量"α"纵向绑定值"dog"，变量"β"绑定值"tired"。第四个格式匹配绝对命题。变量"δ"和"γ"分别纵向绑定值"dog"和"animal"。因为绑定变量"α"的个例是绑定变量"δ"的类型的示例，规则操作过程中用"γ"取代"α"，得到一个代表推理结论的新命题：

5.3.9　在5.2.1的词库应用规则 inf₂ 的结果

$$\begin{bmatrix} \text{verb:be} \\ \text{arg:animal} \\ \text{mdr:tired} \\ \text{prn:e-23'} \end{bmatrix} \begin{bmatrix} \text{noun:animal} \\ \text{fnc:be} \\ \text{mdr:} \\ \text{prn:e-23'} \end{bmatrix} \begin{bmatrix} \text{adj:tired} \\ \text{mdd:be} \\ \text{mdr:} \\ \text{prn:e-23'} \end{bmatrix}$$

原来的属性"prn"值为"e-23"的情景命题"the dog is tired"通过属性"prn"值为"e-23'"的变体命题"the animal is tired"得到补充。

因此，在应用假言推理之前，如果向5.2.1的词库提问："Was the animal tired？"得到的答案是"no"。但是，一旦应用了推理，答案就是"yes"。从技术上看，规则"inf₂"的应用是一次非单调推理。

---

①　可以通过绝对命题和情景命题之间的区别来判断概念类型和概念个例，形式上标记为属性"prn"的值。

"inf₂"所示的推理方法可以扩展到其他结构的情景命题上,如一价主要动词、二价主要动词等,也可以应用到所有带动词"is-a"的层次性结构上,也就是构成"is-a"层次性结构的所有绝对命题的因子上。其他层次性结构也可以有类似的规则。

5.4   语言的间接使用

3.2.4 所示语言命题因子和语境命题因子之间的严格对应引出这样一个问题:如何把内部匹配扩展到非字面使用? 举个例子(引自 FoCL' 99, p. 92),听者走进一个房间,房间里只有一个橙色板条箱。如果说者对听者发出命令:"把咖啡放到桌子上!"那么,听者会把板条箱当成桌子。在这个有限的语境内,备选所指的数目很少,"桌子"这个词的字面意义 1 和板条箱最匹配(best match)。

5.4.1   "桌子"的非字面使用

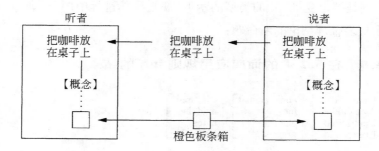

但是,如果板条箱旁边有一个典型的桌子,那么听者就会以不同的方式来理解说者的话,他会把咖啡放在桌子上而不是板条箱上。这不是因为桌子这个词的字面意义变了,而是因为语境变了,最佳匹配的选择多了一个。[①]

Lakoff&Johnson(1980)及之后的论著都强调了隐喻作为自然语言交流基本原则的重要性。但是,他们的方法以 Grice 关于意义的定义为基础,这和

---

① 最佳匹配原则只有在候选项数量有限的情况下才适用。因此,基于符号 STAR 信息的具体语境选择和限定是正确理解语言的关键(见上文 2.6.2)。详见 FoCL' 99, p. 93 ff, 5.3。

我们的不一样。

5.4.2 Grice 对于意义的定义

定义:U 通过说出 x 来表达某个意义。

解释:U 对听众 A 说出 x,希望听众 A 理解其意图,从而对 A 产生某种影响 E。[①]

这个定义有这样一个问题:它不能应用于计算模型。[②]

关于隐喻,我们的方法和 Lakoff 的方法之间的不同之处可以用一个例子 76 来说明,这个例子来自 Lakoff&Johnson(1980,p. 12)。他们用了这样一个句子:"Please sit in the apple juice seat",由此引出放有苹果汁的座位,接着说:"这个句子单独拿出来没有任何意义,因为'apple juice seat'在传统意义上不能指代任何物体。"从 SLIM 语言理论的角度看,这里有一个问题,就是 Lakoff&Johnson 在这里提到的"意义"指的是符号意义 1 还是言语意义 2(见 2.6.1)。如果把"意义"解释为符号"apple juice seat"的字面意义 1,那么这个词组的各个词的字面意义 1 组合起来,确实能够派生出这样一个意思。但是,如果把"意义"解释为意义 2,那么从定义上看,任何一个孤立的句子,也就是作为符号种类而没有相关联的解释语境的句子,都没有意义 2。

根据我们的分析,例句中的隐喻指代成立的条件是语境中存在一个与句子的意义 1 相匹配的放有苹果汁的座位。由单词"apple"、"juice"和"seat"推导而来的意义 1,即"seat related to apple juice"是最简意义。因为语境中的备选所指数量有限,所以要在最佳匹配的基础上选出目标所指,有字面意义就足够了。

对于数据库语义学来说,语言的间接使用分析所引出的关键问题是最佳匹配原则应该怎样执行。数据库语义学没有放宽 3.2.3 中定义的匹配条件(5.4.1 直观法所示),而是在推理的基础上处理非字面(间接)的语言使用现象。

---

① 见 Grice (1957)和(1965)。

② 详见 FoCL'99,pp. 84-86。

语言的直接和间接使用之间的区别如下:直接使用过程中,语言命题因子和语境命题因子,如3.2.4所示,根据3.2.3中的条件进行匹配。而在间接使用过程中,推理首先把一些语境命题因子映射到二层编码,之后再根据3.2.3中的条件直接和相应的语言命题因子进行匹配。[①] 例如,如果语境内容"the dog is tired"要编码为"the animal is tired",那么"is tired"就是直接使用,而"the animal"是以绝对命题"a dog is an animal"(见5.3.5—5.3.9)为前提的间接使用。

5.4.3　非字面使用的语境推理

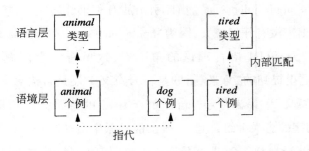

77　说者模式下,命题"dog tired"在语境层扩展为二级编码"animal tired"。这个二级编码直接和语言命题因子相匹配。听者模式下,语言命题因子"animal tired"直接和相应的语境命题因子相匹配。通过在语境层寻找合适的"animal"的实例,听者通过推理把二级编码再重新建构为初级编码。

这样,要区别语言的直接使用和间接使用,就只需要看代表所指的命题因子是所指本身(初级编码)还是其他通过推理来跟所指建立关系的命题因子(二级编码)。这种处理推理、二级编码和语言间接使用的方法有如下优势:

5.4.4　通过推理来处理语言间接使用的优势

1. 语言的直接使用和间接使用都建立在严格的内部匹配的基础之上(见3.2.3),大大方便了计算机实现。

---

① 例如,5.4.1推理的前提是这样两个绝对命题:A table has a flat surface 和 An orange crate has a flat surface。下面的例5.4.3的推理过程和这个不一样,我们采用前一节定义的推理方式。

2. 语言间接使用推理受语境限制。因此,有语言功能和没有语言功能的主体能够使用相同的认知体系。

3. 语境层的推理比以孤立语言符号为基础的传统推理更有效,也更灵活。

4. 假设自然语言直接反映语境编码,那么可以通过分析语言反映来研究语境推理。

我们再来看几个研究推理、二级编码和语言间接使用的例子。另一种间接使用,称作以部分代整体(pars pro toto),其前提是选择所指的主要特征来进行推理。如看到"girl with pink dress wants to sing(语境层)",就生成句子"The pink dress wants to sing(语言层)"。

其他包含二级编码的推理选择用特色行为来指代一个个体,如"The man eater went back into the jungle",其主语指的是吃人的老虎。语言的间接使用也伴随着绝对命题。例如,句子"The master of the animal kingdom lives in Africa(语言层)"所要表达的可能是"The lion lives in Africa(语境层)"。

语言的间接使用及其推理前提都适用于三种词性。先看动词的间接使用,如"Julia did the dishes."这个句子当中,推理选择了一个在语义架构较高位置的和"wash"相关的动词,正如我们最初用"animal"这个词来指代狗一样。形容词的间接使用可以用"easy money"来举例说明。"easy"是二级编码,表达的是获得"money"的方式。

语言的间接使用不只发生在标志这类符号上,像之前用语言命题因子"animal"来指代语境命题因子"dog",还可能发生在指示词和名称上。例如,用一个概念来间接指代由名称命题因子所代表的所指,如把"Julia"称为"she",用一个指示词来间接指代由一个概念命题因子所代表的所指,如称"我前面的一本书"为"it",等等。所有这些指代都建立在语境层相关推理的二级编码之上。 78

5.5 作为角度选择的二级编码

二级编码(只在语境层定义)的推导和主体有没有语言功能无关。例如,即使是一只狗也能从某一主观的角度来审视一个物体,如把邮差当成敌人。二级编码对于有语言功能的主体和没有语言功能的主体的作用如下图所示：

5.5.1   有语言功能的主体和没有语言功能的主体的编码层次

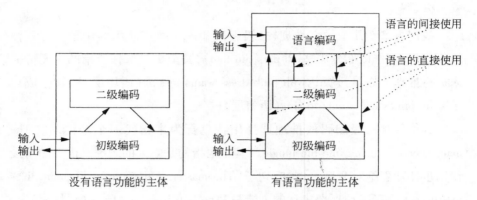

没有语言功能的主体   有语言功能的主体

从进化的角度看,没有语言功能的主体的初级编码和二级编码毫无保留地被有语言功能的主体重新利用。语言加入时,推理和二级编码的整个机制已经存在了。初级编码和二级编码直接进行匹配(纵向箭头)是语言加入的前提。

三种编码的功能概述如下：

5.5.2   数据库语义学当中各级编码的作用

　　1. 语境层的初级编码：
　　在简单的标准格式下,代表较低抽象水平上的语境识别和行动,以确保真实性。
　　2. 语境层的二级编码：
　　包括初级编码之上的推理,目的是在不同抽象水平上获得足够的表现力。
　　3. 语言编码：
　　是初级语境编码和二级语境编码在自然语言中的表现。

初级编码和二级编码通过推理相互联系,又通过严格的内部匹配与语言编码联系在一起。

初级编码和二级编码组合起来才能表现不同角度不同抽象水平上的内容。于是,初级语境编码至少可以在短期存储过程中保持不变。但是长期来看,初级编码和二级编码可能会根据内容大小和存储空间上的限制而浓缩在一起。

语境给定的前提下,不同主体的初级编码基本相同,但是根据知识储备和目的的不同,不同主体的二级编码可能差别很大。例如,一个有经验的侦察兵和一个新兵在初级编码过程中同样看到了一根断了的树枝。在二级编码过程中,有经验的侦察兵可能会自发地把断枝当作侦察的线索,而新兵可能不会。但通过语言的使用,老侦察兵可以调整新兵的二级编码,使新兵的二级编码和他的相同。

5.6 意 义 变 化

人们想当然地认为人工智能主体不能模拟自然人对词语意义的直觉。但这是个不合理的假设。事实上,词语的意义包含几个成分,有些包括(i)个人经验和(ii)对周围文化的隐含假设,但这并不意味着不能模拟。

词语意义的成分以(i)概念类型和概念个例之间的区别,(ii)情景命题与绝对命题之间的区别,以及(iii)初级编码和二级编码之间的区别为基础。下面以"dog"这个词为例。

首先,在字典中查询的结果如下:

5.6.1 查"dog"

$$\begin{bmatrix} \text{sur:dog} \\ \text{noun:} dog \\ \text{fnc:} \\ \text{mdr:} \\ \text{prn:} \end{bmatrix}$$

查字典查到了语义核心,这里是"dog",其定义是概念类型,带有字面意义1。

之后是所有包含概念类型"dog"的绝对命题因子,排列在该概念个例行的绝对部分(见5.2.3和5.2.4,field 2):

5.6.2 "dog"个例行的绝对命题因子

$$\begin{bmatrix} noun:dog \end{bmatrix} \begin{bmatrix} noun:dog \\ fnc:be \\ mdr: \\ prn:a\text{-}1 \end{bmatrix} \begin{bmatrix} noun:dog \\ fnc:have \\ mdr: \\ prn:a\text{-}2 \end{bmatrix} \dots$$

这些绝对命题因子彼此相互联系：根据各个命题因子的连接属性的值，所有有关"dog"的绝对命题都可以被激活，在词库内形成一个次网络。这样，主体有关"dog"的知识对词命题因子的语义核心（意义1）在组成上构成补充。这一方面在下面的图中表示为第二个圈，称作绝对连接：

5.6.3 补充字面意义1(概念类型)

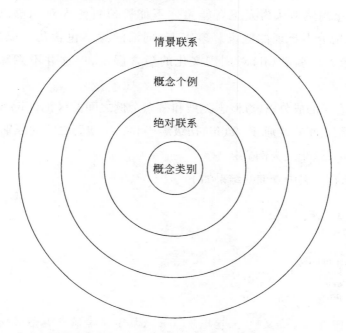

情景联系

概念个例

绝对联系

概念类别

字面意义1表示为概念类型，所有与之相关的绝对连接都是对字面意义1的补充。此外，概念个例行还有情景命题因子（见5.2.3和5.2.4，field 3）。例如，有一个概念"dog"，其个例行中的情景命题因子代表主体曾遇到过的和已经存储过的所有"dog"，这些个例的核心值都是对词类型的核心值的补充,如5.6.1。根据主体内存以及每个个例的重要性的不同,这些核心值个例可以细化到任何一个程度,如狗的种类、毛的颜色、叫声等。因为这些个例出现在语境层,所以其构成是不依存于个别言语的普遍意义(见5.6.3概念个例)。 81

最后,"dog"个例行的情景命题因子是所有和"dog"有关的情景命题因子的出发点,包括基于推理的二级编码。应用词库的信息提取机制,可以激活这些命题因子。由此,个例所表现的普遍意义在组成上得到了主体关于"dog"的个人经验的补充(见5.6.3情景连接)。

这样,从概念类型到绝对连接、概念个例,再到情景连接,这样一个结构的建立可以很好地说明为什么概念类型(作为匹配语言层和语境层的最简字面意义1)直观上却是隐藏在个体差异背后的。这些差异包括主体内部例示类型(词的内容)的各个个例,各个绝对连接和情景连接(词与词之间的联系)。因为词库采用的是特别的数据结构,这些个例和连接都很容易激活,他们联合起来,代表着主体所具有的和词的概念相关的全部联系。①

---

① 在有些自然语言当中,如德语,句子或者短语的意思可能取决于大量的"小品词"。德语的小品词(见 Weydt 1969, Engel 1991, Ickler 1994)有"aber(but)"、"auch(also)"、"bloss(merely)",如"Das ist aber schön!(但是,那个很漂亮!)""Sind Sie auch zufrieden?(您也满意吗?)""Was hat sie sich bloss gedacht?!(她究竟想什么呢?!)"等。小品词的主要功能是有助于推测说话者的态度和看法。

第一部分结束语

这一部分在较高层次上描述了数据库语义学。作为人与人之间的自然语言交流的抽象模型，数据库语义学为建造可以用用户熟悉的语言与之自由交流的人工智能主体提供了理论基础。

越接近实现这样的人工智能主体，程序语言越可能成为专业的"机器人医生"开展日常维护工作的工具。当今计算机的键盘和屏幕可能会弱化为人工智能主体的服务信道，而人工智能主体与用户之间的交流则通过新开发的应用自然语言的自动信道（见1.4.3）来完成。

在接下来的第二部分，我们不再讨论认知主体的界面和构成，而是以英语为例，对语言的主要结构进行系统的分析。分析的目的是要说明（i）在数据库语义学的语义表示中，自然语言意义的成分如何被编码；（ii）听者模式下，如何从自然语言的语表出发，推导出这个编码；（iii）说者模式下，如何从语义表示生成正确的自然语言语表。

第二部分
自然语言的主要结构

6. 命题内部函词论元结构

自然语言的主要结构包括（ⅰ）函词论元结构和（ⅱ）并列结构等初级关系，以及（ⅲ）共指等二级关系，这些关系有可能发生在（a）命题内部，也有可能发生在（b）命题与命题之间。分析这六个基本结构离不开实例，而且，为了更加具体形象，这些例子必须取自至少一种自然语言。因此，我们的任务具备强烈的符号导向性。

不过，因为要在说者模式和听者模式下来分析，我们的方法本身就是以符号为导向的。听者模式下，LA-hear 语法把某一语言的语表映射为一组适合存储在词库当中的命题因子。说者模式下，LA-think 语法按照命题因子之间的语法关系，在不依存于语言而存在的词库里的命题因子之间进行导航，而 LA-speak 语法则把导航遍历到的命题因子实现为某一自然语言，这里是英语。

本章从分析命题内部的函词论元结构开始，系统地研究自然语言的主要结构。语法分析在中级抽象层次上进行，3.4.2 和3.5.3 中的格式分别用于听者模式和说者模式。

6.1 概   述

数据库语义学的语法结构分析有三个基本任务：（ⅰ）把自然语言实例的语义表示设计为一组命题因子，（ⅱ）从实例语表（听者模式）自动生成语义表示，（ⅲ）从语义表示（说者模式）自动生成语表。

命题内部函词论元结构的语义表示是一个基本命题的命题因子集合（见 FoCL'99, p. 62），包括一个动词（关系、函词），带一个、二个或者三个名词(物体、论元),名词的数量由动词决定。可能还有形容词(特性、修饰语)修饰动词(状语用法)或者名词(定语用法)的情况。

作为语义表示的命题因子集合是无序的,为了强调这一点,下面的例子按照核心属性值的字母顺序(而不是自然语表的顺序)排列命题因子。

6.1.1　命题内函词论元结构示例

1. "The man gave the child an apple"的语义表示(三价动词)

$$
\begin{bmatrix} \text{noun:apple} \\ \text{fnc:give} \\ \text{mdr:} \\ \text{prn:1} \end{bmatrix}
\begin{bmatrix} \text{noun:child} \\ \text{fnc:give} \\ \text{mdr:} \\ \text{prn:1} \end{bmatrix}
\begin{bmatrix} \text{verb:give} \\ \text{arg:man child apple} \\ \text{mdr:} \\ \text{prn:1} \end{bmatrix}
\begin{bmatrix} \text{noun:man} \\ \text{fnc:give} \\ \text{mdr:} \\ \text{prn:1} \end{bmatrix}
$$

2. "The little black dog barked"的语义表示(定语形容词)

$$
\begin{bmatrix} \text{verb:bark} \\ \text{arg:dog} \\ \text{mdr:} \\ \text{prn:2} \end{bmatrix}
\begin{bmatrix} \text{adj:black} \\ \text{mdd:dog} \\ \text{mdr:} \\ \text{prn:2} \end{bmatrix}
\begin{bmatrix} \text{adj:little} \\ \text{mdd:dog} \\ \text{mdr:} \\ \text{prn:2} \end{bmatrix}
\begin{bmatrix} \text{noun:dog} \\ \text{fnc:bark} \\ \text{mdr:little black} \\ \text{prn:2} \end{bmatrix}
$$

3. "Julia has been sleeping deeply"的语义表示(状语形容词)

$$
\begin{bmatrix} \text{adj:deep} \\ \text{mdd:sleep} \\ \text{mdr:} \\ \text{prn:3} \end{bmatrix}
\begin{bmatrix} \text{noun:Julia} \\ \text{fnc:sleep} \\ \text{mdr:} \\ \text{prn:3} \end{bmatrix}
\begin{bmatrix} \text{verb:sleep} \\ \text{arg:Julia} \\ \text{mdr:deep} \\ \text{prn:3} \end{bmatrix}
$$

这些语义表示呈现了语法关系编码。功能词与相关的实词融合在了一起。功能词的作用以及其他词法句法方面的细节特征体现在属性"cat(category)"和"sem(semantics)"上。简便起见,这里省略这两个属性。[①] 完整的语义表示见第三部分。

例1当中,动词"give"带有名词论元"man""child"和"apple"。这几个词之间的语法关系的表示方式是:把值"give"写入名词命题因子"man""child"和"apple"的属性"fnc"的槽内,同时,把值"man""child"和"apple"写入动词命题因子"give"的属性"arg"的槽内。三个论元在动词命题因子属性

---

① 例如,例3语表"Julia has been sleeping deeply"的推导过程中,助词"has been"的意义,以及进行时态被表示为动词命题因子的一个特征"[sem:hv_pres perf prog]"(见13.4.7)。

"arg"槽内的位置有一定的顺序,由此体现他们在格(case role)上的区别。冠词命题因子和与之相关的名词命题因子融合在了一起。冠词的功能体现在属性"cat"和"sem"的值上(见13.4)。

　　例2当中,名词"dog"由定语形容词"little"和"black"来修饰。这几个词之间的语法关系的表示方式是:把"dog"赋值给形容词命题因子"little"和"black"的属性"mdd",再把"little"和"black"赋给名词命题因子"dog"的属性"mdr"。形容词作定语,这一用法的标志是形容词命题因子属性"cat"的一个值是"adn"。(见13.3)

　　例3当中,动词"sleep"由状语形容词"deep"来修饰。这两个词之间的语法关系的编码方式是:把"sleep"赋值给命题因子"deep"的属性"mdd",再把"deep"赋值给动词命题因子"sleep"的属性"mdr"。形容词作状语,这一用法的标志是形容词命题因子属性"cat"的一个值是"adv"。

6.2　冠　　词

89

　　我们现在来看一下如何从英语语表(听者模式)推导出恰当的语义表示(6.1.1(1))。推导的结果是一个命题内函词论元结构,包括一个三价动词及其所带的三个论元。推导过程中,名词命题因子被前面出现的冠词命题因子吸收,从而使冠词与其修饰的名词融合为一个命题因子。

6.2.1　三价命题:The man gave the child an apple

　　每次在每一个命题因子行增加且只增加一个"下一个词",就得到如图所示的一个梯级结构,推导(6.2.1)的时间线性顺序(见1.6.5)一览无遗。推导过程也是表面组合性的(见1.6.1),因为语表包含的每个词形都是经过词语分析的,而且输入过程中也没有加入"零元素"。

　　第1行,冠词命题因子的替换值"n_1"被名词命题因子的值"man"取代,然后名词命题因子被舍弃(被功能词吸收)。其结果如第2行的第一个命题因子所示。在命题因子"man"和"give"的组合过程中,"man"的核心属

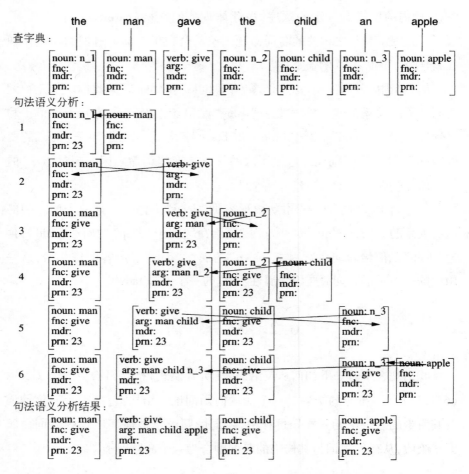

性值被复制到动词的属性"arg"槽内,"give"的核心属性值被复制到名词的属性"fnc"槽内。第 3 行,值"give"被复制到下一个词命题因子"the"的属性"fnc"槽内。"The"的替换值"n_2"被复制到动词的"arg"槽内。[①] 第 4 行,两个替换值"n-2"被下一个词的值"child"替换。第 5 行和第 6 行名词命题因子"apple"的处理方式和第 3、4 行的"child"类似。推导结果显示在最后一行,采用的是自然语表的顺序。

---

① 为了区别限定词,替换值 n_1,n_2,n_3 等在查字典的过程中自动递增(见13.3.5,13.5.4 和13.5.6)。

一旦这些命题因子存入词库,它们可以支持各种 LA-think 以命题因子间关系为基础的遍历。遍历方式之一是标准的 VNNN 导航(见附录 A),其中第一个 N 是主语,第二个 N 是间接宾语,第三个 N 是直接宾语。下面举例说明 VNNN 导航如何生成一个英语句子:

6.2.2 三价命题生成图示

激活序列		实现
i		
...	V	
i.1	d	d
	V N	
i.2	d nn	d nn
	V N	
i.3	fv d nn	d nn fv
	V N	
i.4	fv d nn d	d nn fv d
	V N N	
i.5	fv d nn d nn	d nn fv d nn
	V N N	
i.6	v d nn d nn d	d nn v d nn d
	V N N N	
i.7	fv d nn d nn d nn	d nn fv d nn d nn
	V N N N	
i.8	fv p d nn d nn d nn	d nn fv d nn d nn p
	V N N N	

和 3.5.3 一样,这个推导过程展示了语序处理、功能词嵌入以及 LA-think 和 LA-speak 之间的转换。抽象语表"d"、"nn"、"fv"和"p"分别代表冠词、名词、限定动词和标点。

数据库语义学当中,冠词(这里是"the")的意义体现在名词命题因子的属性"sem"(见 6.2.7)当中,其原子值为"exh"、"sel"、"sg"、"pl"、"def"和"indef"(见 6.2.9)。这和谓词演算不同,谓词演算过程中冠词被处理为量词。从 Russell(1905)的著名的"确定性描述词(definite description)"分析开始,谓词演算一直在与 Montague(1974)相关的框架内扩展。与 Montague(1974)相关的框架,包括 Barwise and Perry(1983),Kamp and Reyle(1993)等。下面举例说明:

91

6.2.3　"All girls sleep"的命题演算分析

$$\forall x \left[\text{girl}(x) \rightarrow \text{sleep}(x) \right]$$

这个公式的定义涉及模型和变量赋值问题。根据 Montague(1974)的观点,模型@指的是一个二元组(A,F),其中 A 是一个个体集合,如$\{a_0, a_1, a_2, a_3\}$,F 是一个赋值函数,负责解释形式语言中的每一个一价谓词,为其赋值一个元素 2^A(即 A 的幂集)(也相应地赋值给二价谓词等)。例如,在@当中,F(girl)可能被定义为$\{a_1, a_2\}$,F(sleep)被定义为$\{a_0, a_2\}$。这意味着模型当中的 a_1 和 a_2 是女孩(girl),而 a_0 和 a_2 在睡觉(sleep)。

公式的真值依赖于模型和变量赋值的实际定义。为了表明这一点,Montague 在公式的末尾加上@和 g 作为上标:

6.2.4　模型演绎

$$\forall x \left[\text{girl}(x) \rightarrow \text{sleep}(x) \right]^{@,g}$$

量词∀的演绎以变量赋值 g 为前提:如果对于所有可能的变量赋值 g',没有最外围量词的公式为真,那么整个公式相对模型@为真。

6.2.5　去掉最外围量词

$$\left[\text{girl}(x) \rightarrow \text{sleep}(x) \right]^{@,g'}$$

去掉量词的目的是把谓词演算公式简化为命题演算及其真值表(见 Bochenski 1961)。去掉量词的方法是把集合 A $=_{\text{def}} \{a_0, a_1, a_2, a_3\}$ 里的所有值系统地赋给变量 x,同时为每一次赋值确定子公式 girl(x)和 sleep(x)的真值。这样,g'首先把值 a_0 赋给变量 x,然后是 a_1 等。根据模型@ $=_{\text{def}} (A, F)$ 的定义,我们现在可以检查每一次赋值是不是使公式 6.2.5 为真。

例如,第一次赋值 g'(x) = a_0 使公式为真:a_0 不属于@中的集合 F(girl);因此,根据命题演算的真值表 p→q,6.2.5 中的公式这次赋值为真。第二次赋值 g'(x) = a_1 则相反,6.2.5 中的公式为假:a_1 属于集合 F(girl),但是不属于@中的集合 F(sleep)。可见,不是所有的变量赋值 g'都能使 6.2.5 中的公式为真，所以，断定 6.2.3 中的公式相对@ 为假。根据模型@ = $_{def}$(A,F) 的定义，这也符合直觉。

因为量词的顺序不同，这种在逻辑句法最高层处理冠词的方法容易引 92 起歧义。① 例如，"Every man loves a woman"的谓词演算如下所示：

6.2.6　在谓词演算中分析 Every man loves a woman

Reading 1：∀x [man(x)→∃y [woman(y) & love(x,y)]]
Reading 2：∃y [woman(y)&∀x [man(x)→love(x,y)]]

Reading 1 的意思是，对于每一个男人来说，都会有一个女人是他所爱的。Reading 2 的意思是，总有一个女人，如玛丽莲·梦露，被所有男人爱。

这两个谓词演算公式虽然和数据库语义学的方法不同，但其基础也是函词论元结构、并列结构和共指概念。函词论元结构用于 man(x),woman(y) 和 love(x,y)之间；并列结构用于[man(x)→P]和[woman(y)&Q]之间；共指关系表现在∀x[man(x)… love(x,y)]和∃y[woman(y) …love(x,y)]的量词和横向绑定变量上。

数据库语义学则不同，冠词 every 和 a 的意义通过名词命题因子属性"sem"的原子值"pl exh"来表示。

6.2.7　在数据库语义学中分析 Every man loves a woman 的结果

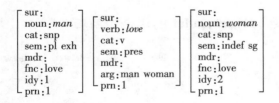

$$\begin{bmatrix} \text{sur:} \\ \text{noun:}man \\ \text{cat:snp} \\ \text{sem:pl exh} \\ \text{mdr:} \\ \text{fnc:love} \\ \text{idy:1} \\ \text{prn:1} \end{bmatrix} \begin{bmatrix} \text{sur:} \\ \text{verb:}love \\ \text{cat:v} \\ \text{sem:pres} \\ \text{mdr:} \\ \text{arg:man woman} \\ \text{prn:1} \end{bmatrix} \begin{bmatrix} \text{sur:} \\ \text{noun:}woman \\ \text{cat:snp} \\ \text{sem:indef sg} \\ \text{mdr:} \\ \text{fnc:love} \\ \text{idy:2} \\ \text{prn:1} \end{bmatrix}$$

---

①　见 Kempson and Cormack(1981)。近年来，最小递归语义学(MRS,Copestake,Flickinger et al. 2006)采用"语义规格限制"在避免由量词范围差异引起的歧义反常扩散方面做了很多工作。MRS 当中，规格限制只限于量词范围(另见 Steedman 2005)。数据库语义学当中，因为没有量词，也不涉及量词范围，语义规格限制适用于所有语言层编码的内容，且用于与限定语境之间的匹配过程(见 FoCL'99,5.3)。

句子的分析过程中不存在歧义:它只有 6.2.6 提到的第一个意义,这个意义蕴含于第二个意义之中(也就是说,只要第二个意义为真,第一个意义也为真,但是,反过来不成立)。也就是说,是不是有些(或者所有的)男人爱着同一个女人(whether or not some,or even all,of the men happen to love the same woman)在数据库语义学当中被当作一个私人问题(private matter)来处理。

而且,数据库语义学的分析过程只用到命题内函词论元结构:和自然语表一样,没有并列,也没有共指。量词"every"和"a"作为冠词处理,每一个都和它所修饰的名词融合为一个命题因子(与 6.2.1,6.3.1,6.5.1,6.6.2,8.2.1 和 8.3.2 相似)。

原子值"exh(exhaustive)"、"sel(selective)"、"sg(gingular)"、"pl(plural)"、"def(definite)"和"indef(indefinite)"以不同的方式组合在一起,能够表示各种英语名词短语的特点:

6.2.8　冠词—名词各种组合的 sem 值

a girl   [sem:indef sg]
some girls   [sem:indef pl sel]
all girls   [sem:exh pl]
the girl   [sem:def sg]
the girls   [sem:def pl]

这些原子值的集合论解释如下:

6.2.9　exh,sel,sg,pl,def,indef 的集合论解释

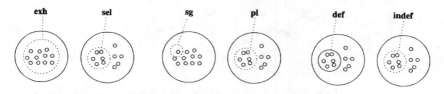

值"exh"指代一个叫作域(domain)的集合中的所有成员,而"sel"只指代其中的一部分成员。值"sg"指代域中的一个单个成员,而"pl"指代一个以上。值"def"指代域的一个预先指定的子集,而"indef"不预设这样的子集。

每个值都只能和其他对中的某一个组合。因此,"exh"不能和"sel"组合,"sg"不能和"pl"组合,"def"不能和"indef"组合。但是,"exh pl"、"sel sg"、"sel pl"、"def sg"、"def pl"、"indef sg"和"indef pl"等组合都是合法的,只是意义不同。组合"exh sg"在理论上是可能的,但是没有任何意义,因为域必须是一个集合。

关于交流过程中冠词在数据库语义学中的解释,我们以说者模式下的机器人为例。如果它根据6.2.9所示的"exh"和"pl"来感知一个集合论环境,它会使用冠词"all"以及其他值。相应地,如果听者模式下的机器人听到名词短语"all girls",它就能够提取相应的集合论环境或者从几个备选项当中选择正确的格式。

数据库语义学方法和谓词演算不同,因为谓词演算用元语言当中的"some"和"all"来定义客体语言中的"some"和"all"(如上述变量赋值函数g'所示),而数据库语义学是建立在程序化理解的基础之上的。这个区别源于二者的本体假设不同,如2.3.1对最简单的句子"Julia sleeps"的分析所示。

与此相关的另一个区别是:谓词演算语义学以真值为条件,而数据库语义学不是。数据库语义学把真值当作程序性断言。例如,如果机器人看到每个女孩都在睡觉并把这一事实表达为"every girl is sleeping",那么他说的就是真的。语义上看,"every girl is sleeping"断言有一个集合,这个集合包含 94 一个以上女孩,而且该集合的所有成员都参与了动词断言的行动。

6.3 形 容 词

包含一个或者多个定语形容词的名词短语比上述冠词-名词的组合更加复杂。下面举例说明:

6.3.1 在听者模式下分析 The little black dog barked

第1行,定语形容词"little"的核心值被复制到冠词的属性"mdr"的槽内,替换值"n-1"被复制到命题因子"little"的属性"mdd"槽内。第2行,定语

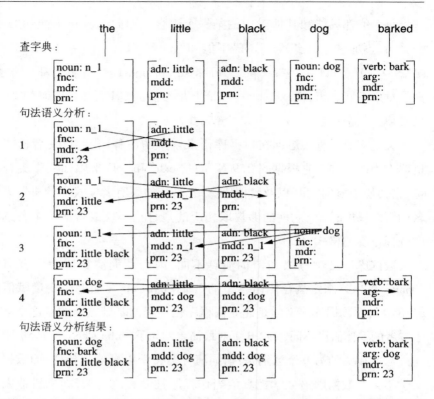

形容词"black"的核心值被复制到冠词的"mdr"槽内,替换值"n-1"被复制到命题因子"black"的"mdd"槽内。第 3 行,出现了三次的替换值"n-1"同时被词命题因子"dog"的核心值替换,词命题因子"dog"不输出到下一步。第 4 行,前面的冠词命题因子的核心值被复制到动词命题因子"bark"的属性"arg"槽内,动词的核心值被复制到前面冠词命题因子的"fnc"槽内。这样,95 操作的结果是任何一个定语,如"black",都可以用来提取相关的名词,这里是"dog",任何一个名词也可以用来提取相关的定语,这里是"little"和"black"。

说者模式下通过标准的 VNAA 导航生成(再生)输入句的过程如下所示:

6.3.2   The little black dog barked 生成图示

抽象语表"d"、"an"、"nn"、"fv"和"p"分别代表冠词、定语、名词、限定动词和标点。

激活序列			实现
i			
	V		
i.1	d		d
	V	N	
i.2	d an		d an
	V	N A	
i.3	d an an		d an an
	V	N A A	
i.4	d nn an an		d an an nn
	V	N A A	
i.5	fv	d nn an an	d an an nn fv
	V	N A A	
i.6	fv p	d nn an an	d an an nn fv p
	V	N A A	

下面看一下带状语形容词的句子的时间线性生成过程：

6.3.3 在听者模式下分析 Fido barked loudly

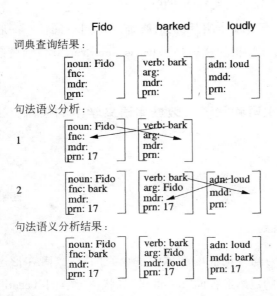

因为形容词用作状语，所以被修饰的动词的核心属性值要被复制到形容词命题因子的属性"mdd"槽内——和定语用法不一样，形容词作定语时，被修饰的名词的核心值要被复制到形容词命题因子的"mdd"槽内。而且，形 96

容词作状语时,形容词的核心值要被复制到动词的"mdr"槽内。形容词作定语时,其核心值要被复制到名词的"mdr"槽内。

说者模式下以标准 VNA 导航生成(再生)输入句的过程如下所示:

6.3.4　Fido barked loudly 生成图示

激活序列			实现
i			
	V		
i.1	n		n
	V	N	
i.2	fv	n	n fv
	V	N	
i.3	fv	n av	n fv av
	V	N A	
i.4	fv p	n av	n fv av p
	V	N A	

抽象语表"n"和"av"分别代表名称和状语。

数据库语义学当中,定语修饰语和状语修饰语是同一词性——形容词的变体。拉丁语中,形容词词根的意思是"what is thrown in",巧妙概括了修饰语的普遍特点。

6.3.5　形容词、定语和状语在数据库语义学中的关系

把定语和状语处理为同一词性的变体的一个原因是:二者在形态上具有相似性。例如,英语里的定语形容词"beautiful"和状语形容词"beautifully",或者德语里的"schöne"、"schöner"、"schönes"等(定语形容词)和"schön"(状语形容词)。定语和状语这两种用法在分解型比较级结构上也彼此相似,如英语的"more beautiful"(定语)和"more beautifully"(状语)。而在合成

型比较级结构上,如英语中的"faster",不管是作定语还是作状语,词形上一点区别也没有。

修饰语命题因子都有一个核心属性"adj",代表其词性。如果修饰语的定语和状语用法在词形上看不出来,在语法作用上的区别也不确定,那么这 97 个修饰语就称作形容词。在形态上限定为定语,或者由句法环境限定为定语的修饰语称作定语。在形态上限定为状语,或者由句法环境限定为状语的修饰语称作状语。名词分基本名词(如"Fido")复杂名词(如"the little black dog"),形容词也分基本形容词(如"fast")和复杂形容词(如"ten seconds")。

6.4 助 词

助词是除冠词以外的另一类功能词。它们和主要动词的非限定形式联合起来构成复杂结构:

6.4.1 复杂动词短语 Fido has been barking

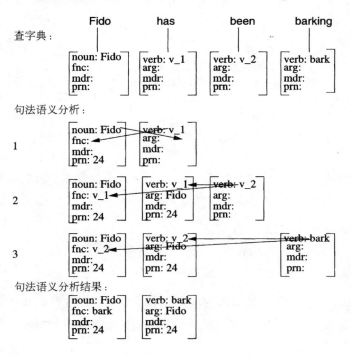

正如冠词有核心替换值"n_1"、"n_2"等(见 6.2.1),助词也用替换值"v_1"、"v_2"等作为其核心属性值。

(上图的)第 1 行,值"v_1"被复制到"Fido"的"fnc"槽内,"Fido"的核心值被复制到第一个助词的"arg"槽内。第 2 行,出现在二处的"v_1"同时被值"v_2"替换,"v_2"成为第二个助词的核心值。第 3 行,出现在两处的"v_2"同时被命题因子"bark"的核心值替换,命题因子"bark"不输出到下一步(功能词吸收)。两个助词的作用以及非限定主要动词的进行时态在分析结果当中用动词命题因子的属性"cat"和"sem"的值来表示(图中未示,见 13.4)。

助词的生成(功能词析出)过程如下所示:

6.4.2 **Fido has been barking** 生成图示

	激活序列	实现
i.		
	V	
i.1	n	n
	V N	
i.2	ax n	n ax
	V N	
i.3	ax ax n	n ax ax
	V N	
i.4	ax ax nv n	n ax ax nv
	V N	
1.6	ax ax nv p n	n ax ax nv p
	V N	

这里,抽象语表"n"、"ax"、"nv"和"p"分别代表名称、助词、非限定动词和标点。

6.5 被 动 语 态

被动语态是另外一种复杂的动词结构。语法上,主动语态和被动语态称作"动词语态"。数据库语义学当中,被动语态是命题内容的一个特定方面(见5.5),由逆向导航求得(见9.6)。

6.5.1　理解被动语态:The book was read by John

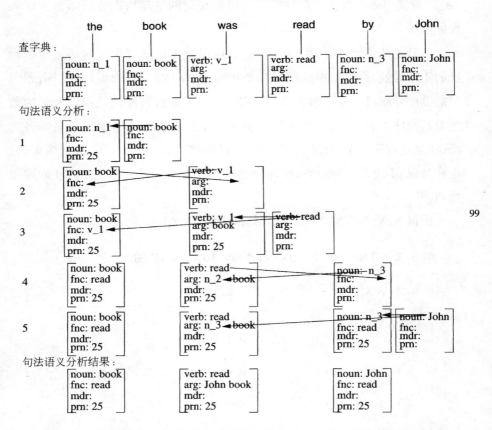

99

到第2行,动词的语态还没有确定:句首"the book was"可能后面接主动语态,如"the book was lying on the table",也可能接被动语态。但是,一旦在第3行出现了"read"的过去分词,动词命题因子的属性"arg"值的顺序就出现了变化,名词性替换值"n_2"被插入,动词语态也确定为被动语态。结果如第4行所示。

到此,句子可以是一个完整的句子"the book was read"。这种省略主体的用法是被动语态的典型用法,在上述推导过程中,用动词命题因子的特征"[arg:n_2 book]"来表示。也可以通过继续推理来为"n_2"查找合适的值。

但是,因为句子接下来的部分是一个由"by"引导的短语,值"n_2"被值"n_3"替换。名词命题因子"John"出现并被吸收进"by"命题因子,所有"n_3"被值"John"取代。最终得到一组和相应的主动语态分析结果一样的命题因子。

一旦这些命题因子存入词库,它们可以被正序或者倒序遍历。对于标准的正序导航,可以简单地概括几个步骤,如 V. VN. VNN,而同一组命题因子的倒序导航可以表示为 V. V_N. VNN。这个方法首先预设动词论元的角色由其顺序来表示:第一个 N 是施动者或者主语,第二个 N 是受动者或者宾语;如果还有第三个 N,那么第二个 N 是间接宾语,第三个 N 是直接宾语。也就是说,不论是哪种时态,动词命题因子的属性"arg"的值也按同样的顺序排列。[①]

根据 V. V_N. VNN 导航,输入句再生如下:

6.5.2　**The book was read by John** 生成图示:

	激活序列	实现
i		
	V	
i.1	d	d
	V　　　N	
i.2	d nn	d nn
	V　　　N	
i.3	ax　d nn	d nn ax
	V　　　N	
i.4	ax nv　d nn	d nn ax nv
	V　　　N	
i.5	ax nv　by d nn	d nn ax nv by
	V　　　N N	
i.6	ax nv　by n d nn	d nn ax nv by n
	V　　　N N	
i.7	ax nv p　by n d nn	d nn ax nv by n p
	V　　　N N	

---

① 用顺序来表示语法角色是一个术语选择的问题。同样的内容也可以用额外的属性来表示,如"agent"。为了保持命题因子的非递归特征结构,我们不采用这种做法。

由同一组命题因子还可以生成相关的主动语态句,但是激活的顺序是标准的 V、VN、VNN。被动语态疑问句的生成过程如 A.5.2 所示。更详细的数据库语义学被动语态分析见 Twiggs(2005)。

6.6 介 词

我们研究的最后一个命题内函词论元结构是介词短语作定语或者状语("PP attachment")的情况。在特定的命题当中,这两种解释都是可能的。例如:"Julia ate the apple on the table"。介词短语"on the table"可以修饰"eat"(意思是 Julia 坐在桌子上吃)或者"apple"(意思是苹果在桌子上)。数据库语义学用语义重叠的方式来解决这个歧义。①

6.6.1 介词短语的语义重叠

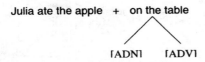

根据分析,例句在句法上是没有歧义的,因为只推导出一个结果。但是,该句在语义上是有歧义的,因为介词短语可以是"ADN(定语)",也可以是"ADV(状语)"。一般认为,究竟是"ADN"还是"ADV"取决于语境,需要根据最佳匹配原则来选择。

语义重叠的形式化实现如下图所示:

6.6.2 形容词短语:Julia ate the apple on the table   101

第 4 行,介词的"adj"值被复制到动词命题因子"eat"和名词命题因子"apple"的"mdr"槽内。而且,动词的核心值和名词的核心值都被复制到介词"on"的"mdd"槽内。为了表示被复制的值只是几个(这里是两个)可选项之一,前面加"%"(见第 5 行)。命题因子"on"、"the"和"table"融合为一个

---

① CoL'89,pp.219-232 和 pp.239-247 首次提出语义重叠法。另见 FoCL'99,p.234 ff。

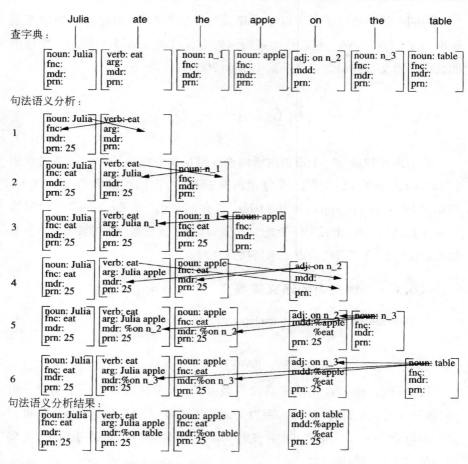

句法语义分析结果：

命题因子，这是功能词吸收的又一个例子。

　　分析得到的命题因子存入词库以后，可以通过推理取消一对"%"值，如命题因子"eat"的"mdr"槽内的"% on table"和命题因子"on table"的"mdd"槽内的"% eat"，从而解决歧义问题。但是，命题因子不发生变化，歧义保留。

　　输入句的生成情况可以参见6.6.2输出结果的提取过程：

6.6.3　在导航中提取命题因子

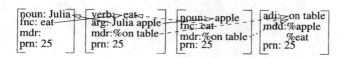

从 V 命题因子"eat"开始,通过导航提取名词命题因子"apple",再回到 V,再提取名词命题因子"apple"。这时,指针可以回到 V 或者继续移动到"on table"的状语释义(带状虚线箭头),也可能直接移动到定语释义(点状虚线箭头)。任何一种情况都是标准的 VNNA 导航,生成过程如下图所示:

6.6.4 生成 Julia ate the apple on the table

	激活序列				实现
i					
	V				
i.1	n				n
	V	N			
i.2	fv	n			n fv
	V	N			
i.3	fv	n	d		n fv d
	V	N	N		
i.4	fv	n	d n		n fv d n
	V	N	N		
i.5	fv	n	d n	pp	n fv d n pp
	V	N	N	A	
i.6	fv	n	d n	pp d	n fv d n pp d
	V	N	N	A	
i.7	fv	n	d n	pp d nn	n fv d n pp d nn
	V	N	N	A	
i.8	fv p	n	d n	pp d nn	n fv d n pp d nn p
	V	N	N	A	

抽象语表"pp"代表介词。

通过语义重叠来处理"PP-attachment"对于可能带有多个介词短语的复杂句子,如"Julia ate the apple on the table in the garden behind the tree…",尤其有利。因为语义重叠降低了数学计算复杂度,由先天论的指数计算降到了线性计算。[①] 有关听者模式下"介词短语"的更详细的分析见第15章。

---

① 见 FoCL'99,12.5。

7. 命题间函词论元结构

自然语言当中,命题间关系可以发生在同一句内也可以发生在句外,最典型的例子就是命题间并列关系。例如,"Julia sleeps and Susanne sings."就是句内命题间的并列关系,而"Julia sing. Susanne sleeps."就是句外命题间并列关系。

命题间函词论元关系总是发生在句内的。最简单的情况是(一个句子中)有两个命题,一个构成上一级分句,另一个构成下一级分句。下一级分句作上一级分句的(ii)句论元(sentential argument)或者(ii)句修饰语(sentential modifier)。

作句论元的子命题的作用相当于名词,在句中作主语或者宾语。作句修饰语的子命题相当于形容词,作定语或者状语。作定语修饰语的命题也称作关系从句。

7.1 概　　述

构成简单的命题间函词论元关系的两个命题分别用两组命题因子来表示。第一个命题的因子通过共同索引号,即相同的属性"prn"值,联系在一起。另一个命题的因子也通过共同的索引号联系在一起,但是,这组命题因子的属性"prn"值与第一个命题的不一样。

句论元和句状语修饰语结构当中,下一级命题动词因子的属性"prn"值和核心值构成上一级命题动词因子的属性"arg"值或者属性"mdr"值,如"[arg:27 bark Mary]"(主语从句)"[arg:John 31 bark]"(宾语从句)或者

"[mdr:36 bark]"（状语从句），由此体现上一级命题和下一级命题之间的联系。定语修饰语结构（关系从句）当中，下一级命题动词因子的属性"prn"值和核心值构成上一级命题名词因子的属性"mdr"值，由此体现两个命题间的联系。

下一级命题和上一级命题根据两种新的以"n/v"和"a/v"为核心属性的命题因子来建立逆连接关系。属性"n/v"表示句论元命题的动词因子在该下一级命题当中是动词，但同时也是上一级命题的名词性论元。同样，属性"a/v"表示句修饰语命题当中的动词是（i）上一级命题的形容词修饰语，同时是（ii）下一级命题的动词。 104

句论元、句状语和句定语当中的"n/v"和"a/v"命题因子的必要属性及值如下图所示：

7.1.1　子句的动词命题因子

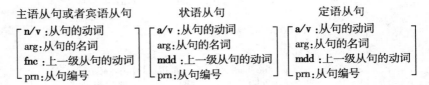

主语从句或者宾语从句
```
┌ n/v：从句的动词
│ arg：从句的名词
│ fnc：上一级从句的动词
└ prn：从句编号
```

状语从句
```
┌ a/v：从句的动词
│ arg：从句的名词
│ mdd：上一级从句的动词
└ prn：从句编号
```

定语从句
```
┌ a/v：从句的动词
│ arg：从句的名词
│ mdd：上一级从句的动词
└ prn：从句编号
```

作为上一级从句的名词，"n/v"命题因子必须有一个属性"fnc"。作为上一次从句的形容词修饰语，"a/v"命题因子必须有一个属性"mdd"。

和上一章一样，我们主要通过语法关系，用命题因子的形式来分析各种不同结构的语义表示。为了方便理解，命题因子的顺序遵照英语语表的线性分析顺序，而不是核心值的字母顺序来排列（如6.1.1）。

7.1.2　命题间函词论元关系举例

1. That Fido barked amused Mary. 的句法语义关系表示（主语从句）

```
┌ n/v：that bark      ┌ noun：Fido      ┌ verb：amuse            ┌ noun：Mary
│ arg：Fido           │ fnc：bark       │ arg：27 bark Mary      │ fnc：amuse
│ fnc：28 amuse       │ mdr：           │ mdr：                  │ mdr：
└ prn：27             └ prn：27         └ prn：28                └ prn：28
```

2. John heard that Fido barked. 的句法语义关系表示（宾语从句）

$$
\begin{bmatrix} \text{noun:John} \\ \text{fnc:hear} \\ \text{mdr:} \\ \text{prn:30} \end{bmatrix}
\begin{bmatrix} \text{verb:hear} \\ \text{arg:John 31 bark} \\ \text{mdr:} \\ \text{prn:30} \end{bmatrix}
\begin{bmatrix} \text{n/v:that bark} \\ \text{arg:Fido} \\ \text{fnc:30 hear} \\ \text{prn:31} \end{bmatrix}
\begin{bmatrix} \text{noun:Fido} \\ \text{fnc:bark} \\ \text{mdr:} \\ \text{prn:31} \end{bmatrix}
$$

3. The dog which saw Mary barked. 的句法语义关系表示（定语从句，宾语空缺）

$$
\begin{bmatrix} \text{noun:dog} \\ \text{fnc:bark} \\ \text{mdr:33 see} \\ \text{prn:32} \end{bmatrix}
\begin{bmatrix} \text{a/v:see} \\ \text{arg:\#Mary} \\ \text{mdd:32 dog} \\ \text{prn:33} \end{bmatrix}
\begin{bmatrix} \text{noun:Mary} \\ \text{fnc:see} \\ \text{mdr:} \\ \text{prn:33} \end{bmatrix}
\begin{bmatrix} \text{verb:bark} \\ \text{arg:dog} \\ \text{mdr:} \\ \text{prn:32} \end{bmatrix}
$$

4. The dog which Mary saw barked. 的句法语义关系表示（定语从句，宾语空缺）

$$
\begin{bmatrix} \text{noun:dog} \\ \text{fnc:bark} \\ \text{mdr:35 see} \\ \text{prn:34} \end{bmatrix}
\begin{bmatrix} \text{a/v:see} \\ \text{arg:Mary\#} \\ \text{mdd:34 dog} \\ \text{prn:35} \end{bmatrix}
\begin{bmatrix} \text{noun:Mary} \\ \text{fnc:see} \\ \text{mdr:} \\ \text{prn:35} \end{bmatrix}
\begin{bmatrix} \text{verb:bark} \\ \text{arg:dog} \\ \text{mdr:} \\ \text{prn:34} \end{bmatrix}
$$

5. When Fido barked Mary smiled. 的句法语义关系表示（状语从句）

$$
\begin{bmatrix} \text{a/v:when bark} \\ \text{arg:Fido} \\ \text{mdd:37 smile} \\ \text{prn:36} \end{bmatrix}
\begin{bmatrix} \text{noun:Fido} \\ \text{fnc:bark} \\ \text{mdr:} \\ \text{prn:36} \end{bmatrix}
\begin{bmatrix} \text{noun:Mary} \\ \text{fnc:smile} \\ \text{mdr:} \\ \text{prn:37} \end{bmatrix}
\begin{bmatrix} \text{verb:smile} \\ \text{arg:Mary} \\ \text{mdr:36 bark} \\ \text{prn:37} \end{bmatrix}
$$

命题间属性值的前面带有"prn"编号，如"[fnc:28 amuse]"。

句论元结构当中，上一级子句有缺失的成分，所以其动词命题因子的"arg"槽内有一个指针值，如"[arg:27 bark Mary]"（"27 bark"作主语从句，见7.1.2,1）和"[arg:John 31 bark]"（"31 bark"作宾主从句，见7.1.2,2），该指针指向下一级子句。

句定语修饰语结构当中，下一级子句有缺失的成分。因为关系从句修饰的是上一级子句中的名词，所以指向上一级子句的指针必须落在"a/v"命题因子的"mdd"槽内，如"[mdd:32 dog]"。那么下一级"a/v"命题因子的"arg"槽内就出现了缺位，用"#"表示，如"[arg:# Mary]"（主语空缺，见7.1.2,3）和"[arg:Mary #]"（宾语空缺，见7.1.2,4）。

命题间函词论元关系当中的缺位分布及其语法作用如下图所示（与 7.1.2 相关）：

7.1.3 命题间函词论元关系

(i) 句子论元
  (1) 主语
        # amused Mary

        Fido barked

  (2) 宾语
     John heard #

     Fido barked

(ii) 句子修饰语，定语1
  (3) 主语
    the dog barked

       # saw Mary

（关系从句）
  (4) 宾语
     the dog barked

    Mary saw #

(iii) 句子修饰语，语状
  (5) Mary smiled

    when Fido barked

句状语修饰语结构当中没有缺位现象。相反，上一级子句和下一级子句之间通过上一级子句动词的属性"mdr"，如"[mdr:36 bark]"，和下一级子句动词的属性"mdd"，如"[mdd:37 smile]"来建立语法联系（见 7.1.2，5）。

7.2　句论元作主语

句子"That Fido barked amused Mary"包含一个主语从句，其线性推导过程当中，功能词"that"（子句连接词）经过词分析得到属性"n/v"和"fnc"。因为动词会和连词融合为一个命题因子，所以只需要对动词做标准的词分析（如6.3.1，6.4.1）：

7.2.1 分析 That Fido barked amused Mary

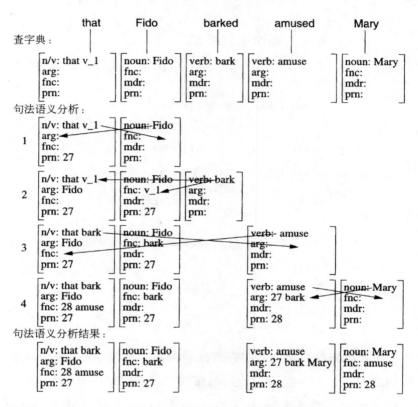

第 1 行,命题因子"that"的属性"n/v"的替换值"v_1"被复制到"Fido"的"fnc"槽内,而"Fido"的核心值被复制到"that"的"arg"槽内。第 2 行,在两处出现的"v_1"同时被命题因子"bark"的核心值取代,命题因子"bark"不输出到下一步。如 6.4.1 所述,这是动词融入功能词命题因子的一个例子。第 3 行,第一个命题因子的核心值"bark"被复制到动词命题因子"amuse"的"arg"槽内,"amuse"被复制到命题因子"bark"的"fnc"槽内,由此在主语从句和上一级子句之间建立起联系。为了避免混淆,被复制的值前面都带有所在命题因子的命题编号,如第 4 行所示。

生成(再生)该例句的导航顺序是 VNVN:

7.2.2　生成 That Fido barked amused Mary

	激活序列			实现
1				
	V			
1.1	sc			sc
	V	N		
1.2	sc	n		sc n
	V	N		
1.3	sc fv	n		sc n fv
	V	N		
2.1	sc fv	n	fv	sc n fv fv
	V	N	V	
2.2	sc fv	n	fv n	sc n fv fv n
	V	N	V N	
2.3	sc fv	n	fv p n	sc n fv fv n p
	V	N	V N	

抽象语表"sc"代表子句连接词,经由下一级子句的动词命题因子生成。

7.3　句论元作宾语

下面来看一下宾语从句。在下面的例子中,动词命题因子"bark"代表子句,作上一级子句的宾语。

7.3.1　分析 John heard that Fido barked

第2行,命题因子"that"的核心值,也就是替换值"v_1"被复制到命题因子"hear"的"arg"槽内,占第二位(宾语的位置)。命题因子"hear"的核心值被复制到命题因子"that"的"fnc"槽内。第3行,"v_1"被复制到命题因子"Fido"的"fnc"槽内,"Fido"的核心值被复制到命题因子"that"的"arg"槽内。第4行,在三处出现的"v_1"同时被命题因子"bark"的核心值替换,命题因子"bark"不输出到下一步。

要生成(再生)这个例句同样要采用 VNVN 导航:

107

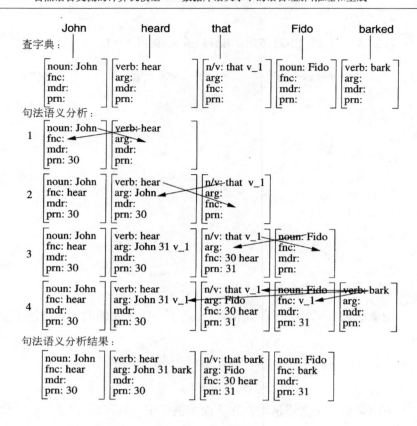

7.3.2   生成 John heard that Fido barked

	激活序列			实现
1				
	V			
1.1		n		n
	V	N		
1.2	fv	n		n fv
	V	N		
2.1	fv	n	sc	n fv sc
	V	N	V	
2.2	fv	n	sc n	n fv sc n
	V	N	V N	
2.3	fv	n	sc fv n	n fv sc n fv
	V	N	V N	
2.4	fv p	n	sc fv n	n fv sc n fv p
	V	N	V N	

抽象语表"p（标点）"经由上一级子句的命题因子 V 生成，而"sc（子句连接词）"经由下一级子句的命题因子 V 生成（如7.2.2）。

7.4　主语空缺的定语从句

我们现在从论元转到修饰语，先来讨论定语的情况。作定语的形容词可以是单词（elementary words），如"little"（见6.3.1），可以是介词短语，如"on the table"（见6.6.2），以及定语从句，如"which Mary saw"（见7.1.2,3，主语空缺）和"which saw Mary"（见7.1.2,4，宾语空缺）。英语当中，作定语的命题称作关系从句，通过功能词"who"、"whom"或者"which"等和上一级子句相连。这些功能词的核心属性是"a/v"（核心值为"v_1"），同时具有属性"mdd"。

和状语命题不同，定语命题句当中的下一级动词命题因子的核心值被复制到上一级命题名词的"mdr"槽内（而不是动词的）。另外，定语"a/v"命题因子的属性"mdd"取上一级命题名词（而不是动词）因子的核心值为值。

下面的例子当中，主语空缺的关系从句修饰上一级名词。为了表现命 109 题间定语修饰语和命题内状语修饰语之间的相容性，例句中出现了"quickly"。因为位置关系，"quickly"的作用有两种可能：一是修饰"saw"（7.4.1），另一个是修饰"bark"（7.4.2）。

7.4.1　分析 The dog which saw Mary quickly barked

"a/v"命题因子"which"的核心值是"v_1"，"arg"槽内的值是"#"。它的属性"mdd"以头名词（head noun）为值，属性"mdr"对应修饰语"quickly"。

第2行，"dog"的核心值被复制给"a/v"命题因子的属性"mdd"，"a/v"命题因子的"v_1"值被复制给"dog"命题因子的属性"mdr"。第3行，在两处出现的"v_1"同时被命题因子"see"的核心值取代，命题因子"see"不输出到下一步。第4行，"Mary"作为"a/v"命题因子属性"arg"的第二个值被复制

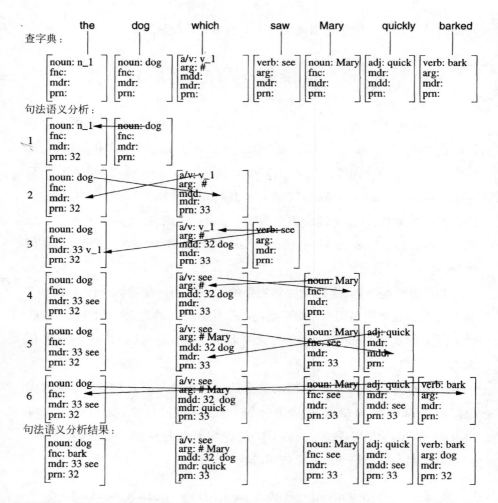

到槽内，关系从句得到宾语，"a/v"命题因子的核心值"see"被复制到命题因子"Mary"的属性"fnc"槽内。第5行，副词"quick"加入关系从句，"see"被复制到"quick"的"mdd"槽内，"quick"被复制到"see"的"mdr"槽内。第6行，主句的动词加入，"bark"被复制到"dog"的"fnc"槽内，"dog"被复制到"bark"的"arg"槽内。

下面看这个句子的另一种理解：

7.4.2 7.4.1 例句的第二种理解:"quickly"修饰"bark"

$$\begin{bmatrix} \text{noun:dog} \\ \text{fnc:bark} \\ \text{ndr:33 see} \\ \text{prn:32} \end{bmatrix} \begin{bmatrix} \text{a/v:see} \\ \text{arg:\#Mary} \\ \text{mdd:32 dog} \\ \text{mdr:} \\ \text{prn:33} \end{bmatrix} \begin{bmatrix} \text{noun:Mary} \\ \text{fnc:see} \\ \text{mdr:} \\ \text{prn:33} \end{bmatrix} \begin{bmatrix} \text{adj:quick} \\ \text{mdd:bark} \\ \text{mdr:} \\ \text{prn:32} \end{bmatrix} \begin{bmatrix} \text{verb:bark} \\ \text{arg:dog} \\ \text{mdr:quick} \\ \text{prn:32} \end{bmatrix}$$

这两种理解之间的区别仅仅在于属性的值不同。第一种理解当中,命题因子"quick"的属性"mdd"的值是"see",而在第二种理解当中是"bark"。相应地,第一种理解当中,"quick"是命题因子"see"的属性"mdr"的值,但是在第二种理解当中是命题因子"bark"的属性("mdr"的)值。

下面是 VNVNA 导航生成(再生)第一种理解的情况。

7.4.3 生成 The dog which saw Mary quickly barked

抽象语表"av"表示状语形容词"quickly"。抽象语表"wh"表示关系代词,这里是"which"。关系从句和特殊疑问句(wh-疑问句)类似(见5.1 和9.5),也有一处缺位。这可能是英语当中这两种句子都用"wh-"之类的词的原因。

	激活序列					实现
1						
	V					
1.1	d					d
	V	N				
1.2	d nn					d nn
	V	N	V			
2.1	d nn	wh				d nn wh
	V	N	V			
2.2	d nn	wh fv				d nn wh fv
	V	N	V			
2.3	d nn	wh fv	n			d nn wh fv n
	V	N	V	N		
1.3	d nn	wh fv	n	av		d nn wh fv n av
	V	N	V	N	A	
1.4	fv	d nn	wh fv	n	av	d nn wh fv n av fv
	V	N	V	N	A	
1.5	fv p	d nn	wh fv	n	av	d nn wh fv n av fv p
	V	N	V	N	A	

7.5 宾语空缺的定语从句

下面看一下宾语空缺的定语从句。下面的例子中,上一级命题的名词"dog"有两个修饰语,一个是单个词定语"little",另一个是定语从句(关系从句)"which Mary saw",这说明两种定语可以同时修饰同一个名词。

7.5.1 分析 The little dog which Mary saw barked

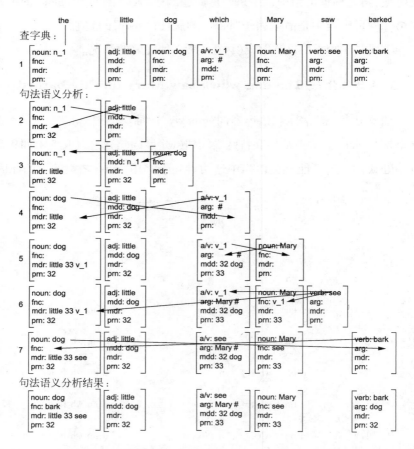

第4行之前的推导过程几乎和7.4.1一样,只是7.5.1当中多了一个单个词定语"little"。第5行出现了变化,7.5.1当中,命题因子"Mary"的核心

值被复制到"a/v"命题因子属性"arg"槽内的第一个位置,原来的空缺指示符"#"被推向了第二位(宾语的位置)。之后的推导过程仍然和7.4.1相似,只是7.4.1当中多了一个单个词状语修饰语"quick"。7.4.1和7.5.1没有单个形容词的语义解释分别见7.1.2,3和4。

下面是基于 VNAVN 导航的输入句的生成(再生)过程:

7.5.2　生成 The little dog which Mary saw barked

	激活序列						实现
1							
		V					
1.1		d					d
		V	N				
1.2		d		an			d an
		V	N	A			
1.3		d nn		an			d an nn
		V	N	A			
2.1		d nn		an	wh		d an nn wh
		V	N	A	V		
2.2		d nn		an	wh	n	d an nn wh n
		V	N	A	V	N	
2.3		d nn		an	wh fv	n	d an nn wh n fv
		V	N	A	V	N	
1.4	fv	d nn		an	wh fv	n	d an nn wh n fv fv
		V	N	A	V	N	
1.5	fv p	d nn		an	wh fv	n	d an nn wh n fv fv p
		V	N	A	V	N	

第 1.4 行,第二个"fv"经由第一个命题因子 V 实现(realized from the initial V prolet)。第 1.5 行的标点也是。

7.6　状语从句

最后我们来看状语修饰语。状语形容词和定语形容词相似,都有单个词的形式,如"loudly"(见6.3.4),介词短语的形式,如"on the table"(见6.6.2),以及从句的形式,如"when Fido barked"(见7.1.2,5)。后一种结构和7.2.1中的主语从句、7.3.1中的宾语从句、7.4.1中主语空缺的定语形容

113 词以及 7.5.1 中宾语空缺的定语形容词相似,其下一级命题当中的动词命题
     因子最终也要融入到引导子句的功能词命题因子当中,这个例句中的功能
     词是"when"。

        和"which"引导的定语从句(见 7.4.1 和 7.5.1)一样,状语词命题因子
     "when"具备核心属性"a/v"和属性"mdd"——和"that"(见 7.2.1 和 7.3.1)
     不同,"that"具备属性"n/v"和"fnc"。

7.6.1   分析 When Fido barked Mary smiled

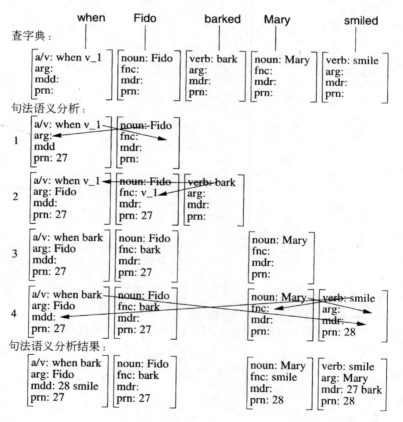

        在第 2 行从句完成之后,主句的主语"Mary"加入命题因子组,但是在语
     法上不能和之前的命题因子之间建立任何联系,因此暂时悬着,直接主句动

词出现(第4行)。[1]

要生成7.6.1中的例句,需要 VNVN 导航:

7.6.2　生成 When Fido barked Mary smiled

	激活序列				实现
1					
	V				
1.1	sc				sc
	V	N			
1.2	sc	n			sc n
	V	N			
1.3	sc fv	n			sc n fv
	V	N			
2.1	sc fv	n		n	sc n fv n
	V	N	V	N	
2.2	sc fv	n	fv	n	sc n fv n fv
	V	N	V	N	
2.3	sc fv	n	fv p	n	sc n fv n fv p
	V	N	V	N	

　　生成过程中出现了悬挂:在第2.1行,导航必须在生成下一个词(这里是"Mary")之前遍历上一级子句的动词和名词。悬挂还可能发生在宾语空缺(见8.6.1和8.6.4)、命题间并列结构(见9.2.1和9.2.2)以及状语出现在主格前(见15.3.7和15.3.10)等情况下。

　　概括起来,这一章和前一章介绍了如何处理论元从句和修饰语从句,处理过程中所依据的语法关系和处理单词论元(见3.4.2)、单词修饰语(见6.3.1和6.3.3)、短语论元(见6.3.1)和短语修饰语(见6.6.2)所依据的语法关系相同。这是从语言学角度对数据库语义学的高度概括。

---

[1]　悬挂现象在韩语等 SOV 语言当中相当普遍。例如,"man_{nom} her_{dat} $apple_{acc}$ gave"当中,在动词最终出现之前,三个论元都处于悬挂状态(Lee 2002,2004)。虽然德语从句当中的动词也是最后才出现,但是因为有引导从句的功能词,所以并不存在悬挂现象。引导从句的功能词也就是连接从句的连词,在动词出现之前,各个论元与动词的关系都暂时体现在这个连词命题因子当中。

8. 命题内并列关系

函词论元结构(hypotaxis)之外的另一个基本语法关系是并列关系(parataxis)。函词论元结构的特点是把不同词性连接在一起,也就是动词和名词、形容词和名词以及形容词和动词。并列关系连接的是同一种表达方式,也就是名词和名词、动词和动词以及形容词和形容词。

并列结构中的各个表达式称为并列项(conjunct)。并列项之间的关系可以是合取的、析取的或者转折的,依功能词"and""or"和"but"而定。这几个词称作并列连词(coordinating conjunctions, cc)。并列连词和分句连词(subordinating conjunctions, sc)不同。分句连词指的是"that(用于论元分句,见7.2和7.3)"和"when(用于状语修饰语,见7.6)"等。命题内并列关系当中,并列项可以是单词或者短语,且必须有一个连词。命题外并列关系(见第9章)中,并列项是句子,连词可有可无。

8.1 概　　述

对并列关系进行语义分析有这样两个基本问题:第一是如何在两个连续的并列项之间建立起联系,这个问题适用于命题内关系,也适用于命题间关系;第二是如何把并列关系融入命题的函词论元结构,当然,这个只限于命题内并列关系。

数据库语义学当中,并列项通过属性"nc (next conjunct)"和"pc (previous conjunct)"的值来建立联系。下面以命题内名词并列结构为例:

8.1.1 "the man, the woman, and the child"的语法关系

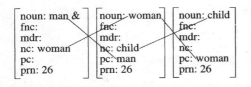

命题因子"man"的属性"nc"指明"woman"为下一个并列项；命题因子"woman"的属性"pc"和"nc"指明"man"为前一个并列项，"child"为下一个 116 并列项。命题因子"child"的属性"pc"指明"woman"为前一个并列项。并列连词体现在首个并列项的核心值后面（这里是"[noun: man &]"）。并列的各元素通过共同的命题编号（这里是"[prn: 26]"）联系在一起。①

这样一个并列结构要融入命题的函词论元结构，只需要通过首个并列项来建立语法关系。下面以"the man, the woman, and the child"与动词"sleep"的组合为例：

8.1.2 The man, the woman, and the child slept 的语法关系

命题内

动词命题因子"sleep"的属性"arg"以"man &"为值；这样，只有首个并列项被指为动词的论元。相应地，只有首个并列项"man"的核心值带"&"，其属性"fnc"的值是"sleep"，而其他两个并列项"woman"和"child"没有特殊标记，其属性"fnc"的值为空。但是，它们通过特征"nc"和"pc"与首个并列项相关联（见8.1.1）。

只用首个并列项来建立函词论元关系，这样既在语义表示当中完整地

---

① 和函词—论元关系一样，并列关系作为一种语法关系通过命题属性和值的方式来处理。这和 Lobin(1993a)的方法不同，Lobin 认为："处理并列关系的最好方法是不处理，而'直接跳过'"。

表现了语法关系,又做到了尽可能简洁——不仅适用于自然语表的时间线性理解和生成,而且适用于必要的内容提取操作。例如,尽管 8.1.2 中的命题因子"sleep"没有明确地以"child"为属性"arg"的值,命题因子"child"也没有明确地以"sleep"为其属性"fnc"的值,但如果针对包含 8.1.2 中各词的词库提问"Did a child sleep?"其答案应该是"yes"。

回答这个问题的方法之一是查找所有的"sleep"命题因子(见 5.1),找到其属性"arg"值为"child"的。如果"child"碰巧是一个非首个出现的并列项,它就不会明确出现在"sleep"命题因子当中。但是,如果动词命题因子的"arg"槽内包含连词符号"&",那么遍历相关并列结构所有并列项的次导航就会启动,从而确保 8.1.2 中的并列项"child"不被忽视。另一种方法是查找所有"child"命题因子,找到其中属性"fnc"值为"sleep"的,具体情况和第一个方法相似。

不同种类并列关系之间的区别在于(ⅰ)并列项的词性不同,也就是名词、动词或者形容词之间的不同;(ⅱ)命题中并列论元的个数不同,也就是一个、二个或者三个;以及(ⅲ)简单或者复杂的程度不同。看下面的例子:

117

8.1.3　不同类型的并列关系

1. 由名词构成一个简单并列结构(作主语,见 8.2.1,8.2.2)

The man, the woman, and the child slept.

2. 由名词构成一个简单并列结构(作宾语,见 8.2.1,8.2.2)

John bought an apple, a pear, and a peach.

3. 由名词构成两个简单并列结构(作主语、宾语,见 8.2.3)

The man, the woman, and the child bought an apply, a pear, and a peach.

4. 由动词构成一个简单并列结构(见 8.3.1,8.3.2,8.3.3)

John bought, cooked and ate the pizza.

5. 由名词、动词和名词构成三个简单并列结构(作主语、动词、宾语)

The man, the woman, and the child bought, cooked, and ate the steak, the potatoes, and the broccoli.

6. 由形容词构成一个简单并列结构(作定语,见8.3.4)

John loves a smart, pretty, and rich girl.

7. 由形容词构成一个简单并列结构(作状语,见8.3.5)

John talked gently, slowly, and seriously.

8. 介词短语里由名词构成一个简单并列结构

The company has offices in London, Paris, and New York.

9. 所有格里由名词构成一个简单并列结构

John visited the house of Julia, Susanne, and Mary.

10. 由动词-宾语构成一个复杂并列结构(主语空缺,见8.4.1,8.4.5)

Bob ate an apple, # walked his dog, and # read a paper.

11. 由主语-宾语构成一个复杂并列结构(动词空缺,见8.5.1,8.5.4)

Bob ate an apple, Jim # a pear, and Bill # a peach.

12. 由主语-动词构成一个复杂并列结构(宾语空缺)[①]

Bob bought #, Jim peeled #, and Bill ate the peach.

上面的例子只限于命题内的并列结构,且没有递归修饰语。这就是一个包含命题内函词论元结构和并列结构之间最基本关系的简短而完整的列表。但是,一旦涉及命题间函词论元结构(即从属关系,见第7章),句子里(但不是命题内)并列结构的数量就是开放的——至少理论上是这样。如"The man, who bought an apple, a pear, and a peach, the woman, who read a paper, a novel, and a poem, etc."

8.1.3 中,次标题说明了并列结构的词性。例1、2、4、6、7、8 和9 各包含一个简单并列结构。例10、11 和12 各包含一个复杂并列结构。例3 包含两个简单并列结构,而例5 包含三个。简单并列结构和复杂并列结构[②]之间的区别关系到并列项之间的关系,如下所示:

118

---

① 这个结构也称作"右结点提升(right-node-raising)"。见 Jackendoff(1972);Hudson(1976);和 Sag, Gazdar, Wasow, and Weisler (1985)。

② 简单并列结构和复杂并列结构的说法引自 Greenbaum and Quirk(1990, p. 271 ff)。先天论把简单并列结构称作"成分并列",把复杂并列结构称作"非成分并列"。本书中复杂并列结构又分为主语空缺、动词空缺和宾语空缺三种情况。

8.1.4　对比简单并列关系和复杂并列关系

（i）两个简单并列结构

Bob, Jim, and Bill bought, peeled, and ate the peach.

（ii）一个复杂并列结构

Bob bought #, Jim peeled #, and Bill ate the peach.

这两个例子包含完全一样的词形，但是顺序不同。例（i）包含两个简单并列结构，一个是名词并列结构，另一个是动词并列结构。例（ii）包含一个复杂并列结构，每个并列项分别是一个名词-动词对。例（i）的意思是三个主语作为一个组合进行了三个动作，而例（ii）中，每个主语只做三个动作之中的一个。

关于（并列结构的使用）频率，März（2005）应用 LIMAS 语料库对德语的情况进行了研究。LIMAS 语料库[①]总共有 77500 个句子，其中 27500 个句子包含并列连词"und（and）"、"oder（or）"和"aber（but）"。连词"und"的使用频率最高，出现在 21420 个句子当中。

在所有的并列结构当中，57% 是名词并列，24.3% 是动词并列。25% 的名词并列结构出现在介词短语里（见 8.1.3,8），13% 作主语（见 8.1.3,1），7% 作宾语（见 8.1.3,2），6.5% 出现在所有格当中（见 8.1.3,9）。只有 0.1% 的并列结构出现了缺位现象，但是宾语空缺（见 8.1.3,12）的情况没有出现。所有这些并列结构直观上看都符合语法，且都有可能出现在多种语言当中（如中文、菲律宾语、俄语、格鲁吉亚语、捷克语和韩语）[②]，所以，对于系统的语法分析来说，频率最低的结构类型和频率最高的一样有意义。

---

　　① LIMAS 语料库（Heß, Lenders, et al. 1983）是一个典型的德语平衡语料库，和 Brown 语料库（Kučera and Francis, 1967）相似。
　　② 在此感谢黄晓筠（中国）、Guerly Soellch（菲律宾）、Katja Kalender（俄罗斯）、Sofia Tkemaladze（几内亚）、Marie Hučinova（捷克共和国）和 Soora Kim（韩国）。他们参与了 CLUE（爱尔兰根-纽伦堡大学计算语言学系）关于其母语语法的研讨，并作了很多贡献。

8.2 简单名词并列结构作主语和宾语

包含并列结构的函词论元结构的语法关系可以用一组命题因子来表示（见8.1.1和8.1.2）。我们现在来看下面几个任务：(i)从英语语表(听者模式、理解)出发推导其语义表示；(ii)根据语义表示(说者模式、生成)推导出英语语表。

8.2.1 名词并列（主语）：The man, the woman, and the child slept

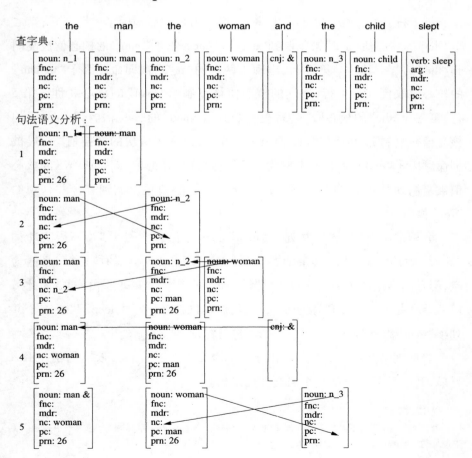

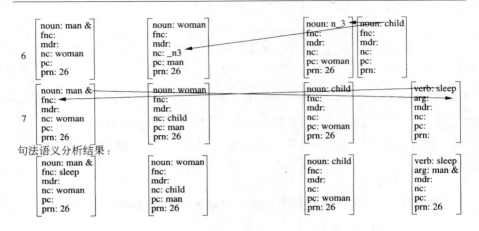

句法语义分析结果：

第 1 行，词命题因子"the"和"man"融合为一个命题因子。第 2 行，第二个"the"的核心值"n_2"被复制到"man"的"nc"槽内，"man"的核心值被复制到"the"的"pc"槽内。第 3 行，出现了两次的"n_2"被词命题因子"woman"的核心值取代。第 4 行，连词的核心值被复制给"man"的核心属性。第 5 行，第三个"the"的核心值"n_3"被复制到"woman"的"nc"槽内，"woman"的核心值被复制到"the"的"pc"槽内。第 6 行，出现了两次的替换值"n_3"被词命题因子"child"的核心值取代。第 7 行，首个并列项，即"man &"的核心值被复制到"sleep"的"arg"槽内，"sleep"的核心值被复制到首个并列项的"fnc"槽内。①

分析结果当中，首个并列项"man"的核心值包含符号"&"，指明动词"sleep"为其"fnc"值。其余的并列项"woman"和"child"的属性"fnc"值为空，但是因为这两个名词通过属性"nc"和"pc"与首个并列项相关联，因此可以从首个并列项命题因子获得"fnc"值。动词命题因子"sleep"只以首个并列项"man"为其"arg"值，用符号"&"进行标识。

要从刚刚推导出来的命题因子集合生成（再生）例句，依据的是 VNNN 导航，其中三个 N 构成一个名词并列结构。

---

① 语表当中逗号的功能不存在歧义，最终应该通过合适的规则用一个词命题因子来表示。关于逗号的助范畴处理见 NEWCAT'86。

8.2.2　生成 The man, the woman and the child slept

	激活序列			实现
i.	V			
	V			
i.1	V	d		d
	V	N		
i.2	V	d nn		d nn
	V	N		
i.3	V	d nn	d	d nn d
	V	N	N	
i.4	fv	d nn	d nn	d nn d nn
	V	N	N	
i.5	fv p	d nn cc	d nn	d nn d nn cc
	V	N	N	
i.6	d nn cc	d nn d		d nn d nn cc d
	N	N N		
i.7	d nn cc	d nn d nn		d nn d nn cc d nn
	N	N N		
i.8	d nn cc	d nn d nn		d nn d nn cc d nn fv
	N	N N		
i.9	d nn cc	d nn d nn		d nn d nn cc d nn fv p
	N	N N		

　　并列连词"cc"在第 i.5 行经由首个并列项词汇化而来。因为实现得晚，121 它出现在倒数第二个并列项和最后一个之间。

　　推导过程中，主语位置的并列关系首先建立，之后再和动词组合，宾语位置的并列结构则跟在动词之后实现。下面以"the man, the woman, and the child bought an apple, a pear and a peach"为例：

8.2.3　作主语和宾语的简单名词并列结构

　　当主语并列结构和动词组合时，连词已经分析过了，标注在首个并列项上，这里是"[noun: man &]"。这样，并列结构当中的哪一个命题因子必须

作动词的属性"arg"值就很清楚了。宾语名词出现时还不能确定是否是一个并列结构。无论是或不是,首个宾语名词都必须作为动词属性"arg"的值。

下面举例说明如何渐进地建立宾语位置上的名词并列关系,例句中的主语是专有名词:

8.2.4　名词并列结构(宾语):John bought an apple,a pear, and a peach

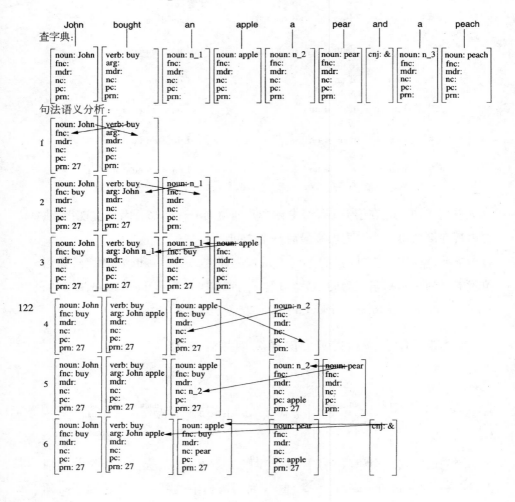

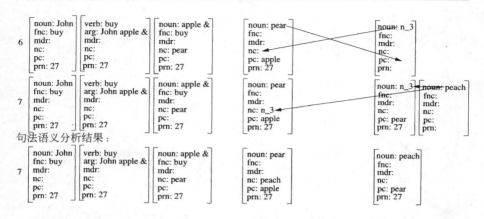

句法语义分析结果：

第 4 行的前三个命题因子和"John bought an apple"的推导过程一样。但是，第四个命题因子出现时，"apple"被当作名词并列结构的首个并列项：复制替换值"n_2"到"apple"的"nc"槽内，同时复制"apple"的核心值到"the"的"pc"槽内，由此建立起词命题因子"the"与"apple"之间的并列关系。该例句推导过程的其余部分与 8.2.1 当中的第 1-6 行主语并列结构的推导过程类似。

分析结果当中，首个名词并列项"apple"的核心值包含连词标记"&"，其属性"fnc"的值是动词"buy"的核心值（与 8.2.1 主语并列结构相似）。其余的名词并列项"pear"和"peach"的属性"fnc"值为空，但是可以从首个并列项获得。动词命题因子的属性"arg"值包含作宾语的首个名词并列项的核心值，这个值后面的符号"&"表示还有其他并列项存在，起到了方便查询的作用。

根据 VNNNN 导航从刚刚得到的语义表示生成（再生）上述例句的情况如下图所示。最后的三个 N 构成一个名词并列结构。

8.2.5　生成 John bought an apple，a pear，and a peach

123

激活序列		实现
i.		
	V	
i.1	n	n
	V N	

i.2	fv n			n fv
	V N			
i.3	fv n	d		n fv d
	V N	N		
i.4	fv n	d nn		n fv d nn
	V N	N		
i.5	fv n	d nn	d	n fv d nn d
	V N	N		
i.6	fv n	d nn	d nn	n fv d nn d nn
	V N	N	N	
i.7	fv n	d nn cc	d nn	n fv d nn d nn cc
	V N	N	N	
i.8	fv n	d nn cc	d nn d	n fv d nn d nn cc d
	V N	N	N N	
i.9	fv n	d nn cc	d nn d nn	n fv d nn d nn cc d nn
	V N	N	N N	
i.10	fv p n	d nn cc	d nn d nn	n fv d nn d nn cc d nn p
	V N	N	N N	

和 8.2.2 一样,并列连词"cc"由首个并列项词汇化而来,这里出现在第 i.7 行。

8.3 动词和形容词的简单并列结构

名词并列结构的首个并列项作动词属性"arg"的值(见 8.2.3),反过来,动词并列结构的首个并列项要作名词属性"fnc"的值。动词并列结构和名词并列结构的语法关系有些部分是相反的,这一点可以通过下面的二价动词并列结构中标记"&"的分布情况看出来。

8.3.1 二价动词并列结构

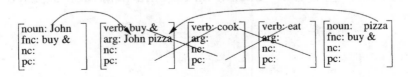

这个例子的时间线性推导过程如下:

8.3.2　动词并列：John bought, cooked, and ate the pizza

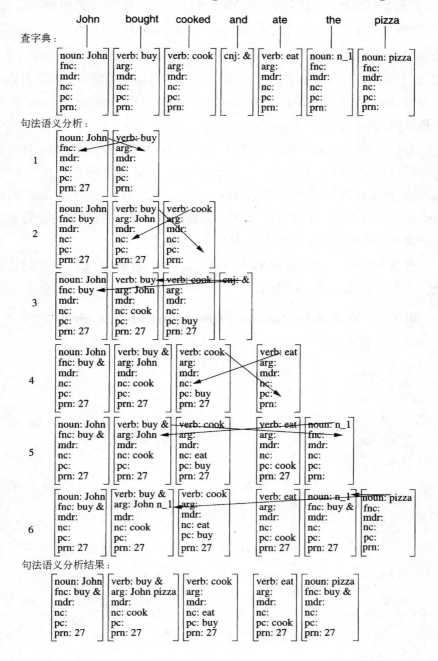

第 2 行,第二个动词出现,作为并列项与第一个动词相关联,方法是复制 "buy" 的核心值到 "cook" 的 "pc" 槽内,同时复制 "cook" 的核心值到 "buy" 的 "nc" 槽内。[①] 第 3 行,连词标记 "&" 被赋给首个动词并列项 "buy" 的核心属性和主语 "John" 的属性 "fnc"。第 4 行,第三个动词并列项 "eat" 出现。第 5 行,首个动词并列项 "buy &" 的核心值被复制到宾语开始部分,即冠词 "the" 的属性 "fnc" 槽内。第 6 行,出现了两次的 "n_1" 被词命题因子 "pizza" 的核心值取代,词命题因子 "pizza" 不输出到下一步。

分析结果当中,首个动词并列项 "buy" 的核心值包含标记 "&",其属性 arg 的值为名词 "John" 和 "pizza"。其余并列项 "cook" 和 "eat" 的属性 "arg" 的值为空,但是可以从首个并列项获得。名词命题因子 "John" 和 "pizza" 只以首个动词并列项为其属性 "fnc" 的值。该值带有标记 "&",从而方便在查询时提取首个并列项以外的其他并列项。

根据 VNVVN 导航从刚刚得到的语义表示生成(再生)该例句的过程如下。三个 V 构成动词并列结构。

8.3.3　生成 John bought, cooked, and ate the pizza

	激活序列				实现
i					
	V				
i.1	n				n
	V	N			
i.2	fv	n			n fv
	V	N			
i.3	fv	n	fv		n fv fv
	V	N	V		
i.4	fv cc	n	fv		n fv fv cc
	V	N	V		
i.5	fv cc	n	fv	fv	n fv fv cc fv
	V	N	V	V	
i.6	fv cc	n	fv	fv d	n fv fv cc fv d
	V	N	V	V N	
i.7	fv cc	n	fv	fv d nn	n fv fv cc fv d nn
	V	N	V	V N	
i.8	fv cc p	n	fv	fv d nn	n fv fv cc fv d nn p
	V	N	V	V N	

---

① 如前所述,为简便起见,此处省略关于逗号的处理部分。

直到第 i.2 行,推导过程和没有动词并列结构的句首,如"John bought"的推导过程相同。但是,当导航从"John"回到"buy",连词标记(见 8.3.2 结果)促成动词并列结构。命题因子"eat"的属性"nc"值为空表示并列结构结束,LA-speak 语法要利用首个并列项"buy"核心值当中的标记"&"对这个并列结构进行词汇化操作。

最后,我们来讨论第三个基本词性,即形容词(修饰语①)的并列结构。[126]简便起见,这里省略语表的时间线性理解和生成过程,只着重分析如何把语法关系编码为命题因子这一语义表示形式。

下面是作定语的形容词并列结构的语义表示:

8.3.4　定语并列：John loves a smart, pretty, and rich girl

$$
\begin{bmatrix} \text{noun:John} \\ \text{fnc:love} \\ \text{mdr:} \\ \text{nc:} \\ \text{pc:} \\ \text{prn:21} \end{bmatrix}
\begin{bmatrix} \text{verb:love} \\ \text{arg:John girl} \\ \text{mdr::} \\ \text{nc:} \\ \text{pc:} \\ \text{prn:21} \end{bmatrix}
\begin{bmatrix} \text{noun:girl} \\ \text{fnc:love} \\ \text{mdr:smart\&} \\ \text{nc:} \\ \text{pc:} \\ \text{prn:21} \end{bmatrix}
\begin{bmatrix} \text{adj:smart\&} \\ \text{mdr:B} \\ \text{mdd:B} \\ \text{nc:pretty} \\ \text{pc:} \\ \text{prn:21} \end{bmatrix}
\begin{bmatrix} \text{adj:pretty} \\ \text{mdr:B} \\ \text{mdd:} \\ \text{nc:rich} \\ \text{pc:smart} \\ \text{prn:21} \end{bmatrix}
\begin{bmatrix} \text{adj:rich} \\ \text{mdr:B} \\ \text{mdd:} \\ \text{nc:} \\ \text{pc:pretty} \\ \text{prn:21} \end{bmatrix}
$$

首个形容词并列项"smart"的核心值包含连词标记"&",其属性"mdd"的值是被修饰语(这里是名词 girl)的核心值。其余两个形容词并列项"pretty"和"rich"的属性"mdd"的值为空,但是可以从首个形容词并列项获得。被修饰的名词命题因子"girl"的属性"mdr"槽内包含连词标记"&",且只有首个形容词并列项出现。英语中,单个词作定语时往往构成一个短语,所以说者-听者似乎更倾向于修饰语递归(见 6.3.1),而不是并列结构。

下面看一下形容词并列结构作状语的情况:

---

①　修饰语并列和修饰语递归相对(见 6.3),后者属于函词论元结构。

8.3.5 状语并列：John talked slowly, gently, and seriously

$$
\begin{bmatrix} \text{noun:John} \\ \text{fnc:talk} \\ \text{mdr:} \\ \text{nc:} \\ \text{pc:} \\ \text{prn:29} \end{bmatrix}
\begin{bmatrix} \text{verb:talk} \\ \text{arg:John} \\ \text{mdr:slow\&} \\ \text{nc:} \\ \text{pc:} \\ \text{prn:29} \end{bmatrix}
\begin{bmatrix} \text{adj:slow\&} \\ \text{mdr:B} \\ \text{mdd:talk} \\ \text{nc:gentle} \\ \text{pc:} \\ \text{prn:29} \end{bmatrix}
\begin{bmatrix} \text{adj:gentle} \\ \text{mdr:B} \\ \text{mdd:} \\ \text{nc:serious} \\ \text{pc:slow} \\ \text{prn:29} \end{bmatrix}
\begin{bmatrix} \text{adj:serious} \\ \text{mdr:B} \\ \text{mdd:} \\ \text{nc:} \\ \text{pc:gentle} \\ \text{prn:29} \end{bmatrix}
$$

第一个形容词命题因子"slow"的核心值包含连词标记"&"，其属性 mdd 的值 j 是被修饰语（这里是动词 talk）的核心值。其他形容词并列项的属性"mdd"的值为空，但是可以从首个并列项获得。被修饰的命题因子"talk"只以首个并列项为其属性"mdr"的值，但是带有标记"&"。

8.4 动词和形容词的复杂并列关系：主语空缺

关于带复杂并列关系（缺位结构）的命题，我们先从主语空缺的例子开始："Bob ate an apple, walked his dog, and read the paper."这句话也可以看作是带两个简单并列结构的平行结构（见 8.1.4）："Bob ate, walked, and read an apple, his dog, and the paper."显然，必须把简单并列关系分析和复杂并列关系分析区别开来：

8.4.1 Bob ate an apple, # walked his dog, and # read a paper

虽然复杂，但这个例子只包含一个并列关系，其动宾并列项为"eat-apple"、"walk-dog"和"read-paper"。每个并列项中的两个命题因子之间通过值的复制来建立联系，即把动词的核心值（如"walk"）复制到宾语的"fnc"槽内，再把宾语（如"dog"）的核心值复制到动词属性"arg"值的第二个位置；动词（如"walk"）的属性"arg"的值的第一个位置用"#"来占位，表明"dog"是宾语。

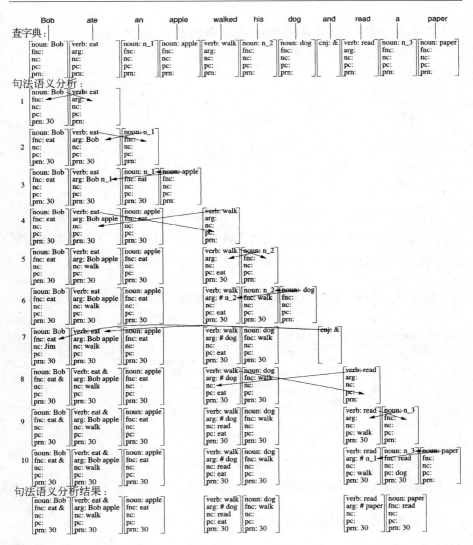

我们可以把 8.4.1 的结构和与之相关的简单并列结构对比一下。首先，¹²⁸在不改变句子的语法结构的前提下，把上面例句里的一些单词换一换，这样得到一个新的句子："Bob bought an apple, peeled a pear, and ate a peach."这个句子所包含的单词和另一句"Bob bought, peeled, and ate an apple, a pear, and a peach.（两个简单并列关系）"所包含的单词完全相同。句子里复杂并列项之间的语法关系如下图所示：

8.4.2 复杂动宾并列结构当中各并列项的内部语法关系

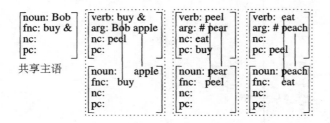

并列项内部关系如纵向直线所示。三个虚线框内是三个不同的并列项。

（i）共同主语和首个并列项的外部关系以及（ii）并列项之间的关系如下图所示。命题因子和 8.4.2 相同，与 8.4.1 的结果相对应。

8.4.3 复杂动宾并列关系的外部语法关系

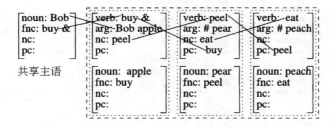

构成复杂并列关系的各个并列项都被圈在同一个大虚线框内。

下面对比看一下相关的两个简单并列结构的语法关系：

8.4.4 动宾简单并列关系

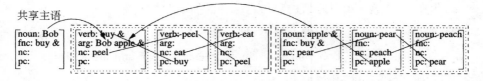

129   "Bob bought, peeled and ate an apple, a pear, and a peach." 的语义表示当中，有两个简单并列结构，分别在两个大的虚线框内，一个是动词，另一个是

宾语。为了和 8.4.2 进行对比,各并列项又分别圈在小的虚线框内。

和 8.4.2 以及 8.4.3 中的复杂并列项不同,8.4.4 的并列项命题因子"peel"和"eat"的属性"arg"的值为空,并列项命题因子"pear"和"peach"的属性"fnc"的值也为空。但是这些值都可以分别从首个并列项"buy"和"apple"获得。复杂的动宾并列结构当中,动词和宾语的个数必须相等,简单并列结构中没有这样的限制。

根据 8.4.2 和 8.4.3 的语法关系,8.4.1 的复杂并列结构的语表可以通过 VNNVNVN 导航来生成:

8.4.5 生成"Bob ate an apple, walked his dog, and read a paper"

```
       激活序列                                            实现
i
       V
i.1            n                                          n
       V       N
i.2    fv      n                                          n fv
       V       N
i.3    fv      n    d                                     n fv d
       V       N
i.4    fv      n    d  nn                                 n fv d nn
       V       N  N
i.5    fv      n    d  nn  fv                             n fv d nn fv
       V       N  N   V
i.6    fv      n    d  nn  fv  d                          n fv d nn fv d
       V       N  N   V  N
i.7    fv      n    d  nn  fv  d  nn                      n fv d nn fv d nn
       V       N  N   V  N
i.8    fv cc   n    d  nn  fv  d  nn                      n fv d nn fv d nn cc
       V       N  N   V  N
i.9    fv cc   n    d  nn  fv  d  nn  fv                  n fv d nn fv d nn cc fv
       V       N  N   V  N   V
i.10   fv cc   n    d  nn  fv  d  nn  fv  d               n fv d nn fv d nn cc fv d
       V       N  N   V  N   V  N
i.11   fv cc   n    d  nn  fv  d  nn  fv  d  nn           n fv d nn fv d nn cc fv d nn
       V       N  N   V  N   V  N
i.12   fv cc p n    d  nn  fv  d  nn  fv  d  nn           n fv d nn fv d nn cc fv d nn p
       V       N  N   V  N   V  N
```

130　　　直到第 i.4 行,推导过程和没有并列结构的"Bob ate an apple."的推导过程一样。但是,当导航从"apple"回到"eat",动词的连词标记"&"促使复杂动宾并列结构生成。

8.5　主语和宾语的复杂并列结构:动词空缺

第二种复杂的并列结构是主语-宾语并列项共享一个动词(动词空缺)。我们举一个和 8.4.1 不同的例子,这个例句能够重新建构为意义合理的简单并列结构。带复杂并列结构的句子是"Bob ate an apple,Jim a pear,and Bill a peach."带两个简单并列结构的平行句是"Bob,Jim,and Bill ate an apple,a pear,and a peach."

8.5.1　动词空缺"Bob ate an apple,Jim # a pear,and Bill # a peach"

这个例句当中的并列结构包含三个复杂的主语-宾语并列项,即"Bob-apple"、"Jim-pear"和"Bill-peach"。复杂并列项内部和彼此之间的语法关系如下图所示:

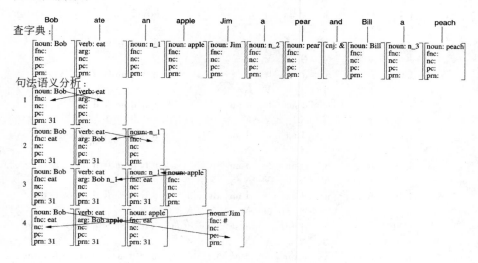

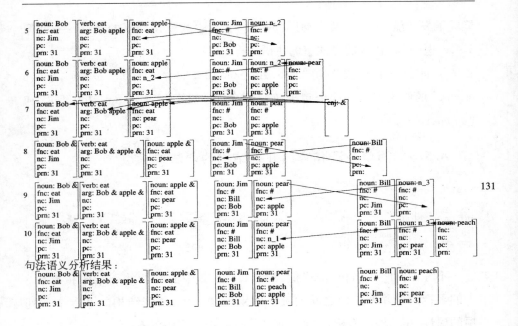

句法语义分析结果：

131

8.5.2 复杂主宾并列项的语法关系

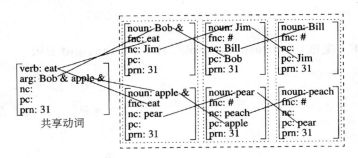

共享动词

三个复杂并列项分别圈在三个小的虚线框内，它们共同构成一个大的并列结构，圈在一个大的虚线框内。

非首个主语空缺并列项（如"read-paper"，见 8.4）的各个组成部分能够通过动词的属性"arg"的值和名词的属性"fnc"的值很自然地关联在一起。但是，作为动词空缺并列项的两个名词（如"Bill-peach"）之间，不可能通过这种方式来建立联系。这两个名词之间必须经由共享的动词来建立关联。首个并列项以外的名词命题因子的属性"fnc"槽内有一个标记"#"，这个标记能够触发导航,去遍历共享动词,因为它所代表的就是共享的动词——就像 8.4.3 里的"#"代表的是共享的主语一样。

下面看一下相关例句"Bob, Jim, and Bill ate an apple, a pear, and a peach."的语法关系。这个句子包含两个简单并列结构:"Bob, Jim, Bill"和 "apple, pear, peach"。

8.5.3 简单主语和宾语并列结构的语法关系

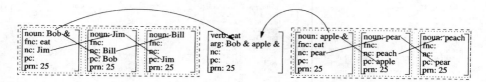

132　　不考虑空间布局和"prn"值,8.5.1/8.5.2 中的复杂并列结构和 8.5.3 中的平行简单并列结构之间的唯一区别就是:复杂并列结构的非首个并列 项的属性"fnc"槽内有标记"#",而简单并列结构当中没有。

根据 8.5.2 所示的语法关系,8.4.1 的复杂并列关系的语表由 VNNNNNN 导航生成,其中六个 N 构成三个主宾并列项:

8.5.4 生成"Bob ate an apple, Jim a pear, and Bill a peach"

	激活序列					实现
i						
	V					
i.1		n				n
	V	N				
i.2	fv	n				n fv
	V	N				
i.3	fv	n	d			n fv d
	V	N	N			
i.4	fv	n	d nn			n fv d nn
	V	N	N			
i.5	fv	n	d nn	n		n fv d nn n
	V	N	N	N		
i.6	fv	n	d nn	n	d	n fv d nn n d
	V	N	N	N	N	

	C1	C2	C3	C4	C5	C6	C7		派生
i.7	fv	n	d nn	n	d nn				n fv d nn n d nn
	V	N		N	N				
i.8	fv cc	n	d nn	n	d nn				n fv d nn n d nn cc
	V	N		N	N				
i.9	fv cc	n	d nn	n	d nn	n			n fv d nn fv d nn cc n
	V	N		N	N	N			
i.10	fv cc	n	d nn	n	d nn	n	d		n fv d nn n d nn cc n d
	V	N		N	N	N	N		
i.11	fv cc	n	d nn	n	d nn	n	d nn		n fv d nn n d nn cc n d nn
	V	N		N	N	N	N		
i.12	fv cc p	n	d nn	n	d nn	n	d nn		n fv d nn n d nn cc n d nn p
	V	N		N	N	N	N		

　　直到第 i.4 行,推导过程和没有复杂并列结构的"Bob ate an apple"相似。之后,名词命题因子"Jim"的属性"fnc"槽内的标记"#"代表共享的动词,促生复杂主宾并列结构。

8.6　主语和动词的复杂并列结构:宾语空缺

133

　　第三类复杂并列结构是指主语–动词并列项共享宾语(宾语空缺)[1]。看下面听者模式下的推导过程:

8.6.1　宾语空缺:"Bob bought #,Jim peeled #,and Bill ate the peach"

　　这个复杂并列结构包含三个主语–宾语并列项"Bob-buy"、"Jim-peel"和"Bill-eat"。首个并列项以外的两个命题因子之间相互关联,建立关联的方式是复制动词(如"eat")的核心值到主语的"fnc"槽内,再复制主语的核心值到动词属性"arg"槽内的第一个位置,如"Bill"。"arg"槽内的第二个位置由"#"占位,表明另一个实值是主语。

---

　　① 这个结构也称作"右结点提升",这个术语来自数据库语义学以外的方法。先天论关于空缺的论述见 Van Oirsouw (1987)。

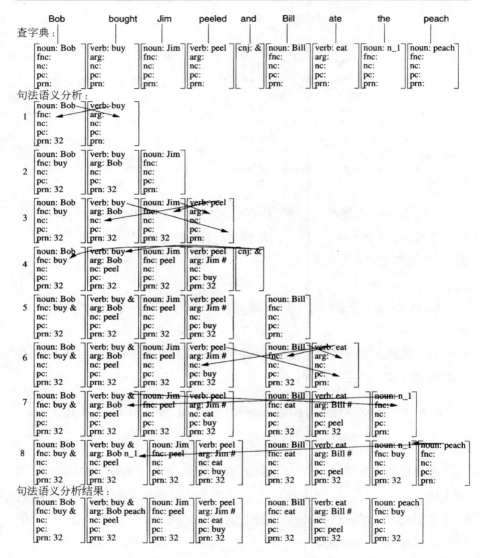

134　　让我们一步一步来看一下推导过程。第2行,当第二个主语"Jim"出现时,它无法和其他命题因子建立关联,因此形成悬挂(见7.6)。到第2行,第二个动词"peel"出现,它同时和"Jim"(并列项内关系),以及第一个动词"buy"(并列项间关系)建立起双向关联。因为"Jim"是主语-动词并列结构的开始,而不是一个宾语,所以"peel"的属性"arg"的第二个值标记为"#",表示宾语空缺。

第 4 行,连词标记出现在"Bob"的属性"fnc"槽内以及第一个动词的核心值内,表明"buy"是首个并列项(的头词)。第 5 行,"Bill"作为第三个并列项的头词出现,形成另一个悬挂。第 6 行,"eat"和"Bill"之间的关联建立(并列项内关系),同时和"peel"建立起联系(并列项间关系)。因为"Bill"是主语–动词并列结构的头词,所以"eat"的属性"arg"的第二个值标记为"#",表示宾语空缺。最后在第 7 行和第 8 行,宾语"peach"与首个并列项的动词之间建立起联系。

分析之后得到的语法关系概述如下:

8.6.2 复杂主语–动词并列结构的语法关系

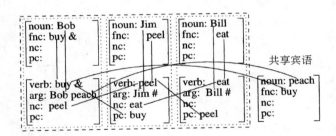

由于每个复杂并列项的两个部分之间存在着函词论元关系,宾语空缺看起来和主语空缺而不是动词空缺更为相似。

带有两个简单并列结构的平行句"Bob, Jim, and Bill bought, peeled, and ate the peach."的语法关系如下所示:

8.6.3 简单主语和动词并列结构的语法关系

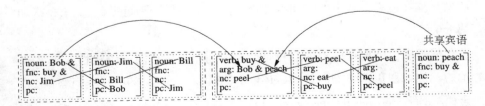

　　根据 8.6.2 所示的语法关系,8.6.1 的复杂并列结构的语表由 VNVNVNN 导航生成,其中,VNVNVN 序列构成复杂主语-动词并列结构的三个并列项:

8.6.4　生成"Bob bought, Jim peeled, and Bill ate the peach"

	激活序列							实现
i	V							
i.1		n						n
	V	N						
i.2	fv	n						n fv
	V	N	V					
i.3	fv	n	fv	n				n fv n
	V	N	V	N				
i.4	fv	n	fv	n				n fv n fv
	V	N	V	N				
i.5	fv cc	n	fv	n				n fv n fv cc
	V	N	V	N	V			
i.6	fv cc	n	fv	n	fv	n		n fv n fv cc n
	V	N	V	N	V	N		
i.7	fv cc	n	fv	n	fv	n		n fv n fv cc n fv
	V	N	V	N	V	N		
i.8	fv cc	n	fv	n	fv	n	d	n fv n fv cc n fv d
	V	N	V	N	V	N	N	
i.9	fv cc	n	fv	n	fv	n	d	n fv n fv cc n fv d nn
	V	N	V	N	V	N	N	
i.10	fv cc p	n		n		n	d nn	n fv n fv cc n fv d nn p
	V	N		N		N	N	

8.6.1 的这个结构在听者模式下的时间线性推导过程中有两处悬挂,这两处悬挂在说者模式下的时间线性推导过程中一样清晰可见(见第 i.3 行和第 i.6 行)。

　　尽管缺位结构在语料库当中的比例很小,但是它们的语法性是非常清楚的。例如,"Bob bought, Jim peeled, and Bill ate the peach."(宾语空缺)符合语法,而"Bob bought the peach, Jim peeled, and Bill ate."就不符合语法。因此,分析听者模式下语法关系的时间线性建构(理解)和说者模式下通过沿着这些语法关系进行时间线性导航而生成语表(生成)的过程,有益于判断人类认知过程中哪种内容编码是可能的,哪种是不可能的。

　　例如,把没有内部函词论元关系的几个并列项联系在一起的复杂主语-宾语并列结构(动词空缺,见 8.5)就很值得一提。并列项之间通过属性 136 "nc"和"pc"关联起来,加上首个并列项内部的函词论元关系,这些信息足够用来在首个并列项之外的命题因子之间建立必要的语法关系(见 8.5.2)。幸运的是,基于格式匹配的 LA 语法规则很适合在不增加计算复杂度的前提下正确处理这些关系。

　　句子内部的并列关系(也就是,并列项 1,并列项 2,…并列项 n-1,连词,并列项 n)这样的结构在世界上的很多语言当中都存在[①](不考虑句内标点),这一点很重要。但也必须看到这样一个事实:当函词论元关系出现在复杂名词短语或者复杂动词短语的内部结构中时,以及涉及语序和一致性问题时,各种语言之间的差异还是很大的(见 Nichola 1992)。

---

　　① 除英语、德语、法语、意大利语和西班牙语之外,还有捷克语、俄语、几内亚语、汉语、韩语和菲律宾语。

9. 命题间并列关系

命题间并列关系发生在按时间先后顺序出现的命题(如 3.1.1)之间。语言层的命题间并列关系可能发生在一个句子之内,如"Julia sleeps and John sings.(复杂句)",也可能发生在句子之外,如"Julia sleeps. John sings.(一个语篇或者一段对话当中接连出现的句子之间)"。句内命题间并列关系需要连词,如"and"。这个连词出现在最后两个并列项之间。发生句外并列关系时,只要句子相继出现就够了;如果有并列连词,那么连词出现在句子并列项之前。

9.1 概 述

在数据库语义学当中,命题之间的并列关系通过动词命题因子的属性"nc"和"pc"来表现。下面这组命题因子是句子"Julia sang. Then Sue slept. John read."的语义表示:

9.1.1 相连命题之间的语法关系

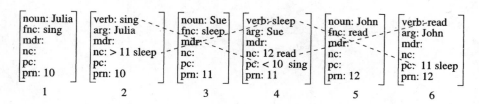

这一组命题因子当中没有一个带有连词标记"&"。这是因为,任何一个函词论元关系当中都没有出现并列结构,也就没有必要把首个并列项和其他并列项区分开来(见 8.1.2)。因为并列关系发生在句子之外,相关命题因子的属性"nc"和"pc"的值前面带有关联命题的编号,由此来体现命题间并列关系,如第 6 个命题因子当中的"[pc:11 sleep]"。

句外并列结构也可能出现连词,这个连词体现在属性"nc"和"pc"槽内(句内并列结构必须有连词,体现在核心值上)。例如,9.1.1 里的并列连词"then",根据连接的方向分别用符号" < "或者" > "来表示,这个符号出现在命题编号之前,如第 2 个命题因子当中的"[nc: > 11 sleep]"和第 4 个命题因子当中的"[pc: <10 sleep]"。

命题内动词并列结构(见 8.3.2)和命题间并列结构可能会组合在一起 [138] 出现,因此,这两个结构必须能够互相兼容。命题内连词出现时,首个并列项的属性"pc"不获得新值,同时,最后一个并列项的属性"nc"也不获得新值。这样,这两个属性就可以用来体现命题间并列关系了。

我们举个例子:"Sue slept. John bought, cooked, and ate a pizz. Julia sang."这个例子当中包含三个命题间的句外的并列关系,其中,中间的句子又包含一个命题内的动词的并列关系。

9.1.2　命题内和命题间并列结构组合

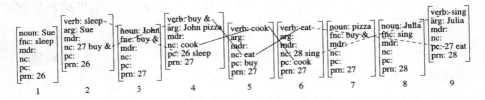

命题间并列关系用虚线表示,命题内并列关系用实线表示。

把第 2 个命题因子的核心值"sleep"复制到第 4 个命题因子的属性"pc"槽内,同时把第 4 个命题因子的核心值"buy &"复制到第 2 个命题因子的属性"nc"槽内,这样就建立起第一个命题,也就是编号为 26 的命题,和第二个命题,也就是编号为 27 的命题之间的联系。这时,第 4 个命题因子(即第二个命题当中的"buy")的"nc"值不再为空。但是第 4 个命题因子仍然是一个命题内动词并列结构的首个并列项,因为(i)它的核心值后面跟着一个连词标记("[verb:buy &]"),(ii)它的"pc"值带有一个命题编号("[pc:26

sleep]"），这个编号代表有命题间关系存在。

相应地，把第 9 个命题因子的核心值"sing"复制给第 6 个命题因子，也就是最后一个动词并列项的属性"nc"，同时把第 6 个命题因子的核心值"ear"复制给第 9 个命题因子的属性"pc"，由此建立起第 27 号命题和第 28 号命题之间的联系。尽管属性"nc"的值不为空，但第 6 个命题因子仍然是最后一个命题内并列项，因为它的属性"nc"的值带有一个命题编号（"[nc: 28 sing]"），这个编号代表有命题间关系存在。

9.2　理解和生成命题间并列关系

第 6—8 章所讨论的任何一个内部结构都可能成为命题间并列关系的构成成分，具体的构成情况复杂程度不一：构成命题间并列关系的并列项中的每一个都可能是一个命题内或者命题间函词论元结构，这个函词论元结构中的动词可以是一价、二价或者三价动词，该结构还可能包含各种定语或者状语形容词，以及各种或简单或复杂的命题内并列结构。不管怎样，函词论元结构在语言层总是句内的，而并列关系可能发生在句内，也可能发生在句外。

139　　数据库语义学当中，句内和句外并列结构之间的区别很简单，从语表上就可以直接判断：如果两个连续出现的句子中的第一个以"."""?"或者"!"等句末标点符号结束，那么这个并列结构就是句外的；如果第一个句子后面跟着一个并列连词，如"and""or"或者"but"，那么这个并列结构就是句内的。表示句外并列项的动词命题因子当中，标点符号不但用来表示句子的语气，而且被看作是命题外连词的一种默认类型。不过，这种命题外连词不要求在属性"nc"或者"pc"的值上做任何标记。

下面举例说明如何在听者模式下和说者模式下按照时间线性顺序来处理简单的句外并列结构：

9.2.1　推导"Julia slept.　John sang."

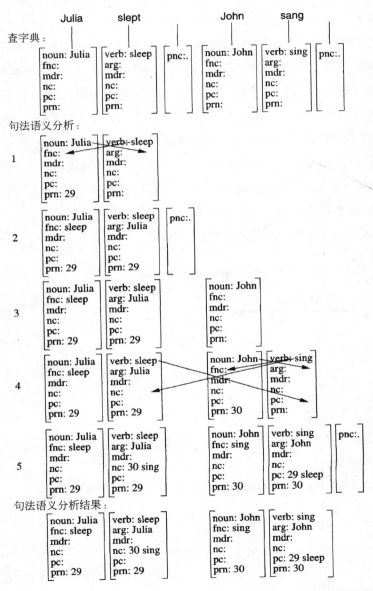

　　第2行,"pnc(标点)"命题因子的值". "用来在动词命题因子中指明句 140
子的陈述语气(这里没有标注,见11.5.2);作为命题外连词的默认类型,该标点的核心值没有加到"sleep"的属性"nc"槽内。第 3 行出现了悬挂（见7.6.1 ff.）：第二个句子的主语出现，但是没有和前面出现的命题因子建立任何联系。

第 4 行出现了两组值复制的情况。第一组是为表现"John sings"的函词论元结构："John"被复制到命题因子"sing"的"arg"槽内，同时"sing"被复制到命题因子"John"的"fnc"槽内。第二组复制是为了补偿第 3 行出现的悬挂："sleep"被复制到命题因子"sing"的属性"pc"槽内，"sing"被复制到"sleep"的属性"nc"槽内，由此建立起命题间关系。

就这样，即使没有明确的连词，这两个句子之间也建立了命题间关系：第一个句子的"nc"值包含第二个句子的命题编号和动词命题因子的核心值，而第二个句子的"pc"值则指向第一个句子的相应值。

要生成上述例句，需要经过 VNVN 导航，图示如下：

9.2.2　生成"Julia slept.　John sang."

	激活序列				实现
1					
	V				
1.1	n				n
	V	N			
1.2	fv	n			n fv
	V	N			
1.3	fv p	n			n fv p
	V	N	V		
2.1	fv p	n	fv	n	n fv p n
	V	N	V	N	
2.2	fv p	n	fv p	n	n fv p n fv
	V	N	V	N	
2.3	fv p	n		n	n fv p n fv p
	V	N		N	

LA-think 首先从 V 过渡到 N，LA-speak 生成第 1.1-1.3 行的抽象语表"n fv p"。由此，句末标点得以词汇化，在动词命题因子中标明句子语气。接下来，LA-think 遍历第二个 VN 命题因子序列，LA-speak 在此基础上生成第2.1－2.3 行的第二个抽象语表"n fv p"。第 2.1 行出现悬挂，情况和 7.6.2

的相似。处理命题间并列关系的 LA-hear，LA-think，和 LA-speak 的明确定义见第 11 章和第 12 章。

9.3　简单并列结构作句子论元和修饰语

第 8 章的并列结构分析只讨论了命题内函词论元结构，如"the man，the woman，and the child slept（简单并列，见 8.2.1）"和"the man bought，the woman peeled，and the child ate the peach（复杂并列结构，宾语空缺，见 8.6.1）"。现在来看一下如何把并列关系融入命题间函词论元结构。

这一部分从简单并列结构开始系统地讨论第 7 章分析过的结构，即（i）句子作主语、（ii）句子作宾语、（iii）主语空缺的句子作定语（关系从句，头词作主语）、（iv）宾语空缺的句子作定语（关系从句，头词作宾语），以及（v）句子作状语。

第 7 章和第 8 章已经分别讨论了听者和说者模式下的命题间函词论元结构和命题内并列关系的推导过程，所以下面的分析只强调语义表示。作为命题因子，这些语义表示在定义上是无序的。但是，它们需要一定的空间布局，所以我们在这里参照相关语言的语表顺序来安排这些命题因子，希望能尽可能清晰地表现并列结构和命题间函词论元关系。

9.3.1　句子论元的简单并列关系之一
　　　　　　（主语从句，见 7.2，8.2.1，8.2.2）

1. 名词并列结构作主语从句的主语：

That the man，the woman，and the child slept surprised Mary.

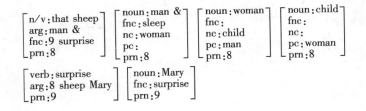

经由"n/v"命题因子"sleep"的特征"[fnc:9 surprise]"和动词命题因子"surprise"的特征"[arg:8 sleep Mary]",主语从句"that the man…slept"和主句"#surprised Mary"之间的语法关系得以建立。删除(i)标记"&"、(ii)非首个并列项命题因子"woman"和"child",以及(iii)首个并列项命题因子"man"的属性"nc"的值"woman",上述例句就转变成了一个没有并列结构的句子。

142

2. 主语从句中的动词并列结构:

That the man bought, cooked, and ate the pizza surprised Mary.

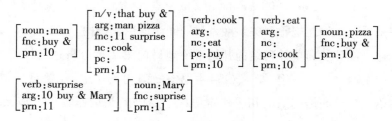

经由"n/v"命题因子"buy"的特征"[fnc:11 surprise]"和上一级动词命题因子"surprise"的特征"[arg:10 buy & Mary]",主语从句"that the man bought…the pizza"和主句"#surprised Mary"之间的语法关系得以建立。连词标记"&"的存在,保证了从下一级主语和宾语,以及上一级命题动词命题因子的"arg"值向首个并列项以外的其他并列项转移的可能性。删除(i)标记"&"标、(ii)非首个并列项"cook"和"eat",以及(iii)首个并列项命题因子"buy"的属性"nc"的值"cook",上述例句就转变成了一个没有并列关系的句子。

3. 名词并列结构作主语从句的宾语:

That Bob ate an apple, a pear, and a peach, surprised Mary.

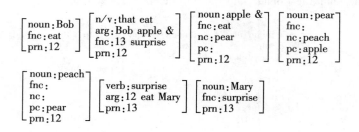

经由"n/v"命题因子"buy"和特征"［fnc:13 surprise］"和上一级动词命题因子"surprise"的特征"［arg:12 eat Mary］"，主语从句"that Bob ate an apple…"和主句"# surprised Mary"之间的语法关系得以建立。删除(i)标记"&"标、(ii)非首个并列项"pear"和"peach"，以及(iii)首个并列项命题因子"apple"的属性"nc"的值"pear"，上述例句就转变成了一个没有并列关系的句子。

9.3.2　句子论元中的简单并列结构之二
（宾语从句，见 7.3,8.2.4,8.2.5）

下面三个例句和 9.3.1 中的例句之间的重要区别在于上一级动词命题因子（"surprise"、"see"）的"arg"值的顺序相反。9.3.1(1)是"［arg:8 sleep Mary］"（主语从句），而 9.3.2 (1)是"［arg:Mary 15 sleep］"（宾语从句）；9.3.1(2)是"［arg:10 buy & Mary］"，而 9.3.2(2)是"［arg:Mary 17 buy &］" [143]（宾语从句）;9.3.1(3)是"［arg:12 buy Mary］"（主语从句），而 9.3.2(3)是"［arg:Mary 19 buy］"（宾语从句）。

1. 名词并列结构作宾语从句的主语：

Mary saw that the man,the woman and the child slept.

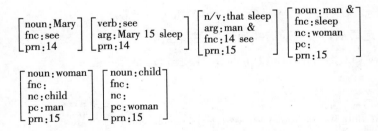

2. 宾语从句中的动词并列结构：

Mary saw that the man bought,cooked,and ate the pizza.

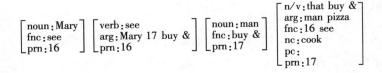

$$
\begin{bmatrix} \text{verb:cook} \\ \text{arg:} \\ \text{nc:eat} \\ \text{pc:buy} \\ \text{prn:17} \end{bmatrix}
\begin{bmatrix} \text{verb:eat} \\ \text{arg:} \\ \text{nc:} \\ \text{pc:cook} \\ \text{prn:17} \end{bmatrix}
\begin{bmatrix} \text{noun:pizza} \\ \text{fnc:buy \&} \\ \text{prn:17} \end{bmatrix}
$$

3. 名词并列结构作宾语从句的宾语:

Mary saw that Bob bought an apple, a pear, and a peach.

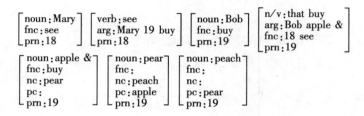

$$
\begin{bmatrix} \text{noun:Mary} \\ \text{fnc:see} \\ \text{prn:18} \end{bmatrix}
\begin{bmatrix} \text{verb:see} \\ \text{arg:Mary 19 buy} \\ \text{prn:18} \end{bmatrix}
\begin{bmatrix} \text{noun:Bob} \\ \text{fnc:buy} \\ \text{prn:19} \end{bmatrix}
\begin{bmatrix} \text{n/v:that buy} \\ \text{arg:Bob apple \&} \\ \text{fnc:18 see} \\ \text{prn:19} \end{bmatrix}
$$

$$
\begin{bmatrix} \text{noun:apple \&} \\ \text{fnc:buy} \\ \text{nc:pear} \\ \text{pc:} \\ \text{prn:19} \end{bmatrix}
\begin{bmatrix} \text{noun:pear} \\ \text{fnc:} \\ \text{nc:peach} \\ \text{pc:apple} \\ \text{prn:19} \end{bmatrix}
\begin{bmatrix} \text{noun:peach} \\ \text{fnc:} \\ \text{nc:} \\ \text{pc:pear} \\ \text{prn:19} \end{bmatrix}
$$

和 9.3.1 类似,上述例句经过相应的简化,也可以转变为没有并列结构的命题。

9.3.3　句子修饰语中的简单并列结构之一
（定语从句/主语空缺的关系从句,见 7.4,8.3.2,8.3.3）

1. 名词并列结构作定语从句的主语,主语空缺:结构上空缺:

主语空缺的关系从句不能有主语并列结构,因为空缺部分(在英语里用关系代词来表示)不成构成名词并列结构的组成部分。

144

2. 定语从句中的动词并列结构,主语空缺:

Mary saw the man who bought, cooked, and ate the pizza.

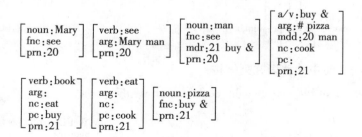

$$
\begin{bmatrix} \text{noun:Mary} \\ \text{fnc:see} \\ \text{prn:20} \end{bmatrix}
\begin{bmatrix} \text{verb:see} \\ \text{arg:Mary man} \\ \text{prn:20} \end{bmatrix}
\begin{bmatrix} \text{noun:man} \\ \text{fnc:see} \\ \text{mdr:21 buy \&} \\ \text{prn:20} \end{bmatrix}
\begin{bmatrix} \text{a/v:buy \&} \\ \text{arg:\# pizza} \\ \text{mdd:20 man} \\ \text{nc:cook} \\ \text{pc:} \\ \text{prn:21} \end{bmatrix}
$$

$$
\begin{bmatrix} \text{verb:book} \\ \text{arg:} \\ \text{nc:eat} \\ \text{pc:buy} \\ \text{prn:21} \end{bmatrix}
\begin{bmatrix} \text{verb:eat} \\ \text{arg:} \\ \text{nc:} \\ \text{pc:cook} \\ \text{prn:21} \end{bmatrix}
\begin{bmatrix} \text{noun:pizza} \\ \text{fnc:buy \&} \\ \text{prn:21} \end{bmatrix}
$$

名词"man"和关系从句"# buy...pizza"之间的语法关系通过上一级名词命题因子"man"的特征"[mdr:21 buy &]"和"a/v"命题因子"buy"的特征

"［arg:# pizza］"和"［mdd:20 man］"建立起来。删除(i)标记"&"标、(ii)非首个并列项"cook"和"eat",以及(iii)核心属性为"a/v"的首个并列项命题因子"buy"的属性"nc"的值"cook",上述例句可以转变成没有并列关系的命题。

3. 名词并列结构作定语从句的宾语,主语空缺:

Mary saw the man who bought an apple,a pear,and a peach.

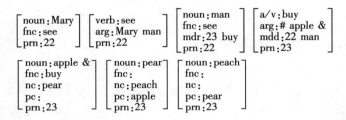

名词"man"和关系从句"# buy…apple"之间的语法关系通过上一级名词命题因子"man"的特征"［mdr:23 buy］"和"a/v"命题因子"buy"的特征"［arg:# apple &］"和"［mdd:22 man］"建立起来。删除(i)标记"&"标、(ii)非首个并列项"pear"和"peach",以及(iii)首个并列项命题因子"apple"的属性"nc"的值"pear",上述例句可以转变为没有并列关系的命题。

9.3.4　句子修饰语中的简单并列结构之二
###　　　　（宾语空缺的定语从句/关系从句,见7.5）

下面三个例子和9.3.3中的例句之间有一个很重要的区别:虽然二者下一级"a/v"命题因子"buy"和"see"的属性"arg"的值中都有空缺标记"#",但是这个标记的位置不一样。9.3.3(2)中的属性"arg"的值是"［arg:# pizza］"(主语空缺),而9.3.4(1)中的是"［arg:Bob & #］"(宾语空缺);9.3.3(3)中的是"［arg:# apple &］"(主语空缺),而9.3.4(2)中的是"［arg:man &］"(宾语空缺)。

145

1. 名词并列结构作定语从句的主语,宾语空缺:

Mary saw the pizza which Bob,Jim,and Bill ate.

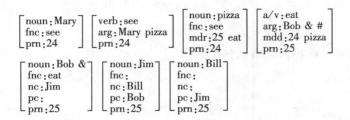

名词"pizza"和宾语空缺的关系从句"Bob…eat #"之间的语法关系通过 (i)上一级名词命题因子"pizza"的特征"[mdr:25 eat]"和(ii)"a/v"命题因子"eat"的特征"[arg:Bob & #]"和[mdd:24 pizza]"建立起来。删除(i)标记"&"标、(ii)非首个并列项"Jim"和"Bill",以及(iii)首个并列项命题因子"Bob"的属性"nc"的值"Jim",上述例句可以转变为没有并列关系的命题。

2. 定语从句中的动词并列结构,宾语空缺:

Mary saw the pizza which the man bought,cooked,and ate.

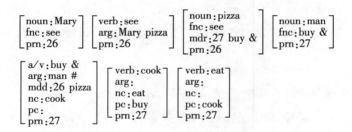

名词"pizza"和宾语空缺的关系从句"man buy…#"之间的语法关系通过上一级名词命题因子"pizza"的特征"[mdr:27 buy]"和"a/v"命题因子"buy"的特征"[arg:man #]"和"[mdd:26 pizza]"建立起来。删除(i)标记"&"标、(ii)非首个并列项"cook"和"eat",以及(iii)核心属性为"a/v"的首个并列项命题因子"buy"的属性"nc"的值"cook",上述例句可以转变为没有并列关系的命题。

3. 名词并列结构作定语从句的宾语,宾语空缺(结构上空缺):

　宾语空缺的关系从句不能有宾语并列结构,因为空缺部分(在英语中用关系代词表示）不能成为并列结构的组成部分。

9.3.5 句子修饰语中的简单并列结构之三
（状语从句，见 7.6）

1. 句子修饰语中的名词并列结构：

Mary arrived after Bob, Jim, and Bill had eaten a pizza.

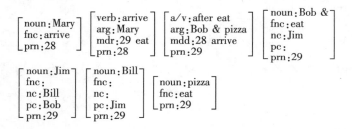

主句"Mary arrived"和状语从句"after Bob...had eaten a pizza"之间的关系通过上一级动词命题因子"arrive"的特征"[mdr:29 eat]"和"a/v"命题因子"eat"的特征"[mdd:28 arrive]"建立起来。删除(i)标记"&"标、(ii)非首个并列项命题因子"Jim"和"Bill"，以及(iii)首个并列项命题因子"Bob"的属性"nc"的值"Jim"，上述例句可以转变为没有并列结构的命题。

2. 状语从句中的动词并列结构：

After Bob had bought, cooked, and eaten the pizza, Marry arrived.

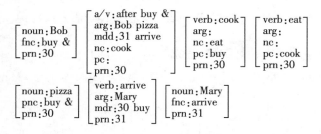

主句"Mary arrived"和状语从句"after Bob...and eaten the pizza"之间的关系通过"a/v"命题因子"buy"的特征"[mdd:31 arrive]"和上一级动词命题因子"arrive"的特征"[mdr:30 buy]"建立起来。删除(i)标记"&"标、(ii)非首个并列项命题因子"cook"和"eat"，以及(iii)首个并列项命题因子"buy"

的属性"nc"的值"cook",上述例句可以转变为没有并列结构的命题。

3. 名词并列结构作状语从句的宾语:

Mary arrived after Bob had eaten an apple, a pear, and a peach.

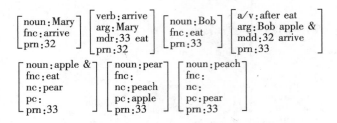

用9.3.1(3)中提到的方法可以把上述例句转变为没有并列结构的命题。

9.4 复杂并列结构作句子论元和修饰语

我们已经讨论了命题外函词论元结构当中的简单的主语、动词和宾语并列结构的语法关系,现在来讨论复杂的动宾、主宾和主谓并列结构(即主语、动词和宾语空缺)。和前面一样,其语法功能还是从(i)主语从句、(ii)宾语从句、(ii)主语空缺的定语从句、(iv)宾语空缺的定语从句、(v)状语从句等角度来分析。

9.4.1 句子论元中的复杂并列结构之一(宾语从句,见7.2)

1. 主语从句中的动宾并列结构(主语空缺,见8.4):

That Bob ate an apple, walked his dog, and read a paper, amused Mary.

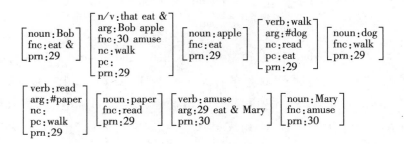

主句"# amused Mary"和主语从句"that Bob ate an apple…"之间的语法关系由"n/v"命题因子"eat"的特征"[fnc:30 amuse]"和上一级动词命题因子"amuse"的特征"[arg:29 eat & Mary]"建立起来。删除(i)标记"&"标、(ii)非首个并列项命题因子"walk"、"dog"、"read"和"paper"，以及(iii)核心属性为"n/v"的首个并列项命题因子"eat"的属性"nc"的值"walk"，上述例句可以转变为没有并列结构的命题。

2. 主语从句中的主语−宾语并列结构(动词空缺,见8.5):

148

That Bob ate an apple,Jim a pear,and Bill a peach,amused Mary.

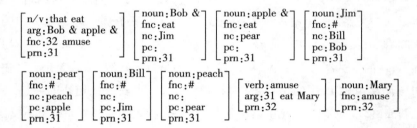

主句"# amused Mary"和主语从句"that Bob ate an apple…"之间的关系通过"n/v"命题因子"eat"的特征"[fnc:32 amuse]"和上一级动词命题因子"amuse"的特征"[arg:31 eat Mary]"建立起来。删除(i)标记"&"标、(ii)非首个并列项命题因子"Jim""pear""Bill"和"peach"，以及(iii)首个并列项命题因子"Bob"和"apple"的属性"nc"的值"Jim"和"pear"，上述例句可以转变为没有并列结构的命题。

3. 主语从句中的主语−动词并列结构(宾语空缺,见8.6):

That Bob bought,Jim peeled,and Bill ate the peach,amused Mary.

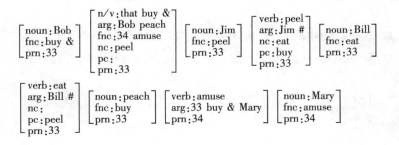

　　主句"# amused Mary"和主语从句"that Bob bought…the peach"之间的关系通过"n/v"命题因子"buy"的特征"[fnc:34 amuse]"和上一级动词命题因子"amuse"的特征"[arg:33 buy & Mary]"建立起来。删除(i)标记"&"标、(ii)非首个并列项命题因子"Jim"、"peel"、"Bill"和"eat",以及(iii)核心属性为"n/v"的首个并列项命题因子"buy"的属性"nc"的值"peel",上述例句可以转变为没有并列结构的命题。

9.4.2　句子论元中的复杂并列结构之二(宾语从句,见7.3)

　　带有复杂并列结构的主语、宾语从句关系和带有简单并列结构的主语、宾语从句关系相似(见9.3.1和9.3.2)。下面三个例子和9.4.1中的例句之间有一个很重要的区别,就是上一级动词命题因子("amuse"、"see")的属性"arg"的值的顺序相反:9.4.1(1)中的值是"[arg:29 eat & Mary]"(主语从句),而9.4.2(1)中的是"[arg:Mary 35 eat &]"(宾语从句);9.4.1(2)中的是"[arg:31 eat Mary]"(主语从句),而9.4.2(2)中的是[arg:Mary 37 eat](宾语从句);9.4.1(3)中的是"[arg:33 buy & Mary]"(主语从句),而9.4.2(3)中的是"[arg:Mary 39 buy &]"(宾语从句)。

1. 宾语从句中的动词-宾语并列结构(主语空缺,见8.4)

Mary saw that Bob ate an apple, walked his dog, and read a paper.

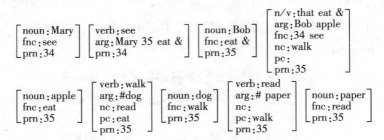

2. 宾语从句中的主语-宾语并列结构(动词空缺,见8.5)

Mary saw that Bob ate an apple, Jim a pear, and Bill a peach.

$$
\begin{bmatrix} \text{noun:Mary} \\ \text{fnc:see} \\ \text{prn:36} \end{bmatrix}
\begin{bmatrix} \text{verb:see} \\ \text{arg:Mary 37 eat} \\ \text{prn:36} \end{bmatrix}
\begin{bmatrix} \text{noun:Bob \&} \\ \text{fnc:eat} \\ \text{nc:Jim} \\ \text{pc:} \\ \text{prn:37} \end{bmatrix}
\begin{bmatrix} \text{n/v:that eat} \\ \text{arg:Bob \& apple \&} \\ \text{fnc:36 see} \\ \text{prn:37} \end{bmatrix}
$$

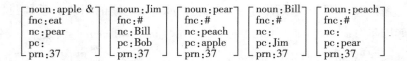

$$
\begin{bmatrix} \text{noun:apple \&} \\ \text{fnc:eat} \\ \text{nc:pear} \\ \text{pc:} \\ \text{prn:37} \end{bmatrix}
\begin{bmatrix} \text{noun:Jim} \\ \text{fnc:\#} \\ \text{nc:Bill} \\ \text{pc:Bob} \\ \text{prn:37} \end{bmatrix}
\begin{bmatrix} \text{noun:pear} \\ \text{fnc:\#} \\ \text{nc:peach} \\ \text{pc:apple} \\ \text{prn:37} \end{bmatrix}
\begin{bmatrix} \text{noun:Bill} \\ \text{fnc:\#} \\ \text{nc:} \\ \text{pc:Jim} \\ \text{prn:37} \end{bmatrix}
\begin{bmatrix} \text{noun:peach} \\ \text{fnc:\#} \\ \text{nc:} \\ \text{pc:pear} \\ \text{prn:37} \end{bmatrix}
$$

3. 宾语从句中的主语-动词并列结构(宾语空缺,见8.6)

Mary saw that Bob bought,Jim peeled,and Bill ate the peach.

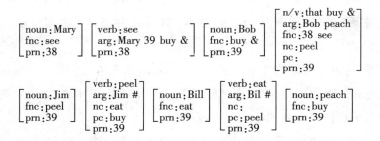

$$
\begin{bmatrix} \text{noun:Mary} \\ \text{fnc:see} \\ \text{prn:38} \end{bmatrix}
\begin{bmatrix} \text{verb:see} \\ \text{arg:Mary 39 buy \&} \\ \text{prn:38} \end{bmatrix}
\begin{bmatrix} \text{noun:Bob} \\ \text{fnc:buy \&} \\ \text{prn:39} \end{bmatrix}
\begin{bmatrix} \text{n/v:that buy \&} \\ \text{arg:Bob peach} \\ \text{fnc:38 see} \\ \text{nc:peel} \\ \text{pc:} \\ \text{prn:39} \end{bmatrix}
$$

$$
\begin{bmatrix} \text{noun:Jim} \\ \text{fnc:peel} \\ \text{prn:39} \end{bmatrix}
\begin{bmatrix} \text{verb:peel} \\ \text{arg:Jim \#} \\ \text{nc:eat} \\ \text{pc:buy} \\ \text{prn:39} \end{bmatrix}
\begin{bmatrix} \text{noun:Bill} \\ \text{fnc:eat} \\ \text{prn:39} \end{bmatrix}
\begin{bmatrix} \text{verb:eat} \\ \text{arg:Bil \#} \\ \text{nc:} \\ \text{pc:peel} \\ \text{prn:39} \end{bmatrix}
\begin{bmatrix} \text{noun:peach} \\ \text{fnc:buy} \\ \text{prn:39} \end{bmatrix}
$$

上述例句也可以简化为没有复杂并列结构的命题,方法和9.4.1中提到 150 的相同。

9.4.3 句子修饰语中的复杂并列结构之一 (主语空缺的定语从句/关系从句,见7.4)

下面列举的带有复杂并列结构的关系从句和9.3.3中带有简单并列结构的例句相似。但是,对于带有复杂结构的关系从句来说,有两种结构在句法上是不可能的,而对于带有简单并列结构的句子来说,只有一种可能。

1. 主语空缺的定语从句中的动词-宾语并列结构(主语空缺):

The man who ate an apple,walked his dog,and read a paper loves Mary.

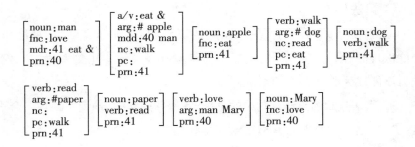

$$
\begin{bmatrix} \text{noun:man} \\ \text{fnc:love} \\ \text{mdr:41 eat \&} \\ \text{prn:40} \end{bmatrix}
\begin{bmatrix} \text{a/v:eat \&} \\ \text{arg:\# apple} \\ \text{mdd:40 man} \\ \text{nc:walk} \\ \text{pc:} \\ \text{prn:41} \end{bmatrix}
\begin{bmatrix} \text{noun:apple} \\ \text{fnc:eat} \\ \text{prn:41} \end{bmatrix}
\begin{bmatrix} \text{verb:walk} \\ \text{arg:\# dog} \\ \text{nc:read} \\ \text{pc:eat} \\ \text{prn:41} \end{bmatrix}
\begin{bmatrix} \text{noun:dog} \\ \text{verb:walk} \\ \text{prn:41} \end{bmatrix}
$$

$$
\begin{bmatrix} \text{verb:read} \\ \text{arg:\#paper} \\ \text{nc:} \\ \text{pc:walk} \\ \text{prn:41} \end{bmatrix}
\begin{bmatrix} \text{noun:paper} \\ \text{verb:read} \\ \text{prn:41} \end{bmatrix}
\begin{bmatrix} \text{verb:love} \\ \text{arg:man Mary} \\ \text{prn:40} \end{bmatrix}
\begin{bmatrix} \text{noun:Mary} \\ \text{fnc:love} \\ \text{prn:40} \end{bmatrix}
$$

名词"noun"和关系从句"# ate an apple…"之间的语法关系通过"a∕v"命题因子"eat"的特征"[arg:# apple]"和"[mdd:40 man]"以及上一级名词命题因子"man"的特征"[mdr:41 eat &]"建立起来。命题因子"eat"的特征"[arg:# apple]"所表现的主语空缺由同一个命题因子当中的特征"[mdd:40 man]"来隐性补足。非首个动词并列项"walk"和"read"的属性"arg"的值存在相同的缺位情况，都可以经由首个并列项"eat"的属性"mdd"的值来补充。

2. 主语空缺的定语从句中的主语－宾语并列结构(动词空缺)：不合语法！

主语－宾语并列结构作关系从句的主语，其头词作主语，这种情况是不允许出现的。因为主语的位置已经被缺口占位(英语中由关系代词来表示)，缺口不可能成为并列结构的组成部分。

3. 主语空缺的定语从句中的主语－动词并列结构(动词空缺)：不合语法！

这种结构也不可能，原因同上。

9.4.4　句子修饰语中的复杂并列结构之二
　　　　(宾语空缺的定语从句/关系从句，见7.5)

151　　　下面列举的带有复杂并列结构的关系从句和9.3.4中带有简单并列结构的例句相似。但是，对于9.4.3中的带有复杂并列结构的关系从句来说，有两种结构在句法上是不可能的，而对于带有简单并列结构的关系从句来说，只有一种不可能。

1. 宾语空缺的定语从句中的动词－宾语并列结构(主语空缺)：不合语法！

动词－宾语并列结构作关系从句的宾语，其头词作宾语，这种结构是不允许出现的，因为宾语的位置已经有空口占位(英语中由关系代词来表示)，缺口不能成为并列结构的组成部分。

2. 宾语空缺的定语从句中的主语－宾语并列结构(动词空缺)：不合语法！

这种结构也是不允许出现的，原因同上。

3. 宾语空缺的定语从句中的主语−动词并列结构（动词空缺）：

Mary saw the peach which Bob bought, Jim peeled, and Bill ate.

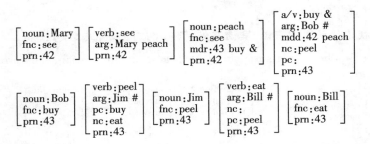

名词"peach"和关系从句"which Bob bought,..."之间的语法关系通过"a/v"命题因子"buy"的特征"[mdd:42 peach]"和"[arg:Bob #]"，以及上一级名词命题因子"peach"的特征"[mdr:43 buy &]"建立起来。命题因子"buy"的特征"[arg:Bob #]"所表示的宾语空缺由同一个命题因子的特征"[mdd:42 peach]"来隐性补足。非首个动词命题因子"peel"和"eat"的属性"arg"的值缺位的情况相同，都可以通过首个并列项"buy"的属性"mdd"值来补足。

9.4.5 句子修饰语中的复杂并列结构之三（状语从句，7.6）

1. 状语从句中的动词−宾语并列结构（主语空缺，见8.4）：

Mary arrived after Bob had eaten an apple, walked his dog, and read a paper.

152

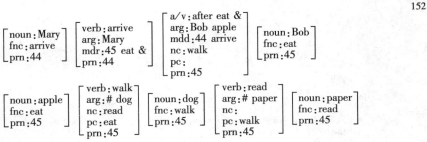

主句"Mary arrive"和状语从句"after Bob had eaten an apple..."之间的关系通过上一级动词命题因子"arrive"的特征"[mdr:45 eat &]"和"a/v"命题因子"eat"的特征"[mdd:44 arrive]"建立起来。删除(i)标记"&"标、(ii)非

首个并列项命题因子"walk""dog""read"和"paper",以及(iii)核心属性为"a/v"的首个并列项命题因子"eat"的属性"nc"的值"walk",上述例句可以转变为没有并列结构的命题。

2. 状语从句中的主语-宾语并列结构(动词空缺,见8.5):

After Bob had eaten an apple,Jim a pear,and Bill a peach,Mary arrived.

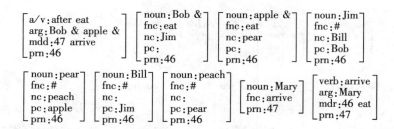

主句"Mary arrived"和状语从句"after Bob had eaten an apple…"之间的关系通过上一级动词命题因子"arrive"的特征"[mdr:46 eat]"和"a/v"命题因子"eat"的特征"[mdd:47 arrive]"建立起来。删除(i)标记"&"标、(ii)非首个并列项命题因子"Jim""pear""Bill"和"peach",以及(iii)首个并列项命题因子"Bob"和"apple"的属性"nc"的值"Jim"和"pear",上述例句可以转变为没有并列结构的命题。

3. 状语从句中的主语-动词并列结构(宾语空缺,见8.6)

Mary arrived after Bob had bought,Jim had peeled,and Bill had eaten the peach.

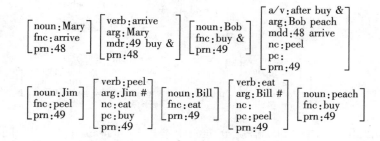

主句"Mary arrived"和状语从句"after Bob had bought…the peach"之间的关系通过上一级动词命题因子"arrive"的特征"[mdr:49 buy &]"和"a/v"命

题因子"buy"的特征"［mdd:48 arrive］"建立起来。删除(ⅰ)标记"&"标、(ⅱ)非首个并列项命题因子"Jim""peel""Bill"和"eat",以及(ⅲ)核心属性为"a/v"的首个并列项命题因子"buy"的属性"nc"的值"peel",上述例句可以转变为没有并列结构的命题。

9.5 提问和回答过程中的角色转换

我们已经分析了一系列句子,包括出现在语篇(见9.4)中的命题间并列关系,以及如何把命题内并列关系融入命题间函词论元结构(见9.3,9.4),现在来看一下对话(角色转换,见1.1.1)中的命题间并列关系。一个语篇当中的命题由同一个主体生成,而在一个对话当中,命题(或者命题的各个组成部分)由不同的主体生成。

这个区别可以用命题的 **STAR**(见2.6.2)来形式化表现。下面举例说明(STAR 用上标标注):

9.5.1 对比语篇和对话中的并列结构

1. 文本中的两个命题并列

Julia ate an apple.^{STAR} Susanne ate a pear.$^{(STAR)}$

2. 对话中的两个命题并列

Julia ate an apple.^{STAR} Susanne ate a pear.$^{STA'R'}$

3. 对话中问和答并列

Who is singing?^{STAR} Julia.$^{STA'R'}$

例1是一个简单语篇,包含两个命题,都由同一个作者 A 生成,信息接收者也是同一个主体 R(两个相同的 **STAR**)。例2的两个命题和例1的相同,但是,由两个不同的作者 A 和 A′生成,信息接收者也是 R 和 R′两个,于是有 A = R,A′ = R′(**STAR** vs **STA′R′**)。例3和例2相似,但例3中命题的各个部分由不同作者合作完成。

根据 FoCL'99 5.3-5.5 的解释,**STAR** 在以下几个方面非常重要:(ⅰ)在情景命题和世界过去、现在以及将来的情况之间建立联系；(ii)在情景命题和数据库存储内容之间建立联系。形式上，命题因子当中有一个特殊的属性，其值用来表示 **STAR**。简便起见，通常省略这个属性。

154 　　不管复杂度如何，一个完整命题的 **STAR** 由主动词命题因子的属性值来表示。在连续的语篇当中，如例1，通常只需要偶尔指明 **STAR**。但在由不同作者生成的命题当中，如例2，必须在每一次角色转换之后重新对 **STAR** 加以说明。在问答模式下，如例3，两个句子被看作是同一个命题的组成部分，共享同一个"prn"值，但是"**STAR**"的值不同。

　　下面把9.5.1中的例句简化为一系列命题因子来说明上述区别：

9.5.2　不同并列关系的命题因子序列

1. Julia is singing. ^{STAR} **Susanne is dreaming.** ^(STAR)

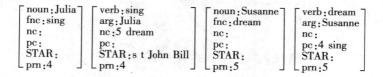

　　在这个最小语篇当中，第二个动词的 **STAR** 是多余的，因为它的值和第一个动词的 **STAR** 属性的值相同，即 S = s，T = t，A = John，R = Bill。这两个命题的"prn"值不同，分别是 4 和 5。两个命题之间通过动词命题因子的"nc"和"pc"值建立起联系。

2. Julia is singing. ^{STAR}　　**Susanne is dreaming.** ^{STA′R′}

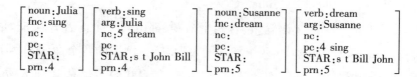

　　在这个最小对话当中，两个动词"sing"和"dream"的 **STAR** 属性的值顺序相反："sing"的 **STAR** 指明 S = s，T = t，A = John，R = Bill，而"dream"的 **STAR** 指明 S = s，T = t，A = Bill，R = John。否则，这二个命题之间的区别和联

系与例 1 相同。

3. Who is singing?^{STAR}　　Julia.^{STA′R′}

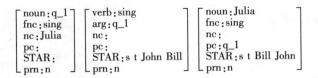

$$
\begin{bmatrix} \text{noun}:q\_1 \\ \text{fnc}:\text{sing} \\ \text{nc}:\text{Julia} \\ \text{pc}: \\ \text{STAR}: \\ \text{prn}:n \end{bmatrix}
\begin{bmatrix} \text{verb}:\text{sing} \\ \text{arg}:q\_1 \\ \text{nc}: \\ \text{pc}: \\ \text{STAR}:\text{s t John Bill} \\ \text{prn}:n \end{bmatrix}
\begin{bmatrix} \text{noun}:\text{Julia} \\ \text{fnc}:\text{sing} \\ \text{nc}: \\ \text{pc}:q\_1 \\ \text{STAR}:\text{s t Bill John} \\ \text{prn}:n \end{bmatrix}
$$

共同的"prn"属性值"n"表明这个问答的各个部分同属一个命题。和前 155 两个例子不同,这里的并列关系发生在两个名词之间,如"who"的"nc"值和"Julia"的"pc"值所示。这样一来,类似的问答就可以当作命题内名词并列关系来处理。"who"命题因子从动词"sing"隐性继承其 **STAR** 的值,而作为回答的命题因子"Julia"则有自己的 **STAR** 值。

同一主体理解和生成问答的情况可能有以下几种:(i)主体是被提问的对象,是回答的提供者;(ii)主体是提问者,是回答的接收者;(iii)主体既不提问也不回答,是听者(即旁观者)。这些区别只表现在 **STAR** 和"prn"的值上,不影响对命题内容的语法分析。下面举例说明:

9.5.3　在听者模式下推导特殊疑问句

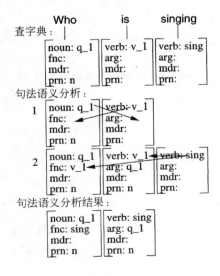

在听者对提问进行分析的过程中,动词命题因子被加到"sing"的个例行(见5.1):

9.5.4 找到答案

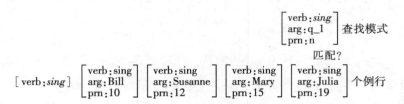

156 用来提问的句子用的是现在进行时,(上一层的)查找格式能够匹配"sing"个例行的最后(最近)一个命题因子,于是,变量"q-1"绑定"Julia",变量"n"绑定"19"。蕴含答案的命题因子经由"sing"到"Julia"的导航过程推导而来,"Julia"被提取出来,生成答案:

9.5.5 推导答案

$$\begin{bmatrix} \text{verb}:\text{sing} \\ \text{arg}:\text{Julia} \\ \text{prn}:19 \end{bmatrix} \begin{bmatrix} \text{noun}:\text{Julia} \\ \text{fnc}:\text{sing} \\ \text{prn}:19 \end{bmatrix}$$

因为句子论元和修饰语的关系,特殊疑问句和一般疑问句(见5.1)可以任意复杂。英语当中,"长距离依存"是一个特别有趣的结构:

9.5.6 推导 Who did John say that Bill believes that Mary loves

这个结构包含两个宾语从句的递归(见7.3)。

推导过程中,产生了两个歧义。第一个发生在第一个动词出现的时候,结果是:

"Who did John say"

如果把"who"改成"what",或者"say"改成"see",这很可能就是一个完整的问句。但是,下一个词"that"一出现,这种可能性就不存在了。动词"believes"出现时又出现了同样的歧义,但之后又同样排除了。关于 LA 语法歧义的讨论见 FoCL'99,11.3。自动生成的 LA 语法的疑问句分析,包括长距离依存,见 NEWCAT'86,pp. 448-474。

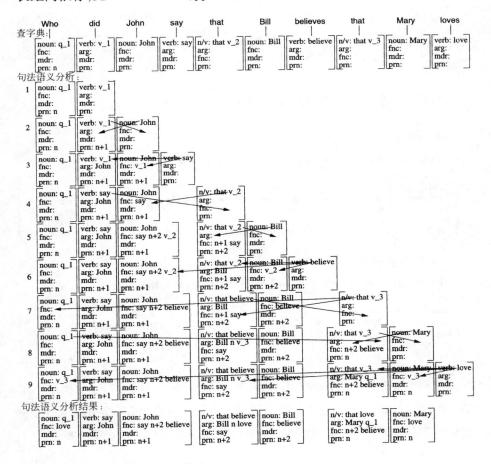

9.6　作为思考结构的复杂命题

数据库语义学中的内容表示和内容激活之间有着基本的区别(见 FoCL'99,23.1)。内容表示的基础是通过特征的方式分散地双向地命题因子之间的全部命题内和命题间关系进行编码。内容激活遵循的是导航原则:依据命题内和命题间关系而关联在一起的各个命题因子组成一套铁路系统,在这个系统内可以进行命题内导航,也可以从一个命题转移到另一个命题。

这样,同一个内容可以通过不同方式得到遍历,依据是思考的起点和路径(见附录,A.1)。这种选择性导航可以用来理解不同的语表。下面举例说明:

9.6.1 简单命题的简单命题间并列关系

1. 命题间向前导航:

Peter left the house. Then Peter crossed the street.

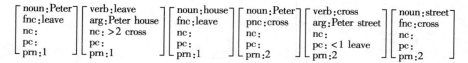

2. 命题间向后导航:

Peter crossed the street. Before that Peter left the house.

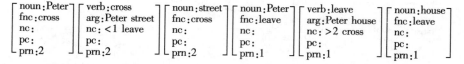

158 这两个序列由相同的命题因子构成,所以在词库里的内容表示也是一样的。但是,如果我们把命题因子排列顺序上的区别看作内容激活的不同方式,这两个序列就会分别和生成这两个命题因子序列的不同语表关联起来。

这两个语表之间的不同之处包括:(i)句子的顺序不同,(ii)并列连词的实现情况不同,一个是"then"(向前导航),一个是"before that"(向后导航)。向前导航和向后导航之间的区分发生在命题内部,如主动语态和被动语态之间的区别所示(见6.5)。

如果相同(或者紧密相关)的内容实现为不同语表,其依据只是对简单命题之间的简单并列关系的遍历顺序不同,那事情就很简单了。但是,我们对句子论元、句子修饰语和复杂并列结构进行分析的结果是,即使内容相似,其表示也不尽相同。下面举例说明,例子中的两个复杂命题所表达的内容和 9.6.1 的紧密相关。

9.6.2 不同命题间的函词论元结构

1. 主语空缺的定语从句

Peter, who had left the house, crossed the street.

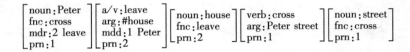

2. 状语从句

After Peter had left the house, he crossed the street.

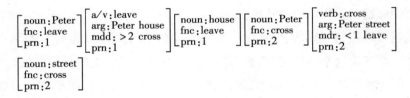

这两个例句的语义表示和 9.6.1 的不一样，它们彼此之间也不相同。

更具体地说，作为命题间函词论元结构，9.6.2 中的两个例子都是一个命题为另一个命题提供背景（形合），这和 9.6.1（意合）的命题间并列结构不同。另外，9.6.2 中的两个例子之间也存在着区别，它们各自从不同的角度来阐释内容：定语（关系）从句修饰的是名词"Peter"，而状语从句修饰的是动词"cross"，二者为主句提供背景的方式不同。

这就引出了一个问题：复杂命题（即句子论元、句子修饰语和复杂并列结构）的特殊表示应该（i）既用于语言层，又用于语境层，还是（ii）只用于语言层，在语境层中则转换为简单命题的简单并列结构（听者模式），或者只用于语境层，在语言层则相应地转换为简单命题的简单并列结构（说者模式）？下面来分析一下这两种情况。

选择（ii）的不足之处是，它要求在语言理解过程中把复杂命题（语言层）转换为简单命题的简单并列结构（语境层），在语言生成过程中把简单命题的简单并列结构（语境层）转换为复杂命题（语言层）。而且，由简单命题的简单并列结构所表示的内容和复杂命题特殊表示的内容并不真的相同。这样一来，必要的转换反而有点奇怪和不自然。不过，虽然这么做的代价比较大，但有一个很明显的优势，就是在语境层的推理过程中不需要处理复杂命题。

选择(i)的优势是语言层和语境层的编码相同，因此没有必要进行转换。而且，LA-语法中的推理程序(见5.3)完全可以从简单的和特殊的表示出发，推导出所有必要的结论。例如，对于问题"Did Peter leave the house?"，根据9.6.2中的两个特殊表示进行推理，都可以得到肯定回答，9.6.1的两个简单表示也一样。

剩下的问题是，我们是否可以认为：复杂命题，如命题间函词论元结构、复杂命题内并列结构及其组合，实际上应该出现在语境层——这样的话，我们就可以用同样的方式来表示没有语言功能的主体可能具有的思维结构了。要回答这个问题，我们需要先考虑如何来表示相关的时间信息。

无论是语言层还是语境层，个例行中的命题因子之间的顺序反映的是信息输入(像沉淀一样)和输出的顺序。在语言层，这指的是说者模式下语言生成的时间顺序和听者模式下语言理解的时间顺序。它不反映语表自身所编码的时间信息。

我们假设，主体 A 在星期一看到"Marry arrives"。星期二，他告诉主体 B 说"Mary arrived yesterday"。这次和主体 A 之间的交流以"星期二 STAR"存入主体 B 的数据库。但是主体 B 对语言符号本身的理解有这样一个问题：语言符号所表现的内容是作为"Mary arrived yesterday"存储在"星期二 STAR"下，还是作为"Mary arrives"存储在"星期一 STAR"下呢？第二个做法要求对内容进行转换，还要求重新查找正确的存储位置。第一个做法则没有这样的要求。而且，按第一种方法做了之后，我们也可以在任何时候再推理出正确的时间点。第一种做法同时也保证了输入信息可以在主体 B 的数据库中不断积累而不受打扰。

我们把例句稍微改一下，第一个做法的优势就更明显了。假设，主体 A 在星期一看到"Mary arrives"，并在星期五告诉主体 B 说"Mary arrived a few

days ago"。这时,第二种做法的要求就不可能得到满足了,因为语言符号所 160
提供的时间信息不足,不允许主体 B 判断出命题"Mary arrives"的精确
STAR,所以主体 B 也就不可能找到新的正确的存储位置。

　　我们选择第一种做法,这种做法意味着命题间函词论元结构(见第 7
章)、复杂命题内并列结构(见 8.4 - 8.6)及这几种结构之间的组合(见 9.4)
在本质上是思考结构(thought structure)问题。它们首先在语境层出现,之后
在语言层得到反映——和 5.4 和 5.5 所描述的反映语言间接使用(如隐喻)
的二级编码一样。①

---

① 　另一个相关问题是模型完整性(见 L&I'05),即,一个已知种类的未知客体,如一辆小汽车,
存储到内存时是应该对其未知部分进行假设重建,还是只存储其已知部分,未知部分留待需要时再
重新构建。基于框架的重新构建见 Barsalou (1999)。

10. 命题内和命题间共指

这一章我们讨论作为次级语法关系的共指关系。初级语法关系和次级语法关系之间的区别是：初级语法关系直接在时间线性推导的过程中建立起来（听者模式下）。这适用于函词论元结构和并列结构。次级语法关系(i)预设初级关系,(ii)修正或者补足初级关系的某些值。数据库语义学当中,次级语法关系通过推理来实现（见 5.3）。

同一关系就是一种比较重要的次级语法关系。听者模式下的时间线性推导过程中,系统默认的不同名词命题因子之间的关系是非共指关系:任何一个新的名词命题因子出现时,其"idy(identity)"属性的值都自动增量（在前一个名词命题因子的值的基础上加"1"）,不管该名词是标志（见2.6.4）、指示符（见2.6.5）还是名称(2.6.7)。某些特定情况下,系统在推理过程中对默认值进行修正,当特定的非指示符和指示符名词命题因子（代词）的属性"idy"被赋予相同的值时,二者之间建立起共指关系。

10.1 概 述

句子是语法分析的最大单位,自然语言在句子结构上的最基本区别在于句子语气,即陈述、疑问和感叹句之间的区别。有些语言还包含其他的语气（见 Portner 2005）,如经典的希腊语当中的意愿句(optative)。

10.1.1 主要结构之间的联系

句子语气的各种变体服从于初级的函词论元结构和并列结构。这些初级关系可能发生在命题内（见第 6 章和第 8 章）,也可能发生在命题间（见

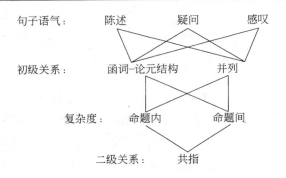

第 7 章、第 9 章）。二级共指关系跨越初级关系，包含句外的并列结构。
下面举例说明：

10.1.2 不同共指关系

1. 句外并列结构中以名称为基础的共指关系

Julia ate an apple. Then Julia took a nap.

$$
\begin{bmatrix} \text{noun:Julia} \\ \text{fnc:eat} \\ \text{mdr:} \\ \text{idy:1} \\ \text{prn:36} \end{bmatrix}
\begin{bmatrix} \text{verb:eat} \\ \text{arg:Julia apple} \\ \text{pc:} \\ \text{nc:} > 37 \text{ take} \\ \text{prn:36} \end{bmatrix}
\begin{bmatrix} \text{vnoun:apple} \\ \text{fnc:eat} \\ \text{mdr:} \\ \text{idy:2} \\ \text{prn:36} \end{bmatrix}
\begin{bmatrix} \text{noun:Julia} \\ \text{fnc:take} \\ \text{mdr:} \\ \text{idy:3(=1)} \\ \text{prn:37} \end{bmatrix}
$$

$$
\begin{bmatrix} \text{verb:take} \\ \text{arg:Julia nap} \\ \text{pc:} < 36 \text{ eat} \\ \text{nc:} \\ \text{prn:37} \end{bmatrix}
\begin{bmatrix} \text{noun:nap} \\ \text{fnc:take} \\ \text{mdr:} \\ \text{idy:4} \\ \text{prn:37} \end{bmatrix}
$$

经由第一个动词命题因子"eat"的特征"[nc：> 37 take]"和第二个动词
命题因子"take"的特征"[pc：< 36 eat]"，二个命题之间建立起命题间并列
关系。名词命题因子"Julia"、"apple"、"Julia"和"nap"分别得到默认的
"idy"值"1"、"2"、"3"和"4"。共指推理的任务是给第二个"Julia"赋上和第
一个"Julia"相同的"idy"值（见"[idy:3 （ =1)]"）。

2. 句外并列结构中以代词为基础的共指关系

Julia ate an apple. Then she took a nap.

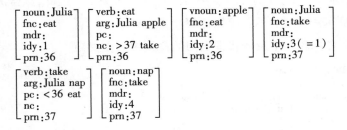

$$
\begin{bmatrix} \text{verb:take} \\ \text{arg:pro\_1 nap} \\ \text{pc:} < 38 \text{ eat} \\ \text{nc:} \\ \text{prn:39} \end{bmatrix}
\begin{bmatrix} \text{noun:nap} \\ \text{fnc:take} \\ \text{mdr:} \\ \text{idy:8} \\ \text{prn:39} \end{bmatrix}
$$

这两个命题之间的并列结构和例 1 相似,只是第二个命题的主语是
"she"而不是"Julia"。名词命题因子"Julia"、"apple"、"she"和"nap"分别得
到默认的"idy"值"5""6""7"和"8"。共指推理的任务是给"she"赋上和第
一个命题因子(即"Julia")相同的"idy"值(见"[idy:7(=5)]")。

3. 两个相同的名称之间的命题内受阻共指关系

% John shaved John.

$$
\begin{bmatrix} \text{noun:John} \\ \text{fnc:shave} \\ \text{idy:9} \\ \text{prn:40} \end{bmatrix}
\begin{bmatrix} \text{verb:shave} \\ \text{arg:John John} \\ \text{mdr:} \\ \text{prn:40} \end{bmatrix}
\begin{bmatrix} \text{noun:John} \\ \text{fnc:shave} \\ \text{idy:10} \\ \text{prn:40} \end{bmatrix}
$$

如标记"%"所示,例句在语法形式上是完整的,但是,即使主语和宾语
用相同的名称来表示,它们之间也不可能存在共指关系。因此,默认的"idy"
值"9"和"10"必须保留,不能应用任何共指推理。

4. 一个名称和一个反身代词之间的命题内共指关系

John shaved himself.

$$
\begin{bmatrix} \text{noun:John} \\ \text{fnc:shave} \\ \text{idy:1} \\ \text{prn:1} \end{bmatrix}
\begin{bmatrix} \text{verb:shave} \\ \text{arg:John rfl\_1} \\ \text{mdr:} \\ \text{prn:1} \end{bmatrix}
\begin{bmatrix} \text{noun:rfl\_1} \\ \text{fnc:shave} \\ \text{idy:2} \\ \text{prn:1} \end{bmatrix}
$$

在这个语义表示中,值"[idy:2]"作为默认值赋给了反身代词。必要的
共指推理过程见下一部分(见 10.2.3,共指调整之后)。这里的共指是强制
性的,而例 1 和例 2 中的非反身代词的共指是可选的。非反身人称代词不要
求共指,因为它们总是可以从非共指的指示符的角度来理解。

5. 名词性标志和命题内并列关系之间的共指

The man washed his hands, clipped his nails, and shaved himself.

$$
\begin{bmatrix} \text{noun:man} \\ \text{fnc:wash} \\ \text{mdr:} \\ \text{idy:13} \\ \text{prn:42} \end{bmatrix}
\begin{bmatrix} \text{verb:wash \&} \\ \text{arg:man hand} \\ \text{nc:clip} \\ \text{pc:} \\ \text{prn:42} \end{bmatrix}
\begin{bmatrix} \text{noun:hand} \\ \text{fnc:wash} \\ \text{mdr:} \\ \text{idy:14} \\ \text{prn:42} \end{bmatrix}
\begin{bmatrix} \text{verb:chip} \\ \text{arg:\# nail} \\ \text{nc:shave} \\ \text{pc:wash} \\ \text{prn:42} \end{bmatrix}
\begin{bmatrix} \text{noun:nail} \\ \text{fnc:clip} \\ \text{mdr:} \\ \text{idy:15} \\ \text{prn:42} \end{bmatrix}
$$

163

$$\begin{bmatrix} \text{verb:shave} \\ \text{arg:\# rfl\_2} \\ \text{nc:} \\ \text{pc:clip} \\ \text{prn:42} \end{bmatrix} \begin{bmatrix} \text{noun:rfl\_2} \\ \text{fnc:shave} \\ \text{mdr:} \\ \text{idy:16(\ =13)} \\ \text{prn:42} \end{bmatrix}$$

在这个主语空缺(8.4)的例子中,反身代词可以出现在任何一个动词-宾语并列项当中,而且必须和主语构成共指关系(见最后一个命题因子的特征"[idy:16(=13)]")。

共指关系存在着多样性,下面只介绍如何处理其中的几个基本结构,包括(i)带反身代词的命题内共指(LA-think. pro-1,10.2),(ii)符合兰盖克-罗斯限制定理(Langacker-Ross constraint)的共指关系。后者适用于有句子论元(LA-think. pro-2,10.3)、定语从句修饰语(LA-think. pro-3,10.4)或状语从句修饰语(LA-think. pro-4,10.5)的句子。在10.6,不同的LA-think. pro组合在一起,应用于对非常困难的著名的"Bach-Peters"句的分析。

10.2　命题内共指

命题内共指的一个例子是"John shaved himself",这是来自 Lees&Klima (1963)的经典例句。这个简单的函词论元结构的初步理解如10.1.2的例4所示:名词命题因子"John"和"himself"的属性"idy"分别获得默认值"1"和"2"。

把这些值重设为同一个值的推理过程被定义为一个 LA-think 语法程序,称作 LA-think. pro-1。这个语法程序的输入部分是命题中围绕在反身代词周围的名词序列"n-1,n-2,n-3…"。因此,名词命题因子的属性"prn"的值必须和反身代词的一样。

10.2.1　LA-think. pro-1 定义

164

$$\text{ST}_S =_{def} \{ ([\text{noun:RFL\_n}] \{ \text{rfl-0 rfl-1} \}) \}$$

$$\text{rfl-0:} \begin{bmatrix} \text{noun:RFL\_n} \\ \text{cat:X'} \\ \text{idy:j} \\ \text{prn:k} \end{bmatrix} \begin{bmatrix} \text{noun:}\alpha \\ \text{cat:X} \\ \text{idy:i} \\ \text{prn:k} \end{bmatrix} \begin{array}{l} \text{if X is not compatible with X'} \\ \text{set } nw = \text{preceding noun} \end{array} \{ \text{rfl-0, rfl-1} \}$$

$$\text{rfl-1:} \begin{bmatrix} \text{noun:RFL\_n} \\ \text{cat:X'} \\ \text{idy:j} \\ \text{prn:k} \end{bmatrix} \begin{bmatrix} \text{noun:}\alpha \\ \text{cat:X} \\ \text{idy:i} \\ \text{prn:k} \end{bmatrix} \begin{array}{l} \text{if X is compatible with X'} \\ \text{set } j = i \end{array} \{ \} $$

$$\text{ST}_F =_{def} \{ ([\text{noun:}\alpha] \text{rp}_{\text{rfl-1}}) \}$$

变量"RFL_n"只限于反身代词的核心值。与变量"k"表示的"prn"值必须一致。

当语言命题因子和起始状态"ST$_s$"相匹配时，LA-think. pro-1 程序启动，被"ST$_s$"激活的两个规则分别应用于反身代词和名词"n-1"。如果规则"rfl-1"应用成功，那么代词的"idy"值被改成和共指名词的"idy"一样的值，然后推理过程成功结束。但是，如果规则"rfl-0"应用成功（即针对名词"n-1"的推理失败），那么继续对第二个名词"n-2"分别应用这两个规则，依此类推，直到"rfl-1"应用成功（或者到达句尾，所有规则应用均失败）。

下面讨论把"rfl-1"应用于10.1.2(4)中的命题因子的情况。命题因子"himself"在名词"n"的位置上，而命题因子"John"在名词"n-1"的位置上（见语言层的"idy"值）。

10.2.2　应用规则"rfl-1"

$$
\text{规则层}\quad \text{rfl-1}\begin{bmatrix}\text{noun:RFL\_n}\\\text{cat:X'}\\\text{idy:j}\\\text{prn:k}\end{bmatrix}\begin{bmatrix}\text{noun:}\alpha\\\text{cat:X}\\\text{idy:i}\\\text{prn:k}\end{bmatrix}\begin{array}{l}\text{if X is compatible with X'}\\\text{set j = i}\end{array}\{\}
$$

$$
\text{语言层}\quad \begin{bmatrix}\text{noun:rfl\_1}\\\text{fnc:shave}\\\text{cat:m sg}\\\text{idy:2}\\\text{prn:1}\end{bmatrix}\begin{bmatrix}\text{noun:John}\\\text{fnc:shave}\\\text{cat:m sg}\\\text{idy:1}\\\text{prn:1}\end{bmatrix}
$$

规则层所示是规则的定义。和所有 LA 语法规则一样，这条规则包含一个规则名（这里是"rfl-1"），一个句首格式（这里是一个反身代词），一个新词格式（这里是一个共指名词候选项），一组操作和一个规则包（这里为空）。

规则层的输入格式和语言层的命题因子进行匹配。因为候选项满足操作的一致性条件（即 X 和 X'兼容），反身代词的"idy"值被改成"John"的"idy"值。结果如下：

10.2.3　John shaved himself 经过推理之后的释义

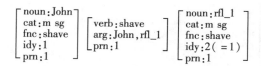

$$
\begin{bmatrix}\text{noun:John}\\\text{cat:m sg}\\\text{fnc:shave}\\\text{idy:1}\\\text{prn:1}\end{bmatrix}\begin{bmatrix}\text{verb:shave}\\\text{arg:John,rfl\_1}\\\text{prn:1}\end{bmatrix}\begin{bmatrix}\text{noun:rfl\_1}\\\text{cat:m sg}\\\text{fnc:shave}\\\text{idy:2(=1)}\\\text{prn:1}\end{bmatrix}
$$

反身代词的"cat"值和先行词之间必须兼容（见规则"rfl-1"），这个要求有助于正确理解"John showed Mary himself"和"John showed Mary herself"之间的区别。

输入序列（听者模式）当中的两个名词是否构成共指关系，这个问题实践起来比较复杂，它会因为代词、名称和各种冠词-名词的组合不同而不同。例如，在"John shaved John（见 10.1.2,3）"中，两个名词之间就不能构成共指关系。但是，在含有并列结构的句子"John, Bill, and Ben shaved Bill, Ben and John"当中，因为同样的名称指代同一个人，共指关系又变成可能的了（前提是他们的动作对象是对方，而不是自己）。

代词的生成（说者模式）过程相当直接。词库中的某些名词命题因子通过 10.2.2 那样的推理过程被设定为共指关系。当系统对一个名词命题因子进行词汇化时，首先要检查是不是有另一个名词命题因子刚刚被激活，且这个刚被激活的命题因子的属性"idy"的值和要被词汇化的命题因子的"idy"值相同。如果有，那么系统需要据此来决定是不是把这两个名词命题因子中的一个实现为代词。触发选择代词程序的情况见 Helfenbein（2005）。

10.3　句子论元的兰盖克-罗斯限制定理

和命题内共指关系（见 10.2）一样，命题间共指关系也是一个二级关系，前提是在句法语义分析过程中经过推理来调整默认的"idy"值。和命题间并列关系一样（见第 9 章），命题间共指关系可能发生在句子之内，也可能发生在句子之间。[1]

对于命题内共指关系进行约束的最著名的理论就是兰盖克-罗斯限制定理（Langacker-Ross Constraint（Langacker 1969; Ross 1969））。它适用于句子论元作主语（见 7.2）和宾语（见 7.3），以及句子修饰语作定语（见 7.4 和 7.5）和状语（见 7.6）的情况。

---

[1]　关于命题间共指关系的语言学讨论主要涉及句内结构。Grosz&Sidner（1986）除外。

数据库语义学下的命题间函词论元结构(见 7.1.3)当中区分上一级命题 **H** 和下一级命题 **L**,针对共指关系的约束条件以这一区分为前提。上下级命题之间的顺序可能是 **LH**,也可能是 **HL**。如果其中一个命题(标记为"'")包含一个人称代词,这个代词和另一个命题中的名词互相兼容,那么有这样四种可能:**LH'**,**H'L**,**L'H** 和 **HL'**。根据约束条件,**H'L** 情况下,**H'** 中的代词和 **L** 中与之相容的名词之间不能发生共指关系,而其他三种情况下则可以。

166　　句子论元作主语和宾语时,约束条件如下所示:

10.3.1　句子论元中的兰盖克-罗斯限制定理

1. **LH'**:That *Mary* had found the answer pleased *her*.

2. **H'L**:*% She* knew that *Mary* had found the answer.

3. **L'H**:That *she* had found the answer pleased *Mary*.

4. **HL'**:*Mary* knew that *she* had found the answer.

相关的名词代词对(noun-pronoun pairs)用斜体表示。根据和代词之间的位置关系,共指名词("cnn")称作先行词或者后行词。**H'L** 带有"%"标记,表示这个形式在语法上是完整的,但是"she"和"Mary"之间不存在共指关系。

把代词的"idy"值重新设置为先行词或者后行词的"idy"值的推理过程是一个导航过程,这个过程从代词开始,然后在句子里的所有名词候选项之间进行搜索。约束条件的作用是,当代词在前,其后面的下一级命题中出现与之相容的名词时,推理程序中重设代词"idy"值的部分被阻止运行。

为了把推理程序进一步规范成为 LA-think 的语法规则,我们提议采用一种类似规则应用图示化的分析方法,如 3.5.1 和 10.2.2。这种分析图包含两个层次,上层是推理导航,下层是相关的命题因子。以 10.3.1 中的第一个句子为例:

10.3.2　LH'：That Mary had found the answer pleased her.（n/v-cnn）

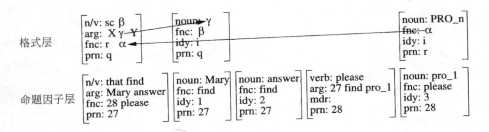

格式层

命题因子层

在格式层,格式之间的箭头表示推理导航的方向和进程。因为没有规则名,没有操作定义,也没有规则包,所以这个分析暂时还不能形成规则。后面的 10.3.6 会对这个分析进行补充,把它进一步完善成为一个适用于相关命题间共指推理分析的 LA-think 语法规则。为了后面引用方便,标题上标注了相关规则的名称,这里是"（n/v-cnn）"。

命题因子层是表现例句内容的五个命题因子,其中三个和上一层的格式相匹配。绑定上一层变量和语言命题因子中的相应值,上层的推理导航就在下一层得到了实现。共指推理所应用的程序是以下一层命题因子属性,如"fnc"的值,为依据的提取程序。这和语言生成过程中的推理不同,语言生成过程中的推理所应用的提取程序只以命题因子的核心属性值为依据。

10.3.2 中的推理过程从代词开始,在一组命题因子中查找与之相容的名词,这一组命题因子的"prn"值和这个代词的"prn"值相邻。① 查找过程分两步。第一,指针在命题外从代词转移到相邻的"n/v"命题因子,这个命题因子的"fnc"值必须和代词的"fnc"值相同（这里是"please"）。然后,导航继续,指针在命题内部从"n/v"命题因子转移到一个名词命题因子上,这个名

---

① 例如,如果代词的"prn"值是 10,那么,相邻共指名词候选项的"prn"值就是 9 和 11。和"idy"值相似,"prn"值在基于 Java™ 的 LA-hear 句法语义分析过程中也是自动生成。

词命题因子的(i)核心值必须和"n/v"命题因子的属性"arg"的一个值相同，(ii)在语法上也要和代词相容。这个命题因子(这里是"Mary")就是共指名词候选项。①

用同样的方法，兰盖克-罗斯限制定理的重点例句(非共指)表示如下：

10.3.3　H'L:% She knew that Mary had found the answer

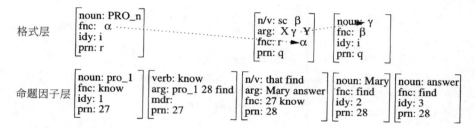

和以前一样，代词出现在上一级命题(**H'**)当中，但是名词候选项在代词前没有出现(**H'L**)——如命题因子的"prn"值所示。因此，共指关系受阻，不能重设代词的"idy"值。

下面看一下 **L'H** 和 **HL'** 的图示化分析。在这两种格式下，代词出现在下一级命题当中：

10.3.4　L'H:That she had found the answer pleased Mary(n/v-pro)

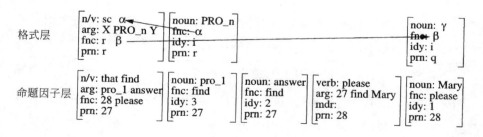

① 代词总是同时具有指示意义，就是因为这个才用了"候选项"这个说法。(见 FoCL'99,6.3)

10.3.5　HL'：Mary knew that she had found the answer（n/v-pro）

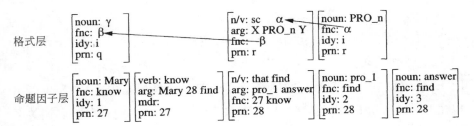

无论下一级命题 **L'** 出现在上一级命题 **H** 之前（见 10.3.4）还是之后（见 10.3.5），共指关系都可能存在。

格式建立起来之后，只需一小步就可以建立起进行推理的 LA-think 语法规则。我们必须在这些格式的基础上增加规则名称、规则操作和规则包。另外，还必须定义起始状态"ST_s"和结束状态"ST_F"。

10.3.6　LA-think. pro-2 的定义（句子论元）

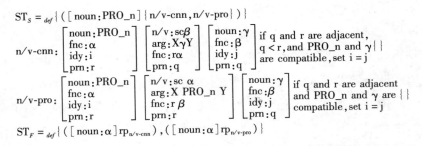

第一个规则，称作"n/v-cnn"，处理的是句子论元中的共指名词和上一级命题中的代词之间的关系，而第二个规则，称作"n/v-pro"，处理的是句子论元中的代词和上一级命题中的共指名词之间的关系。注意，第一个规则，而不是第二个规则的操作部分受条件"q < r"的限制，这意味着"prn"值为"q"的命题必须出现在"prn"值为"r"的命题之前。这两个规则的规则包都为空。

10.4　兰盖克-罗斯限制定理用于修饰名词的句子

　　第二种命题间函词论元结构是句子作定语(关系从句)。和句子作论元一样,定语修饰句也受限于兰盖克-罗斯限制定理。我们继续使用 **LH'**,**H'L**,**L'H**,**HL'** 来区别几种不同的情况,但在这几种情况当中,子句 **L** 可能出现在上一级子句 **H** 中间。我们用 **LH** 和 **HL** 来表示 **H** 中与代词-名词关系相关的部分(即代词或者共指名词)所在位置的差异。

10.4.1　兰盖克-罗斯限制定理用于定语从句

1. **LH'**：The man who loves *the woman* kissed *her*.

2. **H'L**：% *She* was kissed by the man who loves *the woman*.

3. **L'H**：The man who loves *her* kissed *the woman*.

4. **HL'**：*The woman* was kissed by the man who loves *her*.

　　用来表示定语从句的命题因子类型和用于句子论元(见 10.3)的不同,所以,要把兰盖克-罗斯限制定理应用到关系从句上,需要编写另外一组推理规则。7.4 和 7.5 描述了听者和说者模式下的命题间函词论元结构的时间线性推导过程,这个过程中建立起来的是定语从句的初级关系。

　　10.4.1 所述的几种情况之一,**LH'**(例 1),在自然语言的逻辑语义学研究中受到了很多关注。在这个以真值为条件的谓词计算方法当中,代词被看作是由量词绑定的变量。**LH'** 就是知名的"donkey 句",有这样一个问题:先行词分析过程中所设定的量词的范围不足以绑定共指代词。[①] 但是,通过推理来分析代名词共指关系的时候,没有出现这样的问题,如下所示:

　　和前面一样,我们从双层的语义表示开始。双层中的下层是命题因子

---

　　① 例如,如果"Every man who loves a woman loses her."表示为"∀x[[man(x)&∃y[woman(y)&love(x.y)]→lose(x,y)],那么 lose(x,y)中的 y 不受存在量词的限制。"这样的例子首先由 Geach(1969)提出,之后引起了很多关于"donkey 句"的讨论(Kamp and Reyle 1993;Geurts 2002)。

层,其中包含相关例句的命题因子;上层是格式层,包含相关规则格式。

10.4.2 LH':Every farmer who owns a donkey beats it(adn-cnn)

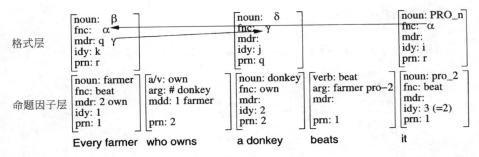

根据代词的"fnc"值,推理程序提取到第二个名词,这个名词具有和代词相同的"fnc"值(这里是"beat"),它的"prn"值也和代词的相同(这里是"1")。这个名词还有一个"mdr"值(这里是"2 own"),这个值用来提取和代词兼容的第三个名词命题因子。这第三个名词命题因子的"fnc"值应该就是第二个名词命题因子的"mdr"值,也就是说,第三个名词命题因子是共指名词候选项。

10.4.2 在结构上和10.4.1 的例 1 等价,我们现在来看 10.4.1 中的例 2。这个例子代表的是代词和与之兼容的名词之间不能构成共指关系的语法结构: ¹⁷⁰

10.4.3 H'L:% She was kissed by the man who loves the woman

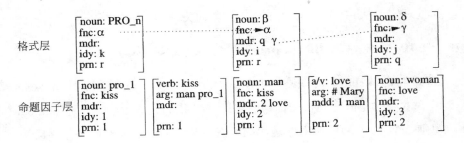

和在 10.4.2 中一样,代词出现在上一级子句 H' 中,但是名词候选项出现在后面。由于英语的语序是固定的,必须用被动语态(见 6.5)来获取这个关系从句结构中的 H'L 关系。

最后,看一下 L'H(例 3)和 HL'(例 4)。这两种情况都允许相互兼容的名词-代词对构成共指关系。

10.4.4 L'H:The man who loves her kissed the woman(adn-pro)

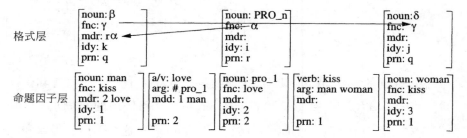

10.4.5 HL':The woman was kissed by the man who loves her(adn-pro)

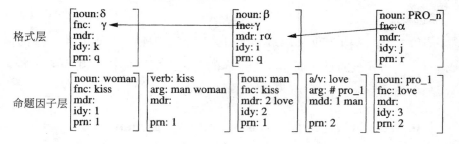

有了表示上述四个例子的共指推理格式,我们只需一小步就可以搭建起处理定语从句(关系从句)的代词-名词关系的 LA 语法。

10.4.6 LA-think. pro-3 的定义(定语从句)

LA-think. pro-3 的规则"adn-cnn"和 LA-think. pro-2 的规则"n/v-cnn(见 10.3.6)"的相似之处在于代词必须跟在共指名词之后,而规则"adn-cnn"和规则"n/v-cnn"的相似之处是代词可以在共指名词之前也可以在之后。

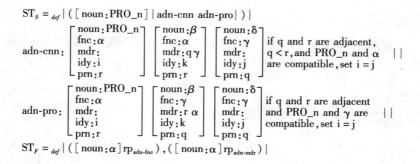

$$ST_S = {}_{def} \{ (\,[\,\mathrm{noun:PRO\_n}\,]\,\{\mathrm{adn\text{-}cnn\ adn\text{-}pro}\}\,)\,\}$$

$$ST_F = {}_{def} \{ (\,[\,\mathrm{noun:\alpha}\,]\,\mathrm{rp_{adn\text{-}fnc}}\,),\,(\,[\,\mathrm{noun:\alpha}\,]\,\mathrm{rp_{adn\text{-}mdr}}\,)\,\}$$

10.5　兰盖克-罗斯限制定理用于状语修饰句

另一个命题间函词论元结构是状语从句。① 和句子论元(见 10.3)以及定语从句(见 10.4)一样,状语修饰句受限于兰盖克-罗斯限制定理。

10.5.1　兰盖克-罗斯限制定理用于状语从句

1. **LH'**:When *Mary* returned *she* kissed John.

2. **H'L**:% *She* kissed John when *Mary* returned.

3. **L'H**:When *she* returned *Mary* kissed John.

4. **HL'**:*Mary* kissed John when *she* kissed John.

下面是上述例句的双层分析:

10.5.2　LH':When Mary returned she kissed John (adv-cnn)

代词"she"出现在上一级子句 **H'** 中。它的"fnc"值"kiss"和"a/v"命题因子"return"的"mdd"值相同,命题因子"return"的"prn"值与"she"的相邻。第二个命题因子的"arg"值和第三个命题因子"Mary"的核心值相同——

---

① 因为位置比较灵活,状语从句尤其适合来解释英语当中的约束条件。有了状语从句就不一定非要采用主语句对宾语句(见 10.3)或者主动句对被动句(见 10.4)的方式来获得相关体系所需要的不同语序。事实上,状语从句中的共指名词或者代词可以出现在主语的位置上(见 10.5.1),也可以出现在宾语的位置上(见 10.5.7),从而体现 8 个不同体系。

"Mary"是"she"的合法共指名词候选项。

采用相同的模式,兰盖克-罗斯限制定理的非共指关系举例如下:

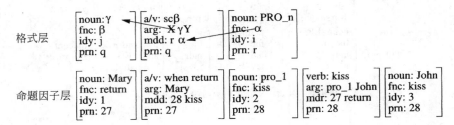

172   ### 10.5.3   H'L：% She kissed John when Mary returned.

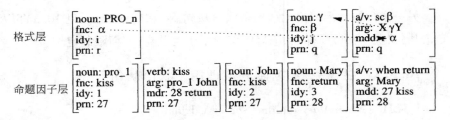

和以前一样,代词出现在上一级子句 **H'** 中,但是名词候选项出现在后面(**H'L**)——如命题因子的"prn"值所示。因此,共指受阻,不能重设代词的"idy"值。

代词出现在下一级子句,即 **L'H**(例3)和 **HL'**(例4)的情况如下所示:

10.5.4   L'H：When she returned Mary kissed John
（adv-cnn）

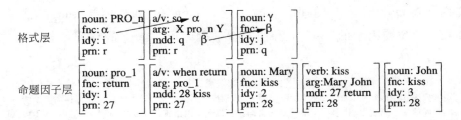

10.5.5　HL': Mary kissed John when she returned (adv-cnn)

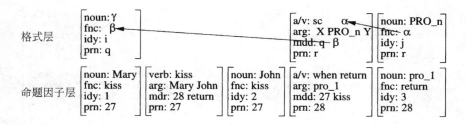

有了表示上述四个例子的共指推理模式,我们只需一小步就可以搭建起处理名词-代词对出现在主语位置上的状语从句的 LA 语法:

10.5.6　LA-think. pro-4 的定义 (定语从句)

173

$$ST_S =_{def} \{ ([\text{noun}:\text{PRO\_n}] \{ \text{adv-cnn adv-pro} \}) \}$$

adv-cnn
$$\begin{bmatrix} \text{noun}:\text{PRO\_n} \\ \text{fnc}:\alpha \\ \text{idy}:i \\ \text{prn}:r \end{bmatrix} \begin{bmatrix} \text{a/v}:\text{sc}\ \beta \\ \text{arg}:X\gamma Y \\ \text{mdd}:r\ \alpha \\ \text{prn}:q \end{bmatrix} \begin{bmatrix} \text{noun}:\gamma \\ \text{fnc}:\beta \\ \text{idy}:j \\ \text{prn}:q \end{bmatrix}$$ if q and r are adjacent, q < r, and PRO_n and γ are compatible, set i = j　{ }

adv-pro:
$$\begin{bmatrix} \text{noun}:\text{PRO\_n} \\ \text{fnc}:\alpha \\ \text{idy}:i \\ \text{prn}:r \end{bmatrix} \begin{bmatrix} \text{a/v}:\text{sc}\ \alpha \\ \text{fnc}:X\ \text{PRO\_n}\ Y \\ \text{mdd}:q\ \beta \\ \text{prn}:r \end{bmatrix} \begin{bmatrix} \text{noun}:\gamma \\ \text{fnc}:\beta \\ \text{idy}:j \\ \text{prn}:q \end{bmatrix}$$ if q and are adjacent and PRO_n and γ are compatible, set i = j　{ }

$$ST_F =_{def} \{ ([\text{noun}:\alpha] \text{rp}_{\text{adv-cnn}}), ([\text{noun}:\alpha] \text{rp}_{\text{adv-pro}}) \}$$

下面我们来看一个如何应用这个语法来处理下面的例句:

10.5.7　兰盖克-罗斯限制定理用于共指关系 (斜体表示)

1. **LH'**: When *Mary* returned John kissed *her*.

2. **H'L**: % John kissed *her* when *Mary* returned.

3. **L'H**: When *she* returned John kissed *Mary*.

4. **HL'**: John kissed *Mary* when *she* returned.

下面看这些例句的双层分析:

10.5.8 LH':When Mary returned John kissed her (adv-cnn)

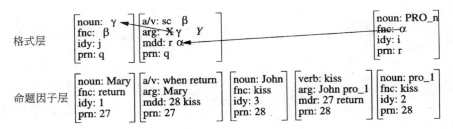

10.5.9 H'L:% John kissed her when Mary returned

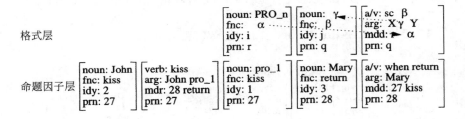

174

10.5.10 L'H:When she returned John kissed Mary (adv-pro)

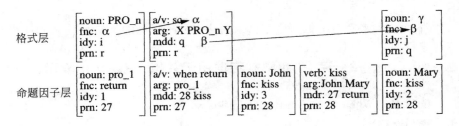

10.5.11 HL':John kissed Mary when she returned (adv-pro)

10.5.6 中定义的 LA-think. pro-4 同样适用于带有共指关系(斜体表示)的上述例句。代词在主语位置和宾语位置上的区别,如"She kissed John.(见

格式层

命题因子层

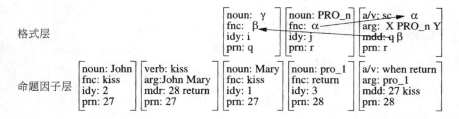

10.5.1)"和"John kissed her.（见 10.5.7）"，表现在上一级动词命题因子当中。上一级动词命题因子不参与推理导航；共指名词作主语或者宾语的区别也用相同的方法来处理。

10.6 通过推理处理代名词共指关系

最后，我们把建立命题内共指关系（LA-think. pro-1，见 10.2.1）、在句子论元结构中建立命题间共指关系（LA-think. pro-2，见10.3.6）、处理定语从句结构（LA-think. pro-3，见 10.4.6）和状语从句结构（LA-think. pro-4，见 10.5.6）的 LA 语法组合成一个，称作 **LA-think. pro**。组合的方法是（i）把各个小语法的规则名称合并到新的起始状态 ST_S 的规则包里；（ii）在新的语法中列明各个小语法的规则；（iii）把结束状态规范合并到新的 ST_F 里。

经过组合之后的 LA-think. pro 中，处理反身代词和名词在语法上不相容这类情况的规则"rfl-0（见 10.2.1）"被重命名为"pro-0"，并推广到所有其他共指规则。代词统一用变量"PRO-n"来表示，用于匹配反身代词和非反身代词的核心词。反身代词和非反身代词之间的区别在规则操作中处理。共指名词的"prn"值必须和代词的相同或者相邻。[1]

10.6.1 LA-think. pro 定义

175

$$ST_S =_{def} \{ ([\text{noun:PRO\_n}] \{\text{pro-0 rfl-1 n/v-cnn n/v-pro and-cnn adn-pro adv-cnn adv-pro}\}) \}$$

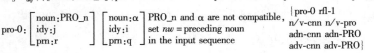

---

[1] 处理多层嵌套的命题间函词—论元结构时需要对这个简化假设进行修正。

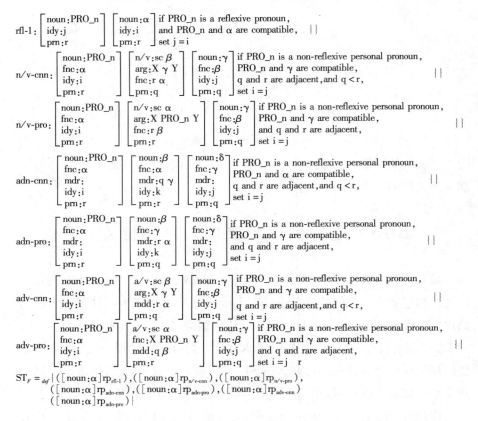

$$\mathrm{ST}_F =_{def} \{ ([\,\mathrm{noun}{:}\alpha\,]\,\mathrm{rp}_{\mathrm{rfl\text{-}1}}), ([\,\mathrm{noun}{:}\alpha\,]\,\mathrm{rp}_{\mathrm{n/v\text{-}cnn}}), ([\,\mathrm{noun}{:}\alpha\,]\,\mathrm{rp}_{\mathrm{n/v\text{-}pro}}), \\ ([\,\mathrm{noun}{:}\alpha\,]\,\mathrm{rp}_{\mathrm{adn\text{-}cnn}}), ([\,\mathrm{noun}{:}\alpha\,]\,\mathrm{rp}_{\mathrm{adn\text{-}pro}}), ([\,\mathrm{noun}{:}\alpha\,]\,\mathrm{rp}_{\mathrm{adv\text{-}cnn}}) \\ ([\,\mathrm{noun}{:}\alpha\,]\,\mathrm{rp}_{\mathrm{adn\text{-}pro}}) \}$$

　　只要 ST_s 格式"[noun:PRO-n]"匹配上一个待存入词库的命题因子，LA-think. pro 即被激活。LA-think. pro 的输入全部是带有代词的句子的名词命题因子。但是，由 LA-think. pro 提供的共指释义是否会作为最可能的候选项被主体采用，必须要看言语环境，包括之前的文本或者对话，以及当前的语境。

　　有了相容的"ss"格式，上述八个规则同样适用。如果"nw"的格式不相容，这八个规则当中最多只能有一个应用成功。所以，LA-think. pro 是一个 C1-Lag(见 FoCL'99,11.5)，按照时间线性顺序来判断任一给定代词的共指关系。这种通过推理来处理共指关系的方法数学复杂度很低，但是非常有效。

　　下面通过巴赫–彼得句(Bach-Peter's sentences)(Peters and Ritchie 1973; Jacobson 2000)来举例分析。我们推导初级关系开始：

10.6.2 听者模式下巴赫–彼得句的推导过程

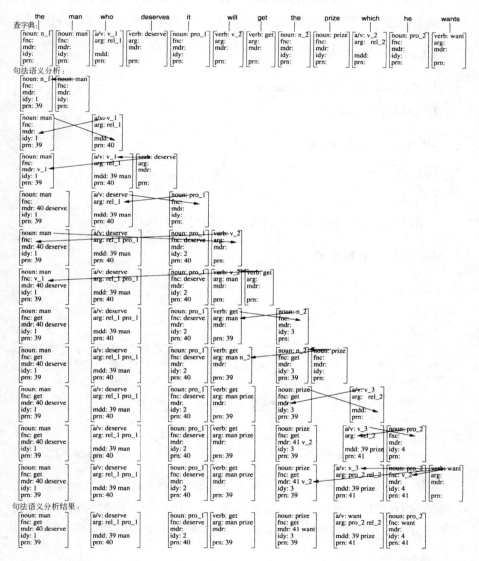

转换语法（TG）当中，这个例子被用来证明 TG 是不可判定的。数据库 177
语义学不存在复杂度问题，因为有（i）代词的词汇处理，而且（ii）初级关系和
二级关系分开推导。和数据库语义学对自然语言的其他分析（见 FoCL'99，

12.5.7 和 21.5.2)一样,推导 10.6.2 的数学复杂度是线性的。

下面我们来看二级关系,即生成适当共指的推理过程。对 Bach-Peters 句进行共指推理的依据是定语从句的 HL' 和 L'H 结构(见 10.4.1 的例 3 和例 4):

10.6.3　HL' 体系

H:The man will get the prize

L':which he wants

10.6.4　L'H 体系

The man　　　　　　　　　　　**H**:will get the prize

L':who deserves it

应用 10.6.2 推导得到的命题因子,共指关系图示化如下:

10.6.5　关系推理

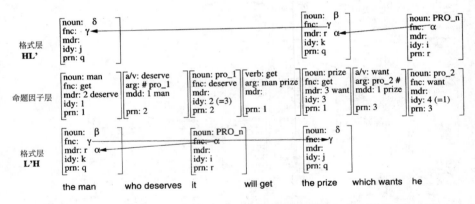

HL' 格式如上图第一层所示,而 **L'H** 格式在命题因子层的下一层。这二种情况下,代词都出现在下一级子句当中,所以应用相同的规则来处理共指关系,即 10.6.1 中定义的 LA-think. pro 语法的规则"adn-pro"。①

---

① Peters 和 Ritchie(1973)。TG 从"深层结构"的"完整名词短语"当中推导出代词,这个过程和推导代词的先行词和后行词一样,容易引起复杂度问题。代词"it"扩展为"the prize he wants",代词"he"扩展为"the man who deserves it",导致无限回归。这个现象是 TG 从"潜在的完整名词短语"推导出代词的直接结果。

179

第二部分结束语

在这一部分,我们从语义角度分析了自然语言的主要结构。传统的基本语义关系包括(i)函词论元结构、(ii)并列结构、(iii)共指关系。这一部分首先分别介绍了如何处理这些关系,然后又把这几个关系以任意复杂度组合在一起进行了系统分析。

但是,自由的文本中会出现很多其他的结构。这种多样性引出这样一个问题:如何通过最大限度地挖掘语表变化,通过扩大数据覆盖面来补足基于语义表示的语法分类呢?下面是我们的一些建议:

首先要建立一个能够完全覆盖某种语言的自动词形识别系统[①],之后,语料库可以自动转换为按频率排序的类似 N 元结构的类别序列。从顶部开始,对这个类别序列进行分析,从而建立一个小的数据库语义学的初始片段(initial fragment)。越来越多的后续类别序列得到分析,合并入初始片段。

和基于替换的方法相比,这个方法更简单。因为数据库语义学的句法-语义分析(听者模式)和语义-句法分析(说者模式)在本质上都是时间线性的(见 FoCL'99,18.1)。而且,如果不同类别序列的频率分布和语料库中的不同词形的频率分布相关(见 FoCL'99,15.4.2,15.4.3),那么这个方法可以迅速地扩大数据覆盖面。

在接下来的第三部分,我们讨论如何定义和扩展一个英语片段(English fragment)。我们把片段定义为 LA-hear,LA-think 和 LA-speak 语法的陈述性规范说明。这几个语法可以直接用某种语言来编写成一个程序在计算机上运行。基于对细节描述的需要,第三部分的语法分析范围比第二部分要小一些。

---

① 如果具备词素方法(allomorph approach,见 FoCL'99,第 13 - 15 章)所需要的在线传统词典和现成的软体框架,那么建成自动识别词形系统大概需要几个月的时间,具体视语言而定。

第三部分
形式片段的陈述性规范说明

11. DBS.1:听者模式

自然语言交流体系的陈述性规范说明(见1.2)必须详细到一定程度,以便能够直接用某一种语言来编写成一个程序在计算机上运行。鉴于自然语言表达方式在结构上的多样性,词典的规模,以及自然语言交流的复杂性,我们首先从一个小的"片段"开始。

片段指的是一个覆盖面有限的自然语言交流体系,它在功能上是完整的,能够对听者模式、思考模式(定义为在数据库内容间导航)和说者模式进行模拟。因为只能使用标准的计算机,而不是机器人,所以下面的片段不包括语境识别和行动部分(也就是说,它们只支持媒介指代,见2.5.1)。因此,词库简化为只存储语言命题因子的数据库,语境部分(见3.3.1)省略。

数据库语义学中的第一个英语片段定义为 DBS.1。简便起见,DBS.1只包含这样一个句子序列:

"Julia sleeps. John sings. Susanne dreams."

DBS.1 的焦点是关联命题,像在一个语篇里那样(命题间并列关系,见9.2)。DBS.1 包括自动词形识别和生成,以及三个 LA 语法。这三个语法LA 语法分别称作 LA-hear.1,LA-think.1 和 LA-speak.1。在第13章和第14章,我们把 DBS.1 扩展为 DBS.2,原有的功能和覆盖面保留到新的片段当中。

11.1 自动词形识别

对于一个具备语言功能的认知主体来说,交流循环有可能从说者模式开始,也有可能从听者模式开始。但是在主体生成语言之前,它的词库里必须有内容。为了把内容自动读入系统，我们首先讨论听者模式下的片段定义。

一个 LA-hear 系统包括二个部分：(i) 词形识别系统和(ii) 用于句法–语义分析的 LA-hear 语法。词形识别系统以未经分析的自然语表为输入，以相应的经过词汇分析的类型为输出。①

184   自动词形识别是一个语表识别和查字典的组合过程，图示化如下：

11.1.1   语表识别和查字典

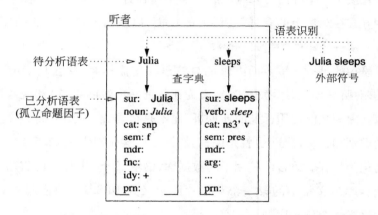

在语表识别部分，外界符号表面(个例)匹配来自主体词库(见 4.3-4.5)的相关内部符号表面(类型)。这个过程可以通过语音识别、光学字符识别(**OCR**)，或者简单地通过键盘向计算机输入外界语表字母来完成。在后一个步骤当中，外界语表直接转换为数字编码的独立于模块之外的形式——这和依存于模块(见 2.2)的言语识别或者 **OCR** 不同。

待分析语表的内部表示进入下一步查字典程序。查字典的前提是有一部电子字典，电子字典即词条列表。假设每一个词条都被定义为一个孤立的命题因子，查字典时把待分析语表和每一个词条的属性"sur"的值进行对比。"sur"值与待分析语表相匹配的命题因子作为查询结果返回。

查字典的依据可以是完整的词形，也可以是形态分析，所以自动词形识

别又可以细分为两种情况（见 FoCL'99，13.5）。以完整词形为依据的方法最简单，但是这种方法能够识别的数量有限。以形态分析为基础的方法可以把语表分解为称作词素的小部分，如"learn"、"ing"，或者"ed"，这样可以识别出来的词形的数量就是无限的。这种组合型的方法对于比英语形态更加丰富的语言来说尤其重要。

无论采用哪种方法，这个自动词形识别系统都应该能够适用于任何语言。要分析不同的语言，只需要再根据该语言建一部字典，以及一些必要的形态分析规则。另外，当前的自动词形识别系统的各个组成部分必须能够随时被高级版本（模块化）替换。用来替换的新版本和旧版本的输入/输出部分必须等价：新版本也必须以待分析的语表个例为输入，以经过词汇分析的语表类型（如：孤立的命题因子）为输出，并传递给句法分析器。

11.2　LA-hear.1 词典

185

要分析一个句子或者语篇，LA-hear 语法必须能够识别其中所有的词形。因此，我们需要定义 DBS.1 小片段所需要的词形。简便起见，我们采用以完整词形为依据的查字典方法。

为了方便存储和提取，字典里的词条通常以词表为关键字，按字母顺序排列。但是，为了表示不同词类在结构上的差异，下面的词条是按照词性排列的，也就是先列出所有名词，再列出所有动词，最后是标点符号。

11.2.1　LA-hear.1 的词条

专有名词

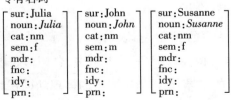

一价限定动词,表示为单数第三人称

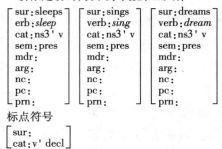

标点符号

$$\begin{bmatrix} sur: \\ cat:v' \ decl \end{bmatrix}$$

这三种词条的第一个属性相同,称作"sur",以词表为值(见 4.1.2,1)。这里用"sans serif"字体印刷。听者模式下,这个属性值是匹配待分析输入语表的关键字(见 11.1.1)。

名词和动词是实词,标点符号相当于功能词。实词的第二个属性是核心属性(见 4.1.2,2),它指明基本词性,即名词、动词或者形容词,以概念、名称标记或者指示符为值。简便起见,概念由相应的英语单词来占位(见 4.1.4 ff.),用斜体印刷。

接下来的二个属性"cat"和"sem"称作语法属性(见 4.1.2,3)。属性 186 "cat"指明词形的句法范畴,它保留了旧的 LA 语法体系(NEWCAT'84 和 CoL'89)所引用的范畴段(category segment)的说法。11.4.1 定义的简单的 LA-hear.1 语法所用到的范畴段如下:

11.2.2   属性"cat"的值

decl   = 陈述句
nm   = 专有名词
ns3'   = 单数第三人称主格价位
v   = 动词,不带语气标记
v'   = 不带语气标记的动词价位

这些范畴段都是常数,用小写的罗马字母表示。

属性"sem"指明词形的语义特性。LA-hear.1 当中,名词命题因子的属性"sem"值体现名词在性别上的差异,动词命题因子的体现动词在时态上的差异:

11. 2. 3　属性"sem"的值

f　　　 =阴性
m　　　 =阳性
pres　 =现在时

11.2.1 词典当中的孤立命题因子的其他属性值暂时为空,但是在后面的句法-语义分析过程中,有些属性会被赋值。我们这里讨论的属性分三个大类。第一类从传统的价关系(见4.1.2,4)的角度指明实词之间的命题内关系:

11. 2. 4　命题内接续属性

arg：表示动词的论元
fnc：表示名词的函词
mdr：表示名词或者动词的修饰语
mdd：表示有状语或者定语修饰的成分

在分析第二部分所讨论的结构时,需要对上述有关值的限制进行修正。例如,属性"fnc"必须是非原子值,如7.1.2,1 当中的"[fnc：28 amuse]"。

第二类属性要表示的是命题间关系(见4.1.2,5),即名词之间的同一性关系和动词之间的并列关系。

11. 2. 5　命题间接续属性

idy：表示名词之间的同一关系,值为数字
nc：下一个并列项,值可为连词、命题编号或者动词概念
pc：前一个并列项,值和"nc"值类似.

属性"idy"只在名词和介词短语(复杂形容词)命题因子中出现,而属性"nc"和"pc"在 DBS-1 当中只用于动词。

第三类属性是簿记属性(见4.1.2,6),它的值不能是词:

11. 2. 6　LA-hear. 1 的簿记属性

prn：命题编号

所有实词命题因子都有这个属性。属于同一个命题的各个实词的属性"prn"的值相同。

最后，我们来看一下 11.2.1 中的功能词的特殊结构。标点符号只有两个属性，一个表示语表，一个表示句法范畴。因为标点会融入动词命题因子（如,11.5.2），所以只有这两个属性就足够了。

11.3　LA-hear.1 前导

LA-hear.1 的规则以格式为基础，格式被定义为非递归特征结构。规则层格式的某些属性值是变量而不是常量，这一点和语言层不同。LA-hear.1 语法的前导部分对这些变量进行定义，包括对变量域的限制和一致性条件等。这样，不同规则中出现的变量如果相同，那么其定义也相同。

LA-hear.1 的规则采用了下列绑定变量：

11.3.1　绑定变量列表

$$SM = 句子语气$$
$$VT = 动词类型填充值$$
$$VT' = 动词类型价位$$
$$NP = 名词短语填充值$$
$$NP' = 名词短语价位$$

α，β，γ, etc. = 用于个体概念，如"Julia""sleep""young"等
i, j, k　　　= 用于"prn"和"idy"属性的数字值

如 3.2 所述，规则层命题因子格式与语言层命题因子之间的相互匹配要求：(i)规则层格式所有属性都能在语言层命题因子中找到对应项；(ii)语言层命题因子的所有属性都满足规则层格式相应属性的相应变量的限制条件。LA-hear.1 的变量限制条件如下：

11.3.2　绑定变量限制条件

$$SM \in \{decl\}$$
$$VT \in \{v\}$$
$$VT' \in \{v'\}$$

NP $\in \{$nm$\}$
NP' $\in \{$ns3'$\}$

这些变量的值在以后的语法中会有所增加。

变量限制条件的作用可以图示化表示如下：

11.3.3　变量和常量匹配

规则层：$[$cat：NP$]$
　　　　　　　匹配？
语言层：$[$cat：nm$]$

因为语言层命题因子的属性"cat"的常量值"nm"符合在 11.3.2 中被定义为规则层相应属性的变量值——NP 的限制条件，因此匹配成功。

采用下面的条件，限制变量的定义可以扩展为简单的、普遍的一致性问题[①]：

如果变量 X 有值 a,b,或者 c,那么变量 Y 必须有值 p 或者 q。

这个条件进一步限定 X 和 Y 的值，也因此把这两个规则层的变量关联在了一起。

LA-hear.1 的一致性条件很简单，其作用就是把价位填充值和合适的价位关联在一起。

11.3.4　一致性条件

如果 VT $\in \{$v$\}$,那么 VT' $\in \{$v'$\}$
如果 NP $\in \{$nm$\}$,那么 NP' $\in \{$ns3'$\}$

关于英语名词性价位填充值和动词、限定助词和非限定主要动词、冠词和名词要保持一致的问题，13.2 节的 LA-hear.2 中有更进一步的分析。

[①]　关于英语的一致性问题的完整处理见 FoCL'99, 16.3, pp. 307-310 和第 17 章,pp. 331-332。

11.4　LA-hear.1 定义

为了分析"Julia sleeps. John dreams. Susanne sings."这样的简单文本，LA-hear.1 需要有三个规则，分别称作"NOM + FV（主格加限定动词）""S + IP（句子加标点）"和"IP + START（标点加新句首）"。这个语法当中，定义状态和规则的前提是 11.2 关于属性和值的定义，以及 11.3 关于变量和一致性的定义。

"NOM + FV"的意思是名词性句首和限定性动词组合；"S + IP"的意思是以限定性动词结束的句首和句号组合在一起；"IP + START"的意思是以句号结束的句首和一个名词组合在一起。之后，循环再从头开始：名词成为新的句首，再根据规则"NOM + FV"和限定动词组合，等等。

除了这三个规则之外，LA-hear.1 还定义了起始状态"ST_s"，从而确保了导航过程从规则"NOM + FV"开始。对结束状态"ST_F"的定义确保了导航过程以规则"S + IP"的应用为结束。

11.4.1　LA-hear.1 的形式定义

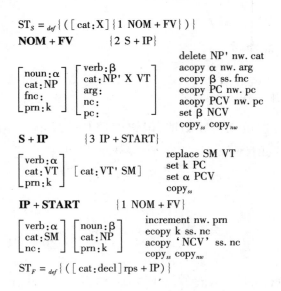

$ST_S =_{def} \{ ([\text{cat}:X] \{1\ \text{NOM} + \text{FV}\}) \}$

NOM + FV　　　　$\{2\ \text{S} + \text{IP}\}$

$$\begin{bmatrix} \text{noun}:\alpha \\ \text{cat}:\text{NP} \\ \text{fnc}: \\ \text{prn}:k \end{bmatrix} \begin{bmatrix} \text{verb}:\beta \\ \text{cat}:\text{NP' X VT} \\ \text{arg}: \\ \text{nc}: \\ \text{pc}: \end{bmatrix}$$

delete NP' nw. cat
acopy α nw. arg
ecopy β ss. fnc
ecopy PC nw. pc
acopy PCV nw. pc
set β NCV
$\text{copy}_{ss}\ \text{copy}_{nw}$

S + IP　　　　$\{3\ \text{IP} + \text{START}\}$

$$\begin{bmatrix} \text{verb}:\alpha \\ \text{cat}:\text{VT} \\ \text{prn}:k \end{bmatrix} [\text{cat}:\text{VT' SM}]$$

replace SM VT
set k PC
set α PCV
copy_{ss}

IP + START　　　　$\{1\ \text{NOM} + \text{FV}\}$

$$\begin{bmatrix} \text{verb}:\alpha \\ \text{cat}:\text{SM} \\ \text{nc}: \end{bmatrix} \begin{bmatrix} \text{noun}:\beta \\ \text{cat}:\text{NP} \\ \text{prn}:k \end{bmatrix}$$

increment nw. prn
ecopy k ss. nc
acopy 'NCV' ss. nc
$\text{copy}_{ss}\ \text{copy}_{nw}$

$ST_F =_{def} \{ ([\text{cat}:\text{decl}]\text{rps} + \text{IP}) \}$

我们把规则包里的规则按顺序进行编号。[①] 因为同一个规则可能出现在不同的规则包里,可以在不同的位置被调用,所以对规则进行编号有助于调试。[②]

每一条规则都包含一个规则名,如"**NOM + FV**",一个规则包,如"[2 S + IP]",一个句首格式,一个新词格式,一组操作,如"delete NP' nw. cat"。

规则里的各个操作分别定义如下(也可见附录 B. 5. 2-B. 5. 5):

11.4.2　操作的定义

190

delete variable proplet-attr.	=	删除语言层相关命题因子的相关属性内与变量相关的值
例如:		delete NP' nw. cat(规则"NOM + FV")
acopy variable proplet-attr.	=	复制与变量相关的值,并添加到指定目的槽内;默认位置是目的槽末端
		acopy α nw. arg(规则 NOM + FV)
例如:		acopy PCV nw. pc(规则 NOM + FV)
		acopy 'NCV' ss. nc(规则 IP + START)
ecopy variable proplet-attr.	=	复制与变量相关的值并替换指定命题因子属性的值
		ecopy β ss. fnc(在 NOM + FV 中)
例如:		ecopy PC nw. pc(在 NOM + FV 中)
		ecopy k ss. nc(在 IP + START 中)
set value variable	=	根据规则(而不是匹配情况)将变量绑定到值上
		set β ss. fnc(在 NOM + FV 中)
例如:		set k nw. pc(在 S + IP 中)
		set α ss. nc(在 S + IP 中)

---

①　在语法发展的同时,规则包里的内容可能也会随着发生比较频繁的变化。所以,依赖于语法的规则编号由系统自动生成。否则,每一次改动都需要手动来调整编号。

②　LA-hear. 1 对此没有解释,因为其每个规则包都只包含一条规则,且每一规则都只来自一个规则包。LA-hear. 2 的定义见 13. 2. 4。

replace variable 2
variable 1
= 将变量 1 的值替换为变量 2

例如： Replace SM VT（在 S + IP 中）

increment
proplet-attr.
= 相关属性的数字值增加 1

例如： increment nw. prn（在 IP + START 中）

copy$_{ss}$ = 把句首部分输出到结果当中

例如： NOM + FV，S + IP，IP + START

copy$_{nw}$ = 把新词输出到结果当中

例如： NOM + FV，IP + START

用"acopy"来附加性（additively）添加一个值意味着目标属性可能已经有一个非空值。用"ecopy"来排他性（exclusively）添加一个值意味着目标属性的值可能为空，也可能不为空。每个操作并不以变量来指代任何值，如"acopy α nw. arg"，而是指明命题因子属性，如"acopy ss. noun nw. arg"。

"set"操作允许通过规则（而不是通过匹配规则格式和语言层）把值绑定给变量。变量"**NCV**（下一个并列动词）"，"**PC**（前一个并列命题）"和"**PCV**（前一个并列动词）"是一种特殊的全局（global）变量，称作载入（loading）变量，因为他们在推导过程的特定阶段通过特定规则来赋值，这样，这些值可以应用到其他阶段，也可能来自其他阶段。载入变量出现在语言层和规则层，而绑定变量只出现在规则层。

各个操作按照在规则中出现的顺序来依次执行。下面以一个详细的例子来说明规则操作的执行过程：

191

11.5　解析句群

自动词形识别的结果被传递到 LA-hear 语法程序，第一个被传递的词形激活推导过程。这个经过分析的词形（词命题因子）和句首状态"ST$_s$"的格式进行匹配。如果匹配成功，句首状态"ST$_s$"的规则包被激活。当自动词形识别出来的第二个词进入 LA-hear 语法程序时,规则包里的规则被应用到分别代表"ss"和"nw"的第一个和第二个命题因子上(见 3.4.3,附录 B.1)。

对于给定的 LA-hear.1 定义(见 11.4.1)和样例文本的第一个词形,规则操作是成功的:句首状态的格式"[cat:X]"匹配上词类型"Julia",从而激活查字典程序,自动词形识别系统接着识别第二个词形"sleep"。同时,规则包"[1 NOM + FV]"也被激活。规则包里仅有的一个规则被应用到前两个词形的词命题因子上:

11.5.1 组合"Julia"和"sleeps"

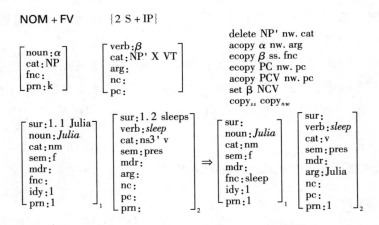

语言层词命题因子都有下标,即编号,表示命题因子所代表的词在语表的位置。

实施操作的前提是,根据 3.2.3 中的条件,规则格式和语言命题因子之间匹配成功。只要格式的属性是相应语言命题因子属性的子集,那么就满足了属性条件。值条件要求变量的值之间满足一致性条件。因为属性"cat"的值包括"nm"和"ns3′",满足对变量"NP"和变量"NP′"的限制(见 11.3.4),所以可以实施操作。

操作的结果显示在箭头右边的命题因子当中。第一个操作"delete NP′ nw.cat"删除了动词属性"cat"的范畴段"ns3′"。第二个操作"acopy α nw.arg"复制属性"noun"的值"Julia"到命题因子"sleep"的属性"arg"槽内。第 192

三个操作"ecopy β ss. fnc"复制属性"verb"的值"sleep"到命题因子"Julia"的属性"fnc"槽内。从语言学的角度看,第一个操作模拟的是主格价位删除,而第二和第三个操作在第一个和第二个命题因子之间建构起函词论元结构。

接下来的三个操作"ecopy PC nw. pc""acopy PCV nw. pc"和"set βss. fnc",目的是在当前命题与前面的命题之间建立起命题间关系。但是,因为当前命题是第一个出现的句子,这三个操作也就失去了意义①,关于它们的真正的有效应用见11.5.4。

最后两个操作"copy$_{ss}$"和"copy$_{nw}$"的作用是输出句首和新词这两个命题因子。输出的命题因子和之前输入的命题因子之间的区别在于后者需要经过规则操作的过程。

规则"NOM + FV"得到应用之后激活其规则包,其规则包内只包含一个规则:"S + IP"。"S + IP"的输入由"NOM + FV"的输出和新词". (标点,句号)"构成。规则"S + IP"应用到"Julia sleeps ＋ ."的推导过程,如下所示:

11.5.2　组合"Julia sleeps"和"."

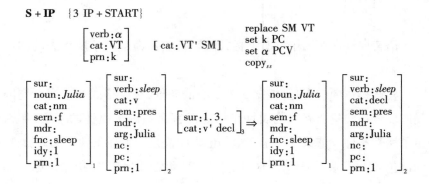

---

① 如果前面有另一个命题,"PC"和"PCV"变量会绑定某个值。这个值现在要复制到当前命题的"pc"槽内(向前载入)。同样,"NCV"变量要复制到前一个命题的"nc"槽内;并在这一步被赋值(逆向载入)。

第一个操作把动词属性"cat"的值"v"替换为"decl"。第二个和第三个操作引入载入变量"PC"和"PCV",并为其赋值。这些值,即"PC=1"、"PCV=sleep",用于下一个命题的动词的属性"pc"。因为下一个命题的因子还不可得(或者可能根本没有),当前规则"S+IP"的格式中没有变量"PC"和"PCV"的位置。这就是"PC"和"PCV"不能通过格式跟语言层之间的相互匹配,而是通过上述规则操作来赋值的原因。

最后一个操作只把句首复制到结果当中。这是因为标点作为功能词处 193 理,融入了动词命题因子。

"S+IP"得到应用之后激活其规则包,其规则包内只包含一个规则:"IP+START"。"IP+START"的输入由"S+IP"的输出和新词(也就是"John")构成。规则"IP+START"被应用到"Julia sleeps. + John"的推导过程中,如下所示:

11.5.3 组合"Julia sleeps."和"John"

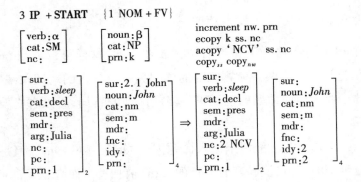

规则"IP+START"中的操作"increment nw. prn"作用是使"nw"的"prn"值递增,"nw"是下一个命题的第一个词。第二个操作复制"nw"的"prn"值到"ss"(也就是动词命题因子"sleep")的"nc"槽内。第三个操作把变量名"NCV"添加到"ss"的"nc"槽内。接下来应用的规则"NOM+FV"会在下一个命题中给"NCV"赋值(逆向载入)。

11.5.4　组合"Julia sleeps. John"和"sings"

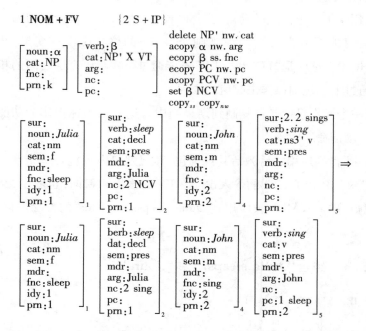

前一个句子的命题因子和当前句首放在一起,这样可以看出"nc"和"pc"的赋值过程。因为两个命题之间的并列关系由各自的动词来编码,而且英语的语序要求当前命题的动词正是当前出现的新词,所以有必要参考前一个命题。

尽管"ss"格式能够匹配两个输入命题因子"Julia"和"John",但是只有"John"命题因子的"prn"值和当前句首的"prn"值相符。而且,尽管"nw"格式和输入命题因子"sleep"和"sing"都大致相符[1],但是因为"nw"命题因子必须通过查字典程序得到,所以只有"sing"才是候选项。

和11.5.2一样,前三个操作的作用是对第二个命题的两个命题因子之间的函词论元关系进行编码。第四个和第五个操作把11.5.2当中的"PC"和"PCV"的值集合复制到了当前动词命题因子的"pc"槽内(得到"sing"命

---

[1]　事实上,因为"cat"值不相容,新词模式不适合命题因子"sleep"(见变量限制11.3.2)。

题因子的特征"pc：1 sleep"）。第六个操作赋值给前一个动词命题因子的变量"**NCV**"（逆向载入，得到"sleep"命题因子的特征"nc：2 sing"）。现在，样本语篇的前两个命题通过动词命题因子"sleep"和"sing"的"nc"和"pc"值恰当地关联在了一起。

因为样本里的句子的结构相同，剩下的推导过程和上述过程相似，所以这里不再详细讨论。该样本词形组合过程中所应用到的规则的顺序如下：

11.5.5 推导 DBS-1 样本的规则应用顺序

1 NOM + FV	1.1　Julia
2 S + IP	1.2　sleeps
3 IP + START	1.3　.
1 NOM + FV	2.1　John
2 S + IP	2.2　sings
3 IP + START	2.3　.
1 NOM + FV	3.1　Susanne
2 S + IP	3.2　dreams
	3.3　.

第一行是和起始状态"ST$_s$"进行匹配的第一个词。

接下来的每一行都有一个规则编号，如"1"，一个规则名称，如"NOM + FV"，以及下一个词。下一个词由"命题.词编号"，如"1.2"，和一个语表，如"sleeps"，构成。

11.5.5 所述格式很适合表现推导过程中 LA 语法有限状态间的转移情 195
况。LA-hear.1 的规则和规则包形成下列有限状态转移网络：

11.5.6 LA-hear.1 的有限状态转移网络

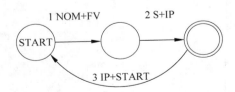

这个系统的复杂度是 3：3 ＝ 1，也就是说每一次组合都只应用一次规则。关于 LA 语法的复杂度见 FoCL'99, p.339。

LA-hear.1 在长度上没有上限,因此可以分析无限多个句子所组成的序列。最简单的扩展 LA-hear.1 数据覆盖面的方法是把更多的专有名词和一价动词添加到字典里去。

11.6　在词库中存储 LA-hear.1 的分析结果

听者理解自然语言篇章的下一个步骤是在词库中对各个命题因子进行排序。

11.6.1　把 LA-hear 的推导结果存入词库

主记录　　　子记录
孤立命题　　关联命题

$$
\begin{bmatrix}
\text{sur:} \\
\text{verb:} dream \\
\text{cat:n-s3'v} \\
\text{sem:pres} \\
\text{mdr:} \\
\text{arg:} \\
\text{nc:} \\
\text{pc:} \\
\text{prn:}
\end{bmatrix}
\begin{bmatrix}
\text{sur:} \\
\text{verb:} dream \\
\text{cat:decl} \\
\text{sem:pres} \\
\text{mdr:} \\
\text{arg:Susanne} \\
\text{nc:} \\
\text{pc:2 sing} \\
\text{prn:3}
\end{bmatrix}
$$

$$
\begin{bmatrix}
\text{sur:} \\
\text{noun:} John \\
\text{cat:nm} \\
\text{sem:m} \\
\text{mdr:} \\
\text{fnc:} \\
\text{idy:} \\
\text{prn:}
\end{bmatrix}
\begin{bmatrix}
\text{sur:} \\
\text{noun:} John \\
\text{cat:nm} \\
\text{sem:m} \\
\text{mdr:} \\
\text{fnc:sing} \\
\text{idy:2} \\
\text{prn:2}
\end{bmatrix}
$$

$$
\begin{bmatrix}
\text{sur:} \\
\text{noun:} Julia \\
\text{cat:nm} \\
\text{sem:f} \\
\text{mdr:} \\
\text{fnc:} \\
\text{idy:} \\
\text{prn:}
\end{bmatrix}
\begin{bmatrix}
\text{sur:} \\
\text{noun:} Julia \\
\text{cat:nm} \\
\text{sem:f} \\
\text{mdr:} \\
\text{fnc:sleep} \\
\text{idy:1} \\
\text{prn:1}
\end{bmatrix}
$$

$$
\begin{bmatrix}
\text{sur:} \\
\text{verb:} sing \\
\text{cat:n-s3'v} \\
\text{sem:pres} \\
\text{mdr:} \\
\text{arg:} \\
\text{nc:} \\
\text{pc:} \\
\text{prn:}
\end{bmatrix}
\begin{bmatrix}
\text{sur:} \\
\text{verb:} sing \\
\text{cat:decl} \\
\text{sem:pres} \\
\text{mdr:} \\
\text{arg:John} \\
\text{nc:3 dream} \\
\text{pc:1 sleep} \\
\text{prn:2}
\end{bmatrix}
$$

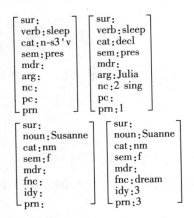

在这个词库里,完整的词命题因子(而不只是它们的核心值,如3.3.1)是主记录(owner records)。动词的主记录用现在时不带标记的形式,如"sing"来表示,其属性"cat"的值"n-s3'"表示一个价位,意思是"主格非单数第三人称"。

11.5.1 – 11.5.4所描述的LA-hear.1的解析过程最终得到一个命题因子集合,该集合内的各个元素根据其关键字,即核心属性值,按序存入词库,这一步完全由系统自动完成。这是听者从语用角度去理解语言的第一步,与2.5.1(简化的语言理论)当中向下的箭头相呼应。从语用角度理解语言的下一步由推理构成。

12. DBS.1:说者模式

这一章接着用前一章听者模式推导过的样本来进行说者模式的模拟，从而完成 DBS.1 的定义。说者模式涉及两个语法，即 **LA-think.1** 和 **LA-speak.1**。

LA-think 负责沿词库里存储的内容进行导航：首先以某个命题因子为输入，再根据输入命题因子计算出接续命题因子，并指明其输出位置。沿词库内容进行导航的过程就是把焦点从一个命题因子转移到下一个命题因子的过程，导航遍历到的命题因子突出显示。导航模拟的是人的思维，在已存储内容中暂时性激活某一特定命题。已存储内容的量可以很大。

语言生成过程中，由 LA-think 激活的命题因子序列和 LA-speak 的规则格式进行匹配，然后生成一系列与之相应的自然语表，再输出。这个过程还涉及调整语序、词汇化、功能词析出和一致性等问题。

12.1 LA-think.1 的定义

词库里的命题因子和 LA-think 语法组合起来构成一个 LA-think 系统。LA-think 系统的作用是在词库存储的内容之间自动进行导航。从功能上看，由词库提供给 LA-think 的命题因子和由自动词形识别系统提供给 LA-hear 的命题因子是相似的。

词库的内容，以及 LA-think 语法沿着内容自动进行的导航，不受语言种类的限制。导航主要是为了完成推理（见5.3）和概念化。简便起见，我们在这里只讨论概念化，也就是说者选择说什么的过程。

因为 LA-think.1 的规则格式要跟来自字典的由 LA-hear.1 推导出来的

命题因子进行匹配,所以 LA-think.1 所采用的属性和值必须和在上一章已经定义了的 LA-hear.1 的相同。LA-think.1 的定义如下:

12.1.1　LA-think.1 的形式定义

11.6.1 词库中的命题因子个例　　　　　　　　　　198

$$ST_s = {}_{def}\{(\,[\,\text{verb}:\alpha\,]\,\{1\ V\_N\_V\}\,)\}$$

$$V\_N\_V \qquad \{2\ V\_V\_V\}$$

$$\begin{bmatrix}\text{verb}:\alpha\\ \text{arg}:\beta\\ \text{prn}:\text{i}\end{bmatrix}\ \begin{bmatrix}\text{noun}:\beta\\ \text{fnc}:\alpha\\ \text{prn}:\text{i}\end{bmatrix}\ \begin{matrix}\text{输出位置 ss}\\ \text{转向 LA-speak.1(可选项,只在说者模式下)}\end{matrix}$$

$$V\_V\_V \qquad \{1\ V\_N\_V\}$$

$$\begin{bmatrix}\text{verb}:\alpha\\ \text{nc}:\text{j}\ \beta\\ \text{prn}:\text{i}\end{bmatrix}\ \begin{bmatrix}\text{verb}:\beta\\ \text{pc}:\text{i}\ \alpha\\ \text{prn}:\text{j}\end{bmatrix}\ \text{输出位置 nw}$$

$$ST_F = {}_{def}\{(\,[\,\text{verb}:\text{x}\,]\,\text{rp}_V\_N\_V)\}$$

当词库中的动词命题因子由外界或者内部刺激激活时,LA-think.1 的起始状态"ST$_s$"也被激活。相关规则包里的规则,这里是"$\{1\ V\_N\_V\}$",应用于第一个命题因子,导航开始。

LA-think.1 只有两个规则,称作"V_N_V"和"V_V_V","V"代表动词,"N"代表名词。这些规则名称的第一个字母代表句子的起始命题因子,第二个代表下一个命题因子,第三个代表输出位置(作为结果句首和下一次转移的起点)。

规则"V_N_V"应用于命题内导航,指针从"V"开始移到"N"再回到"V"。规则"V_V_V"应用于命题外导航,指针从当前"V"开始移到下一个"V",之后停在第二个"V"上。

LA-think.1 的规则和规则包构成下面的有限状态转移网络:

12.1.2　LA-think.1 的有限状态转移网络

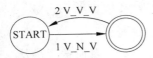

我们现在来看一下这个系统的功能的图示化表示,之后再来解释 LA-think.1 的一些细节,比如命题因子格式和规则操作等。

12.1.3　LA-think.1 导航的图示化描述

规则名	导航示例	规则包
V_N_V	sleep_Julia_sleep	｛ V_V_V ｝
V_V_V	sleep_dream_dream	｛ V_N_V ｝

第一条规则应用成功之后,第二个规则启动(见规则包),第二个"V"加入,又启动第一个规则,再加入第二个"N",如此往下。下面是例句的图示化推导过程:

12.1.4　推导一个"VNVNVN"序列

sleep Julia　+　sing John　+　dream Susanne
　　VN　　　　　　VN　　　　　　VN

规则名称	导航步骤	结果序列
V_N_V	sleep_Julia_sleep	VN
V_V_V	sleep_sing_sing	VNV
V_N_V	sing_John_sing	VNVN
V_V_V	sing_dream_dream	VNVNV
V_N_V	dream_Susanne_dream	VNVNVN

例子中每个句子的语序都是"VN"(如"sleep Julia"),而不是"NV"(如"Julia sleep")。这是因为两个命题之间的并列结构是由动词的"nc"值和"pc"值来定义的。

命题间"V_V_V"导航的前提是动词命题因子之间存在并列关系。除此之外,数据库语义学也支持以名词间的同一性为前提的命题间"N_N_N"导航。基于并列结构的"V_V_V"导航必须用"V"命题因子来引出下一个命题。与此类似,基于同一性关系的"N_N_N"导航也必须用"N"命题因子来引出下一个命题。所以,具有普遍性的导航不能局限于命题内的"VN""VNN"和"VNNN"等序列的遍历,还必须能够遍历命题内"NV""NVN"和"NVNN"等序列(详见附录A)。

两种命题间转移当中,究竟哪一个适用,要看说者所选择的从一个命题到下一个命题的转移是基于并列结构的"V_V"还是基于同一性关系的"N_

N"。目前,我们集中讨论"V_V"转移和与之相关的"VN"语序[①],"N_N"和
相关的"NV"语序留待以后再讨论。关于带有二价和三价动词的命题内
"VNN"和"VNNN"导航及其正确的英语语表实现见第 14 章。

12.2　LA-think.1 导航

LA-think 导航由传递给该语法的第一个命题因子来启动,这也是对外部
刺激的反映。[②] 这第一个命题因子(词库里的个例)和起始状态"ST_s"的格式
进行匹配(见 12.1.1)。如果匹配成功,那么这个命题因子就成为一个激活
序列的起点,同时,和起始状态"ST_s"相关的规则包被激活。

12.2.1　为导航提供第一个命题因子

200

$$\begin{bmatrix} \text{sur:} \\ \text{verb:}\textit{sleep} \\ \text{cat:decl} \\ \text{sem:pres} \\ \text{mdr:} \\ \text{arg:Julia} \\ \text{nc:2 sing} \\ \text{pc:} \\ \text{prn:1} \end{bmatrix}_1$$

激活 11.6.1 词库中的任意一个命题因子,以此命题
因子为起点开始导航

现在,因为"ss"格式和第一个命题因子相匹配,起始状态"ST_s"的规则
包里的规则被调出,"ss"格式的变量绑定第一个命题因子的相应值。这种绑
定也适用于"nw"格式,所以,唯一的接续命题因子,这里是"Julia",才可能被
提取出来。

---

① 因为英语是主语-动词-宾语(SVO)型语言,和基于名词同一性的"NV""NVN"或者
"NVNN"语序相比,从潜在的基于动词并列结构的"VN""VNN"或者"VNNN"语序来生成语言似乎
更具挑战性。

② JSLIM 实践操作中所采用的方法是输入动词的基本形态(见附录 B,B.6.3)。

12.2.2 遍历第一个命题因子

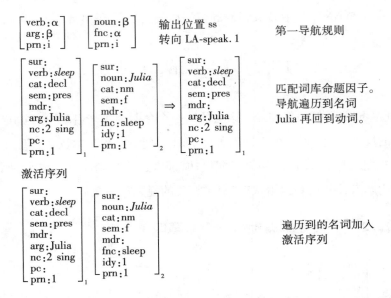

因为导航顺序是从动词到达名词再回到动词,所以,接下来启动"V_V_V"(见"V_N_V"规则包),从当前动词接续到另一个命题的动词成为可能。"V_N_V"根据特征"arg"来查找实现命题内接续的命题因子,而"V_V_V"根据特征"nc"来查找实现命题间接续的命题因子。

12.2.3 转移到第二个命题

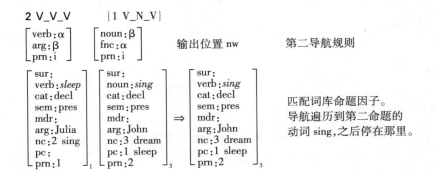

激活序列

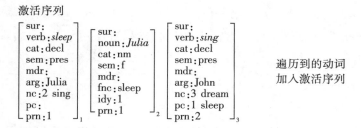

遍历到的动词
加入激活序列

上面的规则成功应用之后,输出结果是一个新的"V",这个结果又和下一个规则的"ss"格式相匹配。于是,推导过程到达和 12.2.2 一样的状态,又以同样的方式继续。根据规则包里的规则,接着启动 V_N_V 导航。因篇幅有限,这里不再讨论之后的推导过程。

导航遍历了样本中的三个命题之后,得到下面这个被激活的命题因子序列:

12.2.4　导航结束时的激活序列

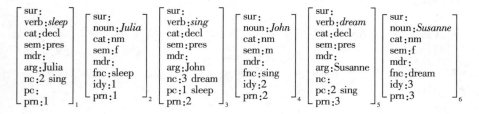

12.2.2-12.2.3 所讨论的推导过程详细地解释了 LA-think.1 格式。11.5 中对 LA-hear.1 的讨论也非常详细。这两个部分是互相呼应的。

12.3　自动词形生成

由 LA-think 驱动的导航可以单纯地像思维那样运行,而不进入语言生成环节,当然,它也可以成为说者模式的概念化部分。在后一种情况下,LA-think 和 LA-speak 两个模式之间需要频繁进行转换。

LA-hear 要求有自动词形识别系统的辅助才能运行,LA-speak 则要求有自动词形生成系统的配合。在 LA-speak.1 当中,词形生成的前提是词汇化

（lexicalization functions）。词汇化以（ i ）完形格式（full-form pattern）[1]和（ ii ）词汇化表（a lexicalization table）为输入，以词形语表（word form surfaces）为输出。

词汇化表的形式如下：

If $\alpha = f$, then $\alpha' = g$

"α"和"α'"是变量，"f"是和语言无关的概念[2]，在这里作命题因子的某个值，而"g"与语言相关，是和"f"对应的语表。

完形格式的大致定义如下：

> If proplet pattern X matches proplet p such that p has an attribute
> with the value α, then α lexicalized as prefix prefix…α' suffix suffix…

DBS.1 的样本语篇要求对专有名词、现在时单数第三人称动词和句号进行词汇化，分别由"lex-n""lex-fv"和"lex-p"来完成。

12.3.1   "lex-n"生成专有名词

如果 $\begin{bmatrix} \text{noun}:\alpha \\ \text{cat}:\text{nm} \end{bmatrix}$ 匹配已激活命题因子 N，那么 lex-n[noun:α] = α'.

203

如果 α =	那么 α' =
John	John
Julia	Julia
Susanne	Susanne

完形格式后面跟着核心值词汇化表。词汇化表是一种简单的在语言生成过程中扩展词覆盖率的方法。

---

① 基于完形模式的词形生成和基于完形查询的词形识别相对应（见11.1和11.2）。

② 如11.3 所述，概念在这里用相应的英语单词来表示。正是因为这个原因，英语的词汇化表看起来相当简单。不简单的表示方式是在词汇化表中收录表示相同概念的不同语言的语表，如"book"、"livre"、"buch"等等。这个方法对于 Frederking, Mitamura, Nyberg & Carbonell（1997）所描述的跨语言的信息提取系统可能是最有效的。

12.3.2 "lex-fv"生成动词词形

如果 $\begin{bmatrix} \text{verb}:\alpha \\ \text{arg}:\beta z \\ \text{sem}:\text{pres} \end{bmatrix} \begin{bmatrix} \text{noun}:\beta \\ \text{cat}:\text{nm} \end{bmatrix}$ 匹配已激活命题因子 N，那么 lex-fv$[\text{verb}:\alpha] = \alpha' + s.$

如果 α =   那么 α' =
dream   dream
sing   sing
sleep   sleep

输入格式当中定义了两个命题因子：主语和动词。词库（见 11.6.1）中的"V"命题因子的属性"cat"的值是"decl."。要选择正确的动词屈折变化（一致性），需要有关于主格的人称和数的信息，这些信息必须通过匹配相关的主格"N"命题因子来获得。名词命题因子由动词的属性"arg"的第一个值指定。例如，如果 α = dream，那么 α' + s = dreams。

最后生成句号，由一个带有"零"词汇化表的词汇化程序来完成：

12.3.3 "lex-p"生成句号

如果 $\begin{bmatrix} \text{verb}:\alpha \\ \text{cat}:\text{decl} \\ \text{arg}:\beta \end{bmatrix} \begin{bmatrix} \text{noun}:\beta \\ \text{verb}:\alpha \end{bmatrix}$ 匹配已激活命题因子 VN，那么 lex-p$[\text{verb}:\alpha] = .$ 句号。

小词类里的词可以只用完形格式来词汇化，并通过核心值（这里是"decl."）以外的值来实现。比如代词和冠词之类的功能词，这些词只用完形格式来词汇化（见 14.3），而不需要任何词汇化表。

词汇化程序由 LA-speak 的规则来启动。如果输入的内容不满足完形格式的输入条件，或者当前值没有在词汇化表中定义，那么词汇化失败。词汇化失败，意味着 LA-speak 相应规则的应用也失败了。

12.4 LA-speak.1 的定义

由 LA-hear.1 推导出来，再由 LA-think.1 激活的命题因子构成 LA-speak.1 的输入。因此，LA-speak.1 的状态和规则中所采用的属性和值必须和 LA-hear.1 以及 LA-think.1 中的相同。

12.4.1　LA-speak.1 的形式定义

LX：激活序列中的命题因子个例
$ST_S =_{def} \{ ([\text{verb}:\alpha] \{1\text{-NoP}\}) \}$

-NoP　　{2-FVERB}

$\begin{bmatrix} \text{noun}:\beta \\ \text{cat}:\text{nm} \\ \text{prn}:\text{i} \end{bmatrix}$　lex-n$[\text{noun}:\beta]$

-FVERB　　{3-STOP}

$\begin{bmatrix} \text{verb}:\alpha \\ \text{cat}:\text{decl} \\ \text{arg}:\beta \\ \text{prn}:\text{i} \end{bmatrix}$　lex-fv$[\text{verb}:\alpha]$

-STOP　　{1-NoP}

$\begin{bmatrix} \text{verb}:\beta \\ \text{cat}:\text{decl} \\ \text{arg}:\alpha \\ \text{prn}:\text{i} \end{bmatrix}$　lex-p$[\text{verb}:\beta]$
　　　　　　　转向 LA-think.1

$ST_F =_{def} \{ ([\text{cat}:\text{decl}] \text{rp\_STOP}) \}$

词汇化的对象，如"$[\text{verb}:\alpha]$"，是同一个规则当中的前一个完整命题因子格式的缩写。

　　每应用一次规则只词汇化一个词形，规则名称"-NoP（name or pronoun）""-FVERB（finite verb）"和"-STOP（punctuation sign）"表示被词汇化的词形的类别。LA-speak 的规则名称前面有一个减号（"－"），这表示内容来自认知主体。这一点和 LA-hear 不一样。LA-hear 的规则名称中有一个加号（"＋"），如"NOM＋FV"，表示内容来自主体以外。

　　根据规则和规则包的定义，LA-speak.1 语法也是通过一个简单的有限状态转移网络来处理语序排列和功能词析出的问题：

12.4.2　LA-speak.1 的有限状态转移网络

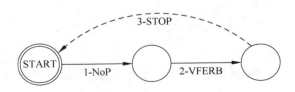

另一方面，词汇化由适当的程序来处理，如 12.3 中提到的"lex-n""lex-fv"和"lex-p"。

12.5 生成句群

LA-think.1 的"V_N_V"导航激活一个命题的第二个命题因子之后即转到 LA-speak.1（见 12.1.1），从而启动该程序。一旦 LA-speak.1 实现了第一个命题，"-STOP"就转回到 LA-think.1，再接着激活下一个命题的命题因子，如此反复。

这个过程中的 LA-think.1 已经在 12.2 中描述过，下面的推导过程仅限 205 于 LA-speak 部分。从 LA-think 到 LA-speak 的升级转换见 14.4.1，14.5.1 和 14.6.1 节的 DBS.2。

12.5.1 实现第一个命题的"Julia"

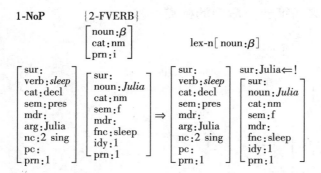

LA-think 从"V"到达"N"再回到"V"，激活语言层的"VN"命题因子并转换到 LA-speak。LA-speak 的规则"-NoP"把"N"命题因子实现为一个专有名词（见"⇐!"），确保句子从名词开始。根据"-NoP"的规则包，系统接着调用 LA-speak 的规则"-FVERB"。

12.5.2 实现第一个命题的"sleeps"

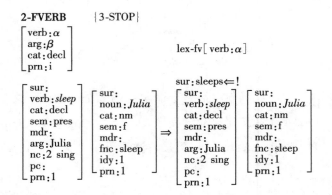

这个规则的应用过程中,"V"命题因子被实现为一个限定动词词形(见"⇐!"),确保了限定动词出现在主格之后。词汇化程序也保证了句子以动词结束(见 12.3.3)。根据"-FVERB"的规则包,系统接着调用 LA-speak 的规则"-STOP"。

206

12.5.3 实现第一个命题的标点符号

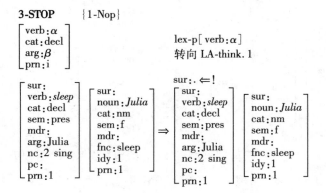

这个规则的应用过程中,标点符号(见"⇐!")在"V"命题因子中词汇化。导航遍历到的第一个命题实现完成。规则"-STOP"的二次应用同时又激发了系统向 LA-think.1 的改换(称作"说听转换"或者"ST(speak-think)转换"),于是第二个命题的因子又陆续被激活(12.2.3)。

接下来的 TS(think-speak)转换之后,"-STOP"规则包里的规则"-NoP"被调用,从而把下一个命题因子实现为语表"John"。

12.5.4 实现第二个命题的"John"

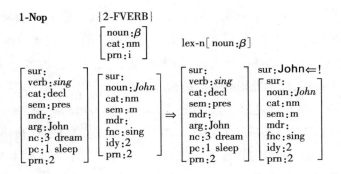

LA-speak.1 的实现过程与 LA-think.1 导航同时进行,直到经由听者模式推导出来的命题因子又在说者模式下被全部实现为原测试文本中的英语语表。该生成过程的简化形式见9.2.2。

12.6 DBS.1 系统总结

上一章和这一章所讨论的 DBS.1 包含下面几个组成部分:

1. 词形识别(见11.1 和11.2):以未经分析的自然语言语表为输入,生成并输出分析过的词条(类型,孤立的命题因子)。简便起见,我们采用完形词典(full-form lexicon)。

2. LA-hear.1(见11.3 和11.4):以自动词形识别的输出为输入,生成相互联系的命题因子集合,作为输入的语言符号的语义表示。

3. 词库(见11.6):以 LA-hear.1 的输出为输入,以核心值为关键字自动存储命题因子。

4. LA-think.1(见12.1):以词库里的命题因子为输入,自动沿词库的存储内容导航,遍历并激活命题因子。

5. LA-speak.1(见12.3):以经由 LA-think.1 被激活的命题因子为输入,

在自动词形生成程序的辅助下重新生成原来的未经分析的自然语言语表。

6. 自动词形生成(见 12.3):以命题因子为输入,以适当的语表为输出。简便起见,我们采用完形格式和词汇化表作为自动词形生成的依据。

如上所述,这个 DBS.1 系统很简单。但是,如果它在实践操作中能够完成这样一个交流循环,那么它的覆盖性可以不断增强:(i)它的自动词形识别和生成程序可以进一步扩展,以便处理更多的词形;(ii)LA-hear, LA-think 和 LA-speak 的句法-语义分析(听者模式)和语义-句法分析(说者模式)部分也可以进一步扩展,以便处理更多的结构。

要实现这两方面的改进,只需要修正 LA-hear 前导中的输入输出词表、属性列表、属性值,以及 LA-hear、LA-think 和 LA-speak 各部分的规则。也就是说,如果有一个能具体实施 DBS.1 的软件,那么当 DBS.1 升级到 DBS.2,或者更高版本的时候,这个软件本身不会受到任何影响。

和自然认知主体相比,DBS.1 非常简单,因为(i)LA-think 还没有扩展到推理阶段;(ii)LA-hear 的自动词形识别程序和(iii)LA-speak 的自动词形生成程序所处理的语言符号不会因为模块不同而改变;(iv)这个系统不涉及语境识别和行动,所以,关于语境的部分仅指语境层和语言层之间的互动;(v)这样一来,该系统的控制结构还不能和主体的内外部环境产生任何互动。

无论如何,DBS.1 所代表的系统已经具备了一些界面,这些界面能够满足为系统补充功能的需要。推理功能可以在 LA-think 的扩展版本中定义;当前的自动词形识别和生成程序可以根据形态学方面的要求以及个别模块的需要作一些改变;语境的输入的输出可以增加非言语认知的部分;系统的控制结构可以根据任务环境的需要,改变现在的固定格式①。

---

① DBS.1 不允许自由选择,因为 LA 语法具有决定性。基于数据库语义学来模拟认知主体所需要的控制结构的详细描述见 Hausser (2002a)。

13. DBS.2:听者模式

这一章我们把 LA-hear.1 的应用范围扩展到复杂名词和动词短语。以下面的短文为例:

The heavy old car hit a beautiful tree.

The car had been speeding.

A farmer gave the driver a lift.

扩展之后的语法称为 LA-hear.2,可以处理命题内函词论元结构,如 6.2.1,6.3.1 和 6.4.1 中的例子。

从 LA-hear.1 升级到 LA-hear.2 只需要在语言学层面作一些改动。与 LA-hear.1 相比,LA-hear.2 的词典容量更大,其前导中也加入了处理一致性问题的部分,此外,为了处理测试文本中出现的结构,LA-hear.2 所采用的规则也在 LA-hear.1 的基础之上作了调整。

13.1 LA-hear.2 的词典

要对测试文本进行句法-语义分析,首先要对文本中的每个词形进行词汇分析。为此,我们进一步扩充了 LA-hear.1 的词典,新词典更加完整,包含人称代词、冠词、名词、主要动词、助词和形容词等。如何在这样的词的基础上处理英语冠词和名词之间、助词和非限定主要动词之间、以及主语和动词之间的一致性问题,我们主要在 13.2.3 中讨论。

13.1.1 专有名词

和 LA-hear.1 一样(见 11.2)。

13.1.2 人称代词①

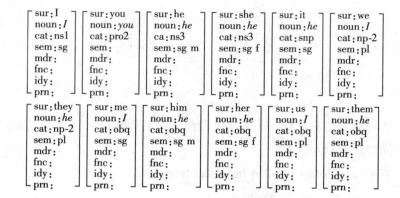

210

13.1.3 冠词

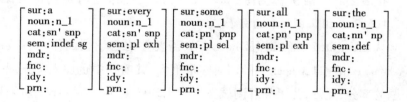

13.1.4 名词

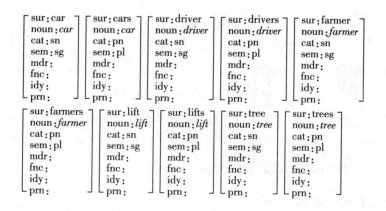

---

① 关于人称代词范畴段的解释见 FoCL'99, 17.2.1。

专有名词、人称代词、冠词和名词的特征结构都有相同的属性。它们的主要区别在于核心属性"noun"的值不同。专有名词的核心属性是一个名称标记,代词的核心属性是一个指针[1],名词的核心属性是一个概念[2],而冠词的核心属性是一个会被概念取代的替换值。

属性"cat"的值指明词形的组合特性,如一致性和价。完整的属性"cat"值的列表,包括动词的和形容词的,见13.1.13。属性"sem"的值指明词形的语义特性,如性和时态。属性"sem"的值的完整列表见13.1.14。关于英语复杂名词和动词的详细分析见 FoCL'99,17.1－17.4。 211

13.1.5　一价主要动词

1. 第三人称单数现在时:与在 LA-hear.1 当中相同(见11.2)

2. 非第三人称单数现在时

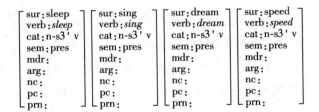

3. 过去式-过去分词

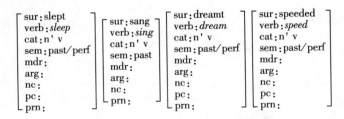

---

①　简便起见,无论格、数和性如何,第一、第二和第三人称指示词之间的区别用核心值"I""you"和"he"来表示。

②　不同类的核心属性和不同类的符号相对应。不同类的符号反过来也有各自不同的指代机制(见2.6.4－2.6.7)。数据库语义学的语用学部分对此有具体的实践。此处引用的符号理论见 FoCL'99,第6章。

4. 分体过去分词

$$
\begin{bmatrix}
\text{sur：sung} \\
\text{verb：}\textit{sing} \\
\text{cat：hv} \\
\text{sem：perf} \\
\text{mdr：} \\
\text{arg：} \\
\text{nc：} \\
\text{pc：} \\
\text{prn：}
\end{bmatrix}
$$

5. 现在分词

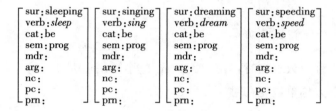

$$
\begin{bmatrix}
\text{sur：sleeping} \\
\text{verb：}\textit{sleep} \\
\text{cat：be} \\
\text{sem：prog} \\
\text{mdr：} \\
\text{arg：} \\
\text{nc：} \\
\text{pc：} \\
\text{prn：}
\end{bmatrix}
\begin{bmatrix}
\text{sur：singing} \\
\text{verb：}\textit{sing} \\
\text{cat：be} \\
\text{sem：prog} \\
\text{mdr：} \\
\text{arg：} \\
\text{nc：} \\
\text{pc：} \\
\text{prn：}
\end{bmatrix}
\begin{bmatrix}
\text{sur：dreaming} \\
\text{verb：}\textit{dream} \\
\text{cat：be} \\
\text{sem：prog} \\
\text{mdr：} \\
\text{arg：} \\
\text{nc：} \\
\text{pc：} \\
\text{prn：}
\end{bmatrix}
\begin{bmatrix}
\text{sur：speeding} \\
\text{verb：}\textit{speed} \\
\text{cat：be} \\
\text{sem：prog} \\
\text{mdr：} \\
\text{arg：} \\
\text{nc：} \\
\text{pc：} \\
\text{prn：}
\end{bmatrix}
$$

13.1.5 中的 1－5 类动词的主要区别在于其属性"sur"和"verb"的值不同。根据语表组合性,我们把同源词的过去式和过去分词当作一个词条来处理(见 13.1.5,3)。如果过去式和过去分词的语表不同,如"sang"和"sung",那么在各自的属性"sem"的值上,以及过去分词的属性"cat"的值上注明(对比 3 和 4)。

如果属性"cat"附带更多价位,那么这个动词就不再是一价动词,而是二价或者三价动词。

13.1.6 二价主要动词

1. 第三人称单数现在时

$$
\begin{bmatrix}
\text{sur：hits} \\
\text{verb：}\textit{hit} \\
\text{cat：ns3' a' v} \\
\text{sem：pres} \\
\text{mdr：} \\
\text{arg：} \\
\text{nc：} \\
\text{pc：} \\
\text{prn：}
\end{bmatrix}
\begin{bmatrix}
\text{sur：knows} \\
\text{verb：}\textit{know} \\
\text{cat：ns3' a' v} \\
\text{sem：pres} \\
\text{mdr：} \\
\text{arg：} \\
\text{nc：} \\
\text{pc：} \\
\text{prn：}
\end{bmatrix}
$$

212

2. 非第三人称单数现在时

$$
\begin{bmatrix}
\text{sur:hit} \\
\text{verb:}\textit{hit} \\
\text{cat:n-s3' a' v} \\
\text{sem:pres} \\
\text{mdr:} \\
\text{arg:} \\
\text{nc:} \\
\text{pc:} \\
\text{prn:}
\end{bmatrix}
\begin{bmatrix}
\text{sur:know} \\
\text{verb:}\textit{know} \\
\text{cat:n-s3' a' v} \\
\text{sem:pres} \\
\text{mdr:} \\
\text{arg:} \\
\text{nc:} \\
\text{pc:} \\
\text{prn:}
\end{bmatrix}
$$

3. 过去式-过去分词

$$
\begin{bmatrix}
\text{sur:hit} \\
\text{verb:}\textit{hit} \\
\text{cat:n' a' v} \\
\text{sem:past/perf} \\
\text{mdr:} \\
\text{arg:} \\
\text{nc:} \\
\text{pc:} \\
\text{prn:}
\end{bmatrix}
\begin{bmatrix}
\text{sur:knew} \\
\text{verb:}\textit{know} \\
\text{cat:n' a' v} \\
\text{sem:past} \\
\text{mdr:} \\
\text{arg:} \\
\text{nc:} \\
\text{pc:} \\
\text{prn:}
\end{bmatrix}
$$

4. 分体过去分词

$$
\begin{bmatrix}
\text{sur:known} \\
\text{verb:}\textit{know} \\
\text{cat:a' hv} \\
\text{sem:perf} \\
\text{mdr:} \\
\text{arg:} \\
\text{nc:} \\
\text{pc:} \\
\text{prn:}
\end{bmatrix}
$$

5. 现在分词

213

$$
\begin{bmatrix}
\text{sur:hitting} \\
\text{verb:}\textit{hit} \\
\text{cat:a' be} \\
\text{sem:prog} \\
\text{mdr:} \\
\text{arg:} \\
\text{nc:} \\
\text{pc:} \\
\text{prn:}
\end{bmatrix}
\begin{bmatrix}
\text{sur:knowing} \\
\text{verb:}\textit{know} \\
\text{cat:a' be} \\
\text{sem:prog} \\
\text{mdr:} \\
\text{arg:} \\
\text{nc:} \\
\text{pc:} \\
\text{prn:}
\end{bmatrix}
$$

13.1.7 三价主要动词

下面我们来看一下助词"be""have"和"do"在词典中的定义。这些命题因子的属性和主要动词的属性相同。

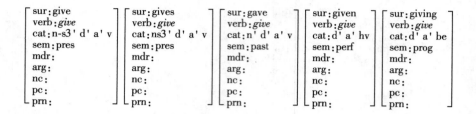

```
[ sur: give        ]  [ sur: gives         ]  [ sur: gave        ]  [ sur: given      ]  [ sur: giving     ]
[ verb: give       ]  [ verb: give         ]  [ verb: give       ]  [ verb: give      ]  [ verb: give      ]
[ cat: n-s3' d' a' v ] [ cat: ns3' d' a' v ]  [ cat: n' d' a' v  ]  [ cat: d' a' hv   ]  [ cat: d' a' be   ]
[ sem: pres        ]  [ sem: pres          ]  [ sem: past        ]  [ sem: perf       ]  [ sem: prog       ]
[ mdr:             ]  [ mdr:               ]  [ mdr:             ]  [ mdr:            ]  [ mdr:            ]
[ arg:             ]  [ arg:               ]  [ arg:             ]  [ arg:            ]  [ arg:            ]
[ nc:              ]  [ nc:                ]  [ nc:              ]  [ nc:             ]  [ nc:             ]
[ pc:              ]  [ pc:                ]  [ pc:              ]  [ pc:             ]  [ pc:             ]
[ prn:             ]  [ prn:               ]  [ prn:             ]  [ prn:            ]  [ prn:            ]
```

13.1.8　助词"be"

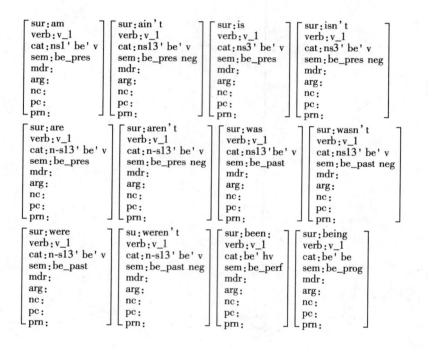

```
[ sur: am          ]  [ sur: ain't          ]  [ sur: is          ]  [ sur: isn't        ]
[ verb: v_1        ]  [ verb: v_1           ]  [ verb: v_1        ]  [ verb: v_1         ]
[ cat: ns1' be' v  ]  [ cat: ns13' be' v    ]  [ cat: ns3' be' v  ]  [ cat: ns3' be' v   ]
[ sem: be_pres     ]  [ sem: be_pres neg    ]  [ sem: be_pres     ]  [ sem: be_pres neg  ]
[ mdr:             ]  [ mdr:                ]  [ mdr:             ]  [ mdr:             ]
[ arg:             ]  [ arg:                ]  [ arg:             ]  [ arg:             ]
[ nc:              ]  [ nc:                 ]  [ nc:              ]  [ nc:              ]
[ pc:              ]  [ pc:                 ]  [ pc:              ]  [ pc:              ]
[ prn:             ]  [ prn:                ]  [ prn:             ]  [ prn:             ]

[ sur: are         ]  [ sur: aren't         ]  [ sur: was         ]  [ sur: wasn't       ]
[ verb: v_1        ]  [ verb: v_1           ]  [ verb: v_1        ]  [ verb: v_1         ]
[ cat: n-s13' be' v ] [ cat: n-s13' be' v   ]  [ cat: ns13' be' v ]  [ cat: ns13' be' v  ]
[ sem: be_pres     ]  [ sem: be_pres neg    ]  [ sem: be_past     ]  [ sem: be_past neg  ]
[ mdr:             ]  [ mdr:                ]  [ mdr:             ]  [ mdr:             ]
[ arg:             ]  [ arg:                ]  [ arg:             ]  [ arg:             ]
[ nc:              ]  [ nc:                 ]  [ nc:              ]  [ nc:              ]
[ pc:              ]  [ pc:                 ]  [ pc:              ]  [ pc:              ]
[ prn:             ]  [ prn:                ]  [ prn:             ]  [ prn:             ]

[ sur: were        ]  [ su: weren't         ]  [ sur: been:       ]  [ sur: being       ]
[ verb: v_1        ]  [ verb: v_1           ]  [ verb: v_1        ]  [ verb: v_1         ]
[ cat: n-s13' be' v ] [ cat: n-s13' be' v   ]  [ cat: be' hv      ]  [ cat: be' be       ]
[ sem: be_past     ]  [ sem: be_past neg    ]  [ sem: be_perf     ]  [ sem: be_prog      ]
[ mdr:             ]  [ mdr:                ]  [ mdr:             ]  [ mdr:             ]
[ arg:             ]  [ arg:                ]  [ arg:             ]  [ arg:             ]
[ nc:              ]  [ nc:                 ]  [ nc:              ]  [ nc:              ]
[ pc:              ]  [ pc:                 ]  [ pc:              ]  [ pc:              ]
[ prn:             ]  [ prn:                ]  [ prn:             ]  [ prn:             ]
```

13.1.9　助词"have"

```
[ sur: have         ]  [ sur: haven't        ]  [ sur: has         ]  [ sur: hasn't        ]
[ verb: v_1         ]  [ verb: v_1           ]  [ verb: v_1        ]  [ verb: v_1         ]
[ cat: n-s3' hv' v  ]  [ cat: n-s3' hv' v    ]  [ cat: s3' hv' v   ]  [ cat: s3' hv' v    ]
[ sem: hv_pres      ]  [ sem: hv_pres neg    ]  [ sem: hv-pres     ]  [ sem: hv_pres neg  ]
[ mdr:              ]  [ mdr:                ]  [ mdr:             ]  [ mdr:             ]
[ arg:              ]  [ arg:                ]  [ arg:             ]  [ arg:             ]
[ nc:               ]  [ nc:                 ]  [ nc:              ]  [ nc:              ]
[ pc:               ]  [ pc:                 ]  [ pc:              ]  [ pc:              ]
[ prn:              ]  [ prn:                ]  [ prn:             ]  [ prn:             ]
```

```
┌ sur:had      ┐  ┌ sur:hadn't        ┐  ┌ sur:having    ┐
│ verb:v_1     │  │ verb:v_1          │  │ verb:v_1      │
│ cat:n' hv' v │  │ cat:n' hv' v      │  │ cat:be' hv    │
│ sem:hv_past  │  │ sem:hv_past neg   │  │ sem:hv_prog   │
│ mdr:         │  │ mdr:              │  │ mdr:          │
│ arg:         │  │ arg:              │  │ arg:          │
│ nc:          │  │ nc:               │  │ nc:           │
│ pc:          │  │ pc:               │  │ pc:           │
└ prn:         ┘  └ prn:              ┘  └ prn:          ┘
```

13.1.10   助词"do"

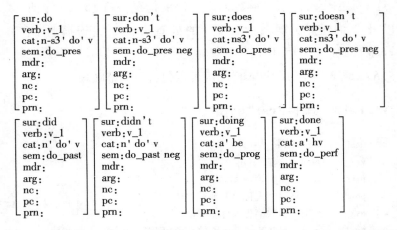

```
┌ sur:do        ┐  ┌ sur:don't         ┐  ┌ sur:does      ┐  ┌ sur:doesn't        ┐
│ verb:v_1      │  │ verb:v_1          │  │ verb:v_1      │  │ verb:v_1           │
│ cat:n-s3' do' v│  │ cat:n-s3' do' v   │  │ cat:ns3' do' v│  │ cat:ns3' do' v     │
│ sem:do_pres   │  │ sem:do_pres neg   │  │ sem:do_pres   │  │ sem:do_pres neg    │
│ mdr:          │  │ mdr:              │  │ mdr:          │  │ mdr:               │
│ arg:          │  │ arg:              │  │ arg:          │  │ arg:               │
│ nc:           │  │ nc:               │  │ nc:           │  │ nc:                │
│ pc:           │  │ pc:               │  │ pc:           │  │ pc:                │
└ prn:          ┘  └ prn:              ┘  └ prn:          ┘  └ prn:               ┘

┌ sur:did       ┐  ┌ sur:didn't        ┐  ┌ sur:doing     ┐  ┌ sur:done      ┐
│ verb:v_1      │  │ verb:v_1          │  │ verb:v_1      │  │ verb:v_1      │
│ cat:n' do' v  │  │ cat:n' do' v      │  │ cat:a' be     │  │ cat:a' hv     │
│ sem:do_past   │  │ sem:do_past neg   │  │ sem:do_prog   │  │ sem:do_perf   │
│ mdr:          │  │ mdr:              │  │ mdr:          │  │ mdr:          │
│ arg:          │  │ arg:              │  │ arg:          │  │ arg:          │
│ nc:           │  │ nc:               │  │ nc:           │  │ nc:           │
│ pc:           │  │ pc:               │  │ pc:           │  │ pc:           │
└ prn:          ┘  └ prn:              ┘  └ prn:          ┘  └ prn:          ┘
```

最后,我们来看一下形容词在词典里的定义(见6.3)。形容词用作定语修饰语时,其属性"cat"的值是"adn";当形容词用作状语时其属性"cat"的值是"adv"。

13.1.11   定语形容词

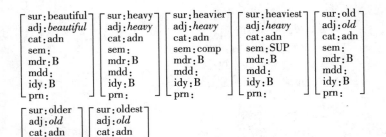

```
┌ sur:beautiful ┐  ┌ sur:heavy ┐  ┌ sur:heavier ┐  ┌ sur:heaviest ┐  ┌ sur:old  ┐
│ adj:beautiful │  │ adj:heavy │  │ adj:heavy   │  │ adj:heavy    │  │ adj:old  │
│ cat:adn       │  │ cat:adn   │  │ cat:adn     │  │ cat:adn      │  │ cat:adn  │
│ sem:          │  │ sem:      │  │ sem:comp    │  │ sem:SUP      │  │ sem:     │
│ mdr:B         │  │ mdr:B     │  │ mdr:B       │  │ mdr:B        │  │ mdr:B    │
│ mdd:          │  │ mdd:      │  │ mdd:        │  │ mdd:         │  │ mdd:     │
│ idy:B         │  │ idy:B     │  │ idy:B       │  │ idy:B        │  │ idy:B    │
└ prn:          ┘  └ prn:      ┘  └ prn:        ┘  └ prn:         ┘  └ prn:     ┘

┌ sur:older ┐  ┌ sur:oldest ┐
│ adj:old   │  │ adj:old    │
│ cat:adn   │  │ cat:adn    │
│ sem:comp  │  │ sem:sup    │
│ mdr:B     │  │ mdr:B      │
│ mdd:      │  │ mdd:       │
│ idy:B     │  │ idy:B      │
└ prn:      ┘  └ prn:       ┘
```

13.1.12   状语形容词

$$
\begin{bmatrix}
\text{sur:heavily} \\
\text{adj:}\textit{heavy} \\
\text{cat:adv} \\
\text{sem:} \\
\text{mdr:B} \\
\text{mdd:} \\
\text{idy:B} \\
\text{prn:}
\end{bmatrix}
\begin{bmatrix}
\text{sur:beautifully} \\
\text{adj:}\textit{beautiful} \\
\text{cat:adv} \\
\text{sem:} \\
\text{mdr:B} \\
\text{mdd:} \\
\text{idy:B} \\
\text{prn:}
\end{bmatrix}
$$

这一章主要讨论基本形容词作定语的情况。第 15 章讨论形容词作状语，以及介词短语（复杂形容词）的处理办法。关于属性值"B（代表 blocked）"的解释见 15.1.1。

LA-hear.2 当中，属性"cat"的值可以包含下列范畴段：

13.1.13   属性"cat"的值

decl	=陈述句
v	=动词，未标记句子语气
ns1	=主格单数第一人称填充值
pro2	=主格第二人称单复数填充值
ns3	=主格单数第三人称填充值
np-2	=主格复数非第二人称填充值（即第一和第三人称复数）
obq	=间接（非主格）名词短语填充值
snp	=第三人称单数名词短语填充值，未标记格
pnp	=第三人称复数名词短语填充值，未标记格
np	=第三人称名词短语填充值，未标记格和数
nm	=专有名称
sn	=单数名词价位填充值
pn	=复数名词价位填充值
nn	=名词填充值，未标记数
be	=价位填充值，表示现在分词
hv	=价位填充值，表示过去分词
adn	=定语
v'	=动词价位，未标记句子语气
n'	=表示人或数字的主格价位
n-s3'	=非单数第三人称主格价位
ns1'	=单数第一人称主格价位
ns3'	=单数第三人称主格价位

ns13'	= 单数第一和第三人称主格价位
n-s13'	= 非单数第一和第三人称主格价位
a'	= 间接名词短语宾格价位
d'	= 间接名词短语与格价位
sn'	= 第三人称单数名词价位
pn'	= 第三人称复数名词价位
be'	= 现在分词价位
hv'	= 过去分词价位
do'	= 不定式价位

216

13.1.14　属性"sem"的值

f	= 阴性
m	= 阳性
sg	= 单数
pl	= 复数
def	= 限定
indef	= 不定
sel	= 选择性
exh	= 详尽性
pres	= 现在时
past	= 过去时
perf	= 过去分词
prog	= 进行时
be pres	= 助词 be 的现在时
hv pres	= 助词 have 的现在时
do pres	= 助词 do 的现在时,包括情态词
be past	= 助词 be 的过去时
hv past	= 助词 have 的过去时
do past	= 助词 do 的过去时,包括情态词
be perf	= 助词 be 的过去分词
hv perf	= 助词 have 的过去时
do perf	= 助词 do 的过去时
neg	= 否定
comp	= 比较级
sup	= 最高级

　　词类型(孤立的命题因子)的很多属性值都为空(NIL),用空格表示。但是,这些属性中的一部分,或者全部,会在后面的句法-语义分析过程中(听者模式)被赋值。

13.2 LA-hear.2 前导和定义

LA-hear.2 的规则里的格式包含限制变量。和 LA-hear.1 里的限制变量一样,它们的限制条件和一致性关系都在 LA-hear.2 的前导中定义。

13.2.1 变量列表

α, β, γ =用于核心值
SM   =句子语气
VT   =动词类型填充值
VT'   =动词类型价位
NP   =名词短语填充值
NP'   =名词短语价位
OBQ   =间接名词短语填充值
OBQ'   =间接名词短语价位
N   =名词填充值
N'   =名词价位
AUX   =助词填充值
AUX'   =助词价位
X, Y, Z = . ?. ?. ?. ? （长度为 4 的任意序列）
N_n =名词的替换变量
V_n =动词的替换变量

13.2.2 变量限制条件

SM $\in$ { decl }
VT $\in$ { v }
VT' $\in$ { v' }
NP $\in$ { pro2, nm, ns1, ns3, np-2, snp, pnp, pn, np, obq }
NP' $\in$ { n', n-s3', ns1', ns3', ns13', n-s13', d', a' }
OBQ $\in$ { snp, pnp, pn, obq }
OBQ' $\in$ { d', a' }
N $\in$ { sn, pn }
N' $\in$ { nn', sn', pn' }
AUX $\in$ { do, hv, be }
AUX' $\in$ { do', hv', be' }
N n $\in$ { n_1, n_2, n_3, ... }
V n $\in$ { v_1, v_2, v_3, ... }

13.2.3 一致性条件

如果 NP	= ns1,	那么 NP'	∈ {n', n-s3', ns1', ns13'}
如果 NP	= pro2,	那么 NP'	∈ {n', n-s3', n-s13', d', a'}
如果 NP	= ns3,	那么 NP'	∈ {n', ns3', ns13'}
如果 NP	= np-2,	那么 NP'	∈ {n', n-s3', n-s13'}
如果 NP	∈ {nm, snp},	那么 NP'	∈ {n', ns3', ns13', d', a'}
如果 NP	= pnp,	那么 NP'	∈ {n', n-s3', n-s13', d', a'}
如果 NP	= np,	那么 NP'	∈ {n', ns3', ns13', n-s3', n-s13', d', a'}
如果 NP	= obq,	那么 NP'	{d', a'}
如果 AUX'	= do',	那么 AUX	= n-s3'
如果 AUX'	= hv',	那么 AUX	{hv, n'}
如果 AUX'	= be',	那么 AUX	= be
如果 N'	= nn',	那么 N	∈ {nn, sn, pn}
如果 N'	= sn',	那么 N	∈ {nn, sn}
如果 N'	= pn',	那么 N	∈ {nn, pn}

注意,动词价位的一致性条件为填充值指明了位置,而助词和冠词的一致性条件为位置指明了填充值。

动词的非限定形式等同于一般现在时的单数非第三人称形式,如"I, you, we, they give."、"John wanted to give."和"John didn't give."等句中的"give"。助词"do"与其非限定动词之间需要保持一致,为了避免歧义,现在时的非第三人称单数形式被规定为动词的非限定形式。类似的,助词"have"与其非限定动词之间也存在一致性问题。因为很多动词的过去式和过去分词形式相同,如"learned(规则变化)"和"slept(不规则变化)",为了避免因此而产生的歧义,有助词"have"的情况下,我们在动词命题因子中注明"hv(独立的过去分词形式)"。没有助词"have"的情况下,只注明"n'",从动词属性"sem"的值"past/perf"(如 13.1.5,3)也可以看出没有助词"have"。

LA-hear.2 的状态和规则在 LA-hear.1 的基础上作了扩展,具体表现在:(i)起始状态和原来的不一样;(ii)增加了新规则"DET + ADN(冠词加定语)""DET + NN(冠词加名词)""FV + NP(限定动词加名词短语)"和"AUX + NFV(助词加非限定动词)";(iii)扩展了"NOM + FV"和"IP + START"的规则包,放宽了规则"IP + START"的"nw"格式。除此之外,规 218

则"S + IP"和结束状态"ST_F"保持不变。LA-hear. 2 也能分析 LA-hear. 1 分析过的例句。

13.2.4　LA-hear. 2 的形式化定义

$ST_S =_{def} \{ ([\text{cat}:X] \{1\ DET + ADN, 2\ DET + NN, 3\ NOM + FV\}) \}$

DET + ADN　　　$\{4\ DET + ADN, 5\ DET + NN\}$

$\begin{bmatrix} \text{noun}:N\_n \\ \text{cat}:N'\ X \\ \text{mdr}: \\ \text{idy}: \end{bmatrix} \begin{bmatrix} \text{adj}:\alpha \\ \text{cat}:adn \\ \text{mdd}: \end{bmatrix}$　acopy α ss. mdr
ecopy ss. noun nw. mdd
acopy ss. idy nw. mdd
$copy_{ss}\ copy_{nw}$

DET + NN　　　$\{6\ NOM + FV, 7\ FV + NP, 8\ S + IP\}$

$\begin{bmatrix} \text{noun}:N\_n \\ \text{cat}:N'\ X \\ \text{sem}:Y \end{bmatrix} \begin{bmatrix} \text{noun}:\alpha \\ \text{cat}:N \\ \text{sem}:Z \end{bmatrix}$　delete N' ss. cat
acopy nw. sem ss. sem
replace α N_n
$copy_{ss}$

NOM + FV　　　$\{9\ FV + NP, 10\ AUX + NFV, 11\ S + IP\}$

$\begin{bmatrix} \text{noun}:\alpha \\ \text{cat}:NP \\ \text{fnc}: \\ \text{prn}:k \end{bmatrix} \begin{bmatrix} \text{verb}:\beta \\ \text{cat}:NP'\ X\ VT \\ \text{arg}: \\ \text{nc}: \\ \text{pc}: \end{bmatrix}$　delete NP' nw. cat
acopy α nw. arg
ecopy β ss. fnc
ecopy PC nw. pc
acopy PCV nw. pc
set β NCV
$copy_{ss}\ copy_{nw}$

FV + NP　　　$\{12\ DET + ADN, 13\ DET + NN, 14\ FV + NP, 15\ S + IP\}$

$\begin{bmatrix} \text{verb}:\beta \\ \text{cat}:NP'\ X\ VT \\ \text{arg}: \end{bmatrix} \begin{bmatrix} \text{noun}:\alpha \\ \text{cat}:Y\ NP \\ \text{fnc}: \end{bmatrix}$　delete NP' ss. cat
acopy α ss. arg
ecopy β nw. fnc
$copy_{ss}\ copy_{nw}$

AUX + NFV　　　$\{16\ AUX + NFV, 17\ FV + NP\ 18\ S + IP\}$

$\begin{bmatrix} \text{verb}:V\_n \\ \text{cat}:AUX'\ V \\ \text{sem}:X \end{bmatrix} \begin{bmatrix} \text{verb}:\alpha \\ \text{cat}:Y\ AUX \\ \text{sem}:Z \end{bmatrix}$　replace Y AUX'
acopy nw. sem ss. sem
replace α V_n
$copy_{ss}$

S + IP　　$\{19\ IP + START\}$

$\begin{bmatrix} \text{verb}:\alpha \\ \text{cat}:VT \\ \text{prn}:k \end{bmatrix} [\text{cat}:VT'\ SM]$　replace SM VT
set k ss. PC
set α PCV
$copy_{ss}$

IP + START　　　$\{1\ DET + ADN, 2\ DET + NN, 3\ NOM + FV\}$

$\begin{bmatrix} \text{verb}:\alpha \\ \text{cat}:SM \\ \text{nc}: \end{bmatrix} \begin{bmatrix} \text{noun}:\beta \\ \text{cat}:X\ NP \\ \text{prn}:k \end{bmatrix}$　increment nw. prn
ecopy k ss. nc
acopy 'NCV' ss. nc
$copy_{ss}\ copy_{nw}$

$ST_F =_{def} \{ ([\text{cat}:decl]\ rp_{S+IP}) \}$

LA-hear. 2 的有限状态转移网络(见 FoCL'99, p. 333)如下所示：

13.2.5　LA-hear.2 的有限状态转移网络

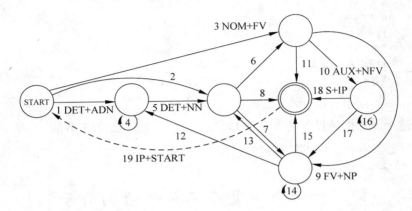

几乎每一条规则都可以经由不同的规则包来调用。例如，"DET + ADN"可以由起始状态启动，可以由规则"DET + ADN"本身启动，也可以由规则"FV + NP"和"IP + START"启动。正是由于这个原因，**LA-hear.1**（见 11.5.5）规则包里的规则按名称进行了编号。**LA-hear.2** 的语法复杂度（见 FoCL'99，p.339）是 19:7 = 2.71，也就是说，每次组合平均调用了 2.71 次规则。

LA-hear.2 分析测试文本时调用规则的情况如下所示：

13.2.6　规则应用顺序

1 DET + ADN	1.1　The
4 DET + ADN	1.2　heavy
5 DET + NN	1.3　old
6 NOM + FV	1.4　car
9 FV + NP	1.5　hit
12 DET + ADN	1.6　a
5 DET + NN	1.7　beautiful
8 S + IP	1.8　tree
19 IP + START	1.9　.
2 DET + NN	2.1　The
6 NOM + FV	2.2　car
10 AUX + NFV	2.3　had
16 AUX + NFV	2.4　been
18 S + IP	2.5　speeding

19 IP + START	2.6	.
2 DET + NN	3.1	The
6 NOM + FV	3.2	farmer
9 FV + NP	3.3	gave
13 DET + NN	3.5	the
7 FV + NP	3.6	driver
13 DET + NN	3.7	a
8 S + IP	3.8	lift
	3.4	.

220　　　这个展示推导过程的方法和 11.5.5 相似,但是,13.2.5 节的 LA-hear.2 有限状态转移网络中的转移更加多变。

13.3　分析带复杂名词短语的句子

接下来,我们仔细地逐步讨论一下 LA-hear.2 分析测试文本的过程,每一步都可以清楚地看到规则的格式、操作,以及语言层的相关命题因子。第一个例句是"The heavy old car hit a beautiful tree."。

起始格式"[cat: X]"和第一个词,这里是"the",的词类相匹配,由此激活 LA-hear.2 起始状态"ST$_s$"的规则包"{1 DET + ADN, 2 DET + NN, 3 NOM + FV}"。下一个词"heavy"首先经过查字典程序,之后输出并依次启动起始状态规则包里的三个规则。在组合"the"和"heavy"的过程中,只有规则"DET + ADN"的格式和输入的命题因子相匹配:

13.3.1　组合"The"和"heavy"

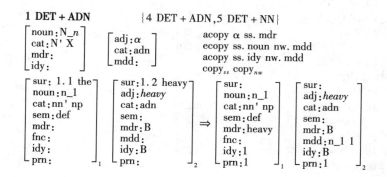

在操作实施之前,系统控制结构自动为命题因子添加命题编号和同一性编号。规则的第一个操作是复制变量"α"的值"heavy"到"ss.mdr"(即句首命题因子的"mdr"属性)。第二个操作是复制"ss.noun"的值"n_1"到"nw.mdd"。第三个操作是把"ss"的同一性值添加给"nw.mdd"。规则应用成功之后得到两个新的命题因子,作为结果句首输出到下一步。

调用了规则"DET + ADN"之后,冠词命题因子"the"的范畴保持不变:"nn' np"。① 定语命题因子"heavy"的"mdd"值现在有了一个新值,即替换值"n_1"。"DET + ADN"的规则包和之前起始状态的规则包不一样。

在结果句首和下一个词"old"的组合过程中,规则包"{4 DET + ADN,5 DET + NN}"里的规则被调用。两个规则中,只有"DET + ADN"能够匹配上输入命题因子。也就是说,这一步应用成功的规则和上一步的相同(修饰语递归):

13.3.2　组合"The heavy"和"old"

221

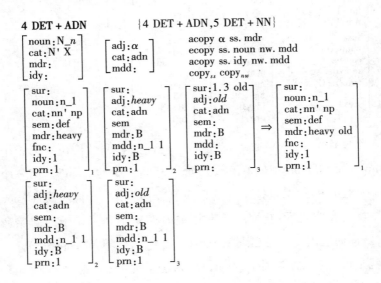

---

① 根据名词的情况,英语当中的定冠词可以表示单数,也可以表示复数。由此引起的一致性问题比较容易通过编程来处理。简便起见,这里略过。

规则"DET + ADN"再次被调用,变量"α"的值"old"被添加给了"ss. mdr","ss. noun"的替换值"n_1"被复制到了"nw. mdd"。结果得到的三个新的命题因子全部输出到下一步。

"DET + ADN"成功应用之后,它的规则包"{4 DET + ADN,5 DET + NN}"里的两个规则分别用来组合结果句首和下一个词"car"。这一次和输入命题因子匹配的是"DET + NN"。

13.3.3 组合"The heavy old"和"car"

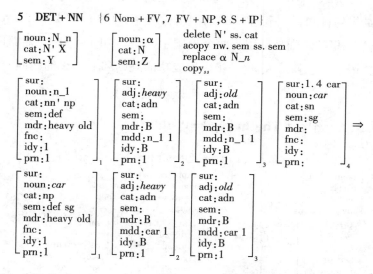

第一个操作"delete N' ss. cat"删除了冠词的名词性价位。第二个操作"acopy nw. sem ss. sem"把值"sg"添加给了冠词的属性"sem"。第三个操作"replace α N_n"的意思是把所有的替换值"n_1"换成新词的属性"noun"的值。三个操作完成之后,新词的所有相关值都复制到了句子的起始命题因子当中,新词命题因子不输出到下一步("copy$_{ss}$",而不是"copy$_{nw}$")。

也就是说,名词命题因子(实词)融入进了冠词(功能词)命题因子,冠词命题因子变成了代表实词的名词性命题因子。这和处理标点符号的情况不一样(见11.4.2)。处理标点时,句号命题因子(功能词)融入进动词(实词)命题因子。语言生成过程中,冠词和句号分别从名词和动词命题因子中析出。①

规则"**DET + NN**"应用成功之后,它的规则包"{**6 NOM + FV,7 FV + NP,8 S + IP**}"里的规则分别用来组合结果句首和下一个词"hit"。三个规则中,只有"**NOM + FV**"能够匹配上输入命题因子。这个规则完全是从 **LA-hear.1** 继承来的。它的应用和 11.5.1 所描述的情况相似:因为当前输入的句子是测试语篇中的第一个句子,和前一句建立命题间关系的操作没有任何意义,所以这些操作,如"ecopy PC nw.pc""acopy PCV nw.pc(采用之前的向前载入)"和"set β NCV(当前逆向载入)",在这里无法执行。这些操作的有效应用见 11.5.4,13.4.3 和 13.5.3。

13.3.4 组合"The heavy old car"和"hit"

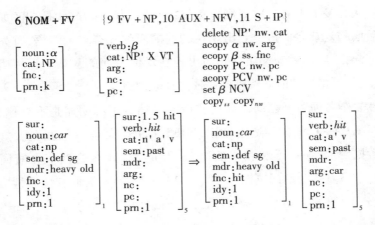

篇幅所限,这里只显示与操作相关的句首命题因子。省略的命题因子列在句首命题因子下面("adj:heavy old")。

下一步是调用"NOM + FV"的规则包"{9 FV + NP,10 AUX + NFV,11 S + IP}"里的规则,从而实现结果句首和下一个词,也就是冠词"a",之间的组合。三个规则中,只有"FV + NP"的格式能够匹配上输入命题因子。注意,"nw"的属性"cat"的值"Y NP'"能够匹配冠词,也能够匹配名词和代词

223

---

① 限定词析出见 14.4.2,14.4.7,14.5.2,14.6.2,14.6.5 和 14.6.7。句号析出见 12.5.3,14.4.10,14.5.7 和 14.6.9。

（因为变量"Y"不要求非空值）。

13.3.5　组合"The heavy old car hit"和"a"

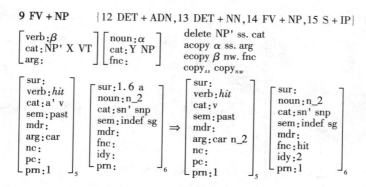

这一次和接下来的二次规则应用有一个特别的地方,就是涉及如何处理动词后面的复杂名词短语。出现在动词前面的复杂名词短语,首先自己组合在一起,之后再和动词组合。而出现在动词后面的复杂名词短语的各个部分,需要严格按照时间线性顺序依次和动词组合。①

虽然复杂名词短语在动词前面和后面的推导过程明显是不对称的,但是规则"**DET + ADN**"同样适用,规则"**DET + NN**"也是。这是因为,规则中采用了替换变量"N − n"和相应的值"n_1/n_2/⋯"②,这些值在冠词属性"noun"(见 13.3.1),动词属性"arg"(见 13.3.5)和定语形容词属性"mdd"(见 13.3.2)的槽内占位。当实词最终出现时,所有的"n_n"都会被替换掉。③

规则"**FV + NP**"应用成功之后,它的规则包"{12 DET + ADN, 13 DET + NN, 14 FV + NP, 15 S + IP}"里的各个规则分别用来组合结果句首命题因子

---

①　从句法角度出发的论述详见 FoCL'99, 17.1, pp.321-326。有关类似的动词前和动词后名词并列结构的讨论见 8.2.3。

②　每次导入一个词占位值,自动顺次递增(如 13.3.1 中的 n_1 和 13.3.5 中的 n_2)。

③　限定词–定语–名词组合见 13.3.1-13.3.3(动词前)和 13.3.5-13.3.7(动词后)。限定词–名词组合见 13.4.2(动词前),13.5.2(动词前),13.5.5(动词后)和 13.5.7(动词后)。同样的方法也用于助词–动词组合,见 13.4.5。

集合和下一个词"beautiful"。这些规则当中,只有"**DET ＋ADN**"的格式和输入命题因子相匹配。

13.3.6　组合"**The heavy old car hit a**"和"**beautiful**"

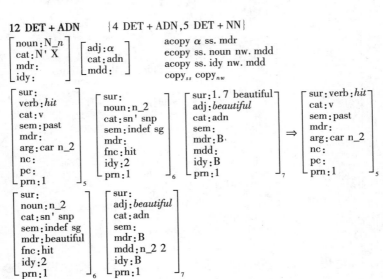

输入命题因子中有几个形容词,即"heavy""old"和"beautiful",它们中的每一个似乎都可以拿来匹配"nw"格式。但是,匹配"nw"格式的命题因子必须来自字典查询结果,所以,唯一的候选项就只有"adn"命题因子"beautiful"。

"ss"格式的情况类似,因为有两个名词命题因子存在,它们分别是"car"和不定冠词。但是,因为规则"**DET ＋ADN**"的"ss"格式明确要求用变量"N_n"作核心值,所以匹配"ss"格式的候选项也只有一个,就是冠词(见13.2.2 变量限制条件)。

下一步,"**DET ＋ADN**"成功应用之后,它的规则包"{**4 DET ＋ADN,5 DET ＋NN**}"里的两个规则分别用来组合结果句首和下一个词"tree"。但是,两个规则中,只有"**DET ＋NN**"的格式与输入相匹配。

13.3.7 组合"The heavy old car hit a beautiful"和"tree"

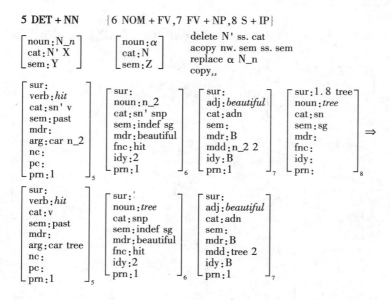

动词命题因子"hit",冠词命题因子"a",和形容词命题因子"beautiful"当中的替换值"n_2"全部被值"tree"取代(replace α N_n)。和13.3.3一样,名词命题因子融入冠词命题因子。动词后面的命题因子"tree"和动词前面的命题因子"car"有相同的特征结构。动词后面的形容词命题因子"beautiful"和动词前面的形容词命题因子"heavy"和"old"也有一样的结构。

最后,句号"."(标点)被读入,调用规则"S + IP"(见"DET + NN"规则包)。

13.3.8 组合"The heavy old car hit a beautiful tree"和"."

8 S + IP　　{19 IP + START}

$$\begin{bmatrix} verb:\alpha \\ cat:VT \\ prn:k \end{bmatrix} \quad [cat:VT'\ SM]$$

replace SM VT
set k PC
set α PCV
copy$_{ss}$

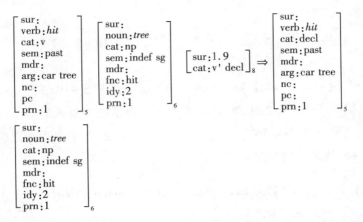

和 11.5.2 一样，载入变量"**PC**"和"**PCV**"被赋值，这里 PC = 1，PCV = hit。标点命题因子融入动词命题因子（"copy$_{ss}$"）。

结果得到下面的命题因子集合：

13.3.9　"The heavy old car hit a beautiful tree."
分析结果

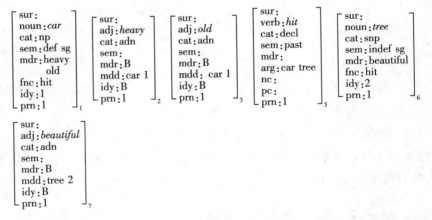

这些命题因子差不多可以存入听者词库了。还没有存入的原因是要看 ²²⁶
接下来是否还有另一个句子。如果有，当前句子的动词命题因子的属性
"pc"会获得新值。

13.4　分析带一个复杂动词短语的句子

下一个例句是"The car had been speeding."规则"S + IP（13.3.8）"的成功应用又启动了一个新的规则"IP + START"，根据这个规则的操作，新的句子和前面的第一个例句连在了一起。新词"the"经过查字典程序之后，调用规则"**IP + START**"的情况如下：

13.4.1　组合"The heavy old car hit a beautiful tree."和"The"

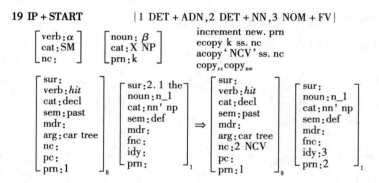

这一步和 11.5.3 类似。第一个操作的结果是"nw"的"prn"值加一。第二个操作是复制"nw"的"prn"值（k = 2）到"ss"的"nc"槽内。第三个操作把变量名称"NCV"添加到了"ss"的"nc"槽内。

规则"IP + START"成功应用之后，它的规则包"{1 DET + ADN, 2 DET + NN, 3 NOM + FV}"里的规则分别用来组合结果句首和下一个词"car"。但所有规则当中，只有"DET + NN"的格式和输入相匹配。

13.4.2　组合"The"和"car"

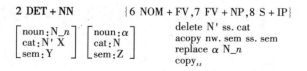

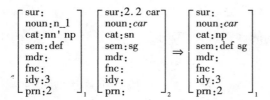

这一次规则应用过程中,定冠词和名词直接组合在了一起,这两个之间 227
没有定语形容词(和前面的例句不一样)。名词命题因子融入冠词命题因子,属性"sem"的值"sg"也同时复制过去。[①]

规则"DET + NN"成功应用之后,它的规则包"{6 NOM + FV, 7 FV + NP, 8 S + IP}"里的规则用来组合结果句首和下一个词"had"。但是,这些规则当中,只有"NOM + FV"的格式和输入相匹配。

13.4.3 组合"The car"和"had"

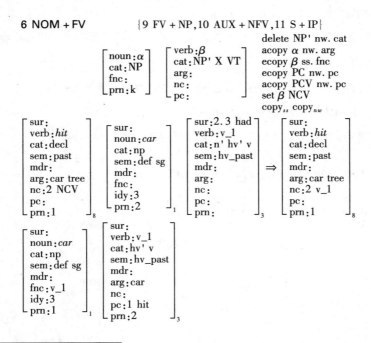

---

① 要处理一个限定性名词短语主语和现在时非限定动词之间的一致性问题,要么和规则"NOM + FV"相关的一致性条件必须指向限定性名词短语的"sem"槽,要么规则"DET + NN"的操作必须根据名词的"cat"值把定冠词的"cat"值由"np"修正为"snp"或者"pnp"。

调用了规则"**NOM + FV**"之后,第一个句子和第二个句子之间的命题间关系就建立起来了。规则的操作过程涉及前一个句子的"hit"命题因子,所以该命题因子在语言层列出。

现在我们逐个看一下规则的操作部分。第一个操作"delete NP' nw. cat"删除了"had"的主格价位。第二个操作"acopy αnw. arg"把"ss"属性"noun"的值"car"复制给了"nw"命题因子"had"的属性"arg"。第三个操作"ecopy β ss. fnc"把替换值"v_1"复制给了"ss"命题因子"car"的属性"fnc",同时删除了这个属性的原值。第四个操作"ecopy PC nw. pc"把载入变量"PC"的值"1"复制给了助词的属性"pc",载入变量"PC"的赋值过程见13.3.8。第五个操作"acopy PCV nw. pc"把载入变量"PCV"(向前载入)的值"hit"添加到了助词的属性"pc"槽内,载入变量"PCV"的赋值过程见13.3.8。第六个操作"set β NCV"把"v_1"赋给了前一个动词(逆向载入)的载入变量"NCV"。最后一个操作"copy$_{ss}$"和"copy$_{nw}$"把"ss"和"nw"命题因子同时输出到一下步。

规则"**NOM + FV**"成功应用之后,它的规则包"｛**9 FV + NP, 10 AUX + NFV, 11 S + IP**｝"中的规则分别用来组合结果句首和下一个词"been"。但是,这些规则当中,只有"**AUX + NFV**"的格式和输入相匹配。

228   ### 13.4.4　组合"The car had"和"been"

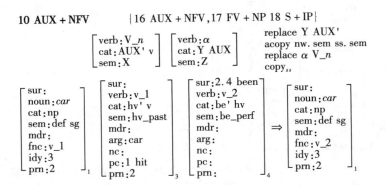

$$
\begin{bmatrix}
\text{sur:} \\
\text{verb:v\_2} \\
\text{cat:be' v} \\
\text{sem:hv\_past be\_perf} \\
\text{mdr:} \\
\text{arg:car} \\
\text{nc:} \\
\text{pc:1 hit} \\
\text{prn:2}
\end{bmatrix}_3
$$

这一次的规则应用过程中,非限定助词"been"融入进子限定助词"had"。命题因子"been"的替换值"v_2"取代了所有的替换值"v_1"(包括前一个动词"hit"的属性"nc"值,见 13.4.3)。助动词命题因子的句法范畴由"hv' v"变成了"be' v",这就为后面继续添加进行时作好了准备。从语义角度看,助词的属性"sem"获得了新值"be_perf"。

规则"AUX + NFV"成功应用之后,它的规则包"{16 AUX + NFV, 17 FV + NP, 18 S + IP}"里的规则分别来组合结果句首和下一个词"speeding"。但是,这些规则当中,只有"AUX + NFV"的格式和输入相匹配。

13.4.5 组合"The car had been"和"speeding"

16 AUX + NFV   {16 AUX + NFV,17 FV + NP 18 S + IP}

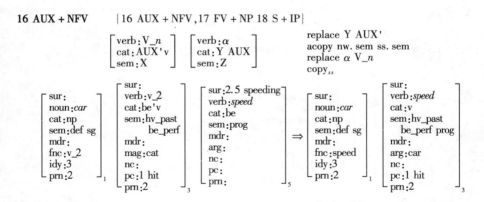

调用规则"AUX + NFV"之后,非限定主要动词"speeding"融入进了代表复杂助词"had been"的命题因子:操作"replace α V_n"把所有的替换值"v_2"换成了"speed",包括"hit"的属性"nc"的值"v_2"(见 13.4.3)。前面的两个操作分别把属性"arg"和"pc"的值逐步添加到子助词命题因子中的相应位置。

　　规则"AUX + NFV"成功应用之后,它的规则包"{16 AUX + NFV,17 FV + NP,18 S + IP}"里的规则分别用来组合结果句首和下一个词"."(标点,句号)。但是,这些规则当中,只有"S + IP"的格式和输入相匹配。

13.4.6　组合"The car had been speeding"和"."

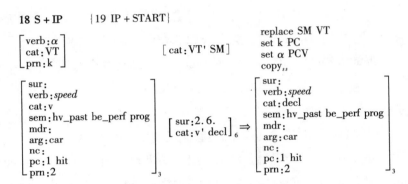

　　和 11.5.2 以及 13.3.8 一样,载入变量"PC"和"PCV"被赋值,这里 PC = 2,PCV = speed。标点融入动词命题因子。结果得到下面这个命题因子集合:

13.4.7　"The car had been speeding."的分析结果

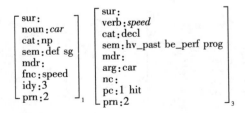

　　所有功能词,即"had""been"和".(句号)",都融入实词命题因子,反映在实词命题因子的属性"sem"和"cat"的值上。当前命题和上一句之间的命题间关系通过属性"pc"建立起来。当前命题的动词命题因子的属性"pc"被赋值(向前载入)。

13.5　分析带三价动词的句子

第三个例句是"A farmer gave the driver a lift."我们用这个句子来分析三价动词的处理办法。上一句到当前句的接续仍然由规则"IP + START"来完成。"IP + START"是"S + IP"的规则包里的唯一规则(见 13.4.6)。

13.5.1　组合"The car had been speeding."和"A"

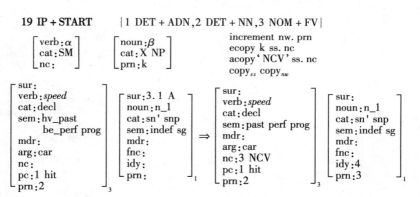

这个规则应用过程和 13.4.1 的类似。规则"IP + START"应用成功之后,它的规则包"{1 DET + ADN, 2 DET + NN, 3 NOM + FV}"里的规则分别用来组合结果句首和下一个词"car"。但是,这些规则当中,只有"DET + NN"的格式和输入相匹配。

13.5.2　组合"A"和"farmer"

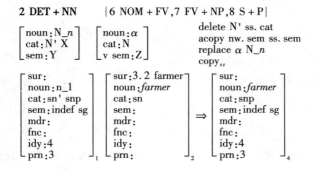

这个规则应用过程和 13.4.2 的类似。13.4.2 中出现的定冠词和这里出现的不定冠词之间的区别主要表现为它们的属性"sem"的值不同,一个是"def",另一个是"indef"。有关数据库语义学下的定冠词(量词)分析详见 6.2。

规则"DET + NN"应用成功之后,它的规则包"{6 NOM + FV,7 FV + NP,8 S + IP}"里的规则分别用来组合结果句首和下一个词"gave"。这些规则当中,只有"NOM + FV"的格式与输入相匹配。

13.5.3   组合"A farmer"和"gave"

6 NOM + FV   {9 FV + NP,10 AUX + NFV,11 S + IP}

231

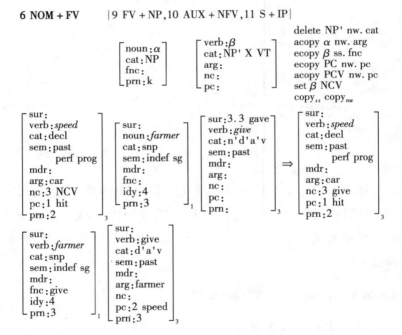

这个规则应用过程和 13.3.2 类似,只是这里的限定动词是一个主要动词,而不是助词。前一个动词命题因子"speed"的值"NCV"被替换为新值"give"。而且,当前动词命题因子"give"的属性"pc"得到新值"2 speed",这个值是 13.4.6 中的 **PC** 值和 **PCV** 值的组合。

规则"FV + NP"应用成功之后,它的规则包"{**9 FV + NP, 10 AUX + FNV, 11 S + IP**}"里的规则用来组合结果句首和下一个词"the"。但是,这些规则当中,只有"**FV + NP**"的格式和输入相匹配。

13.5.4 组合"A farmer gave"和"the"

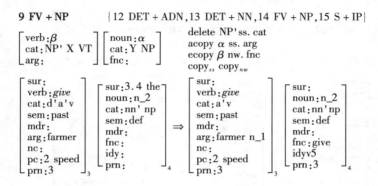

这次的规则应用过程中,动词属性"cat"的第一个价位"d'"被删除。

规则"FV + NP"应用成功之后,它的规则包"{12 DET + ADN, 13 DET + NN, 14 FV + NP, 15 S + IP}"里的规则分别用来组合结果句首和下一个词"driver"。这些规则当中,只有"DET + NN"的格式与输入相匹配。

13.5.5 组合"A farmer gave the"和"driver"

232

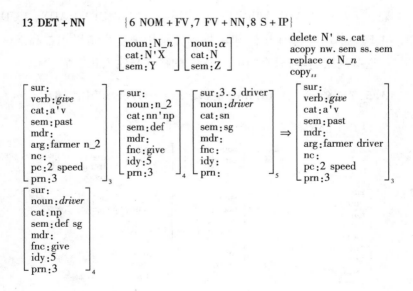

　　规则"DET + NN"应用成功之后,它的规则包"{6 NOM + FV, 7 FV + NP, 8 S + IP}"里的规则分别用来组合结果句首和下一个词"a"。这些规则当中,只有"FV + NP"的格式与输入相匹配。

13.5.6　组合"A farmer gave the driver"和"a"

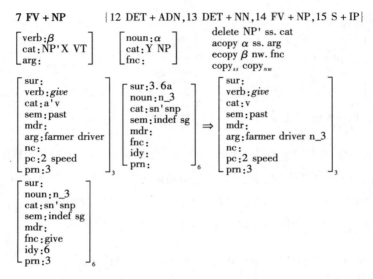

　　规则"FV + NP"应用成功之后,它的规则包"{12 DET + ADN, 13 DET + NN, 14 FV + NP, 15 S + IP}"里的规则分别用来组合结果句首和下一个词"lift"。这些规则当中,只有"DET + NN"的格式与输入相匹配。

13.5.7　组合"A farmer gave the driver a"和"lift"

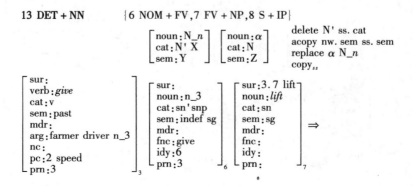

$$
\begin{bmatrix} \text{sur:} \\ \text{verb:} give \\ \text{cat:v} \\ \text{sem:past} \\ \text{mdr:} \\ \text{arg:farmer driver lift} \\ \text{nc:} \\ \text{pc:2 speed} \\ \text{prn:3} \end{bmatrix}_3
\begin{bmatrix} \text{sur:} \\ \text{noun:lift} \\ \text{cat:snp} \\ \text{sem:indef sg} \\ \text{mdr:} \\ \text{fnc:give} \\ \text{idy:6} \\ \text{prn:3} \end{bmatrix}_6
$$

标点符号输入,系统调用规则"S + IP",整个分析过程结束。

13.5.8 组合"A farmer gave the driver a lift"和"."

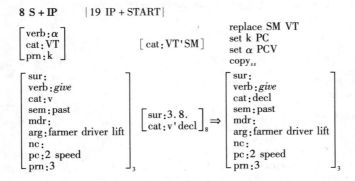

第三个例句的分析结果是下面这个命题因子集合:

13.5.9 "A farmer gave the driver a lift."的分析结果

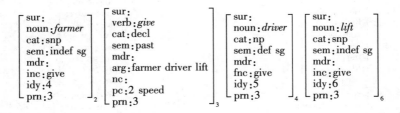

因为这个例句是样本语篇里的最后一句,所以,动词命题因子"give"的"nc"值为空。如果后面还有句子,那么下一个被调用的规则应该是"IP + START",当前动词的属性"nc"会被赋值"4 NCV"。

234

13.6   在词库中存储 LA-hear.2 的输出结果

听者理解自然语言语篇的最后一步是理解其语用含义。这一步从非常简单的把命题因子存入词库开始。存储时,以命题因子的概念为基本关键词,存储过程完全自动完成。上文 **LA-hear.2** 分析测试文本所得到的命题因子在词库里的存储情况如下:

13.6.1   **LA-hear.2** 命题因子在词库里的存储情况

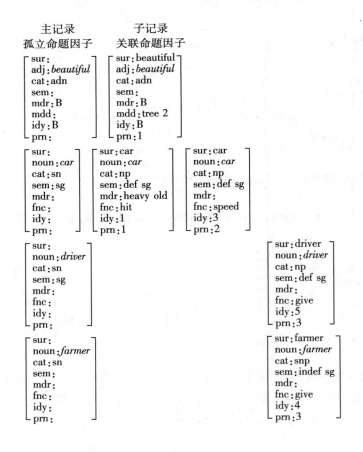

$$
\begin{bmatrix}
\text{sur:} \\
\text{verb:} \textit{give} \\
\text{cat:} \text{n-s3' d' a' v} \\
\text{sem:} \text{pres} \\
\text{mdr:} \\
\text{arg:} \\
\text{nc:} \\
\text{pc:} \\
\text{prn:}
\end{bmatrix}
$$

$$
\begin{bmatrix}
\text{sur:} \\
\text{adj:} \textit{heavy} \\
\text{cat:} \text{adn} \\
\text{sem:} \\
\text{mdr:} \text{B} \\
\text{mdd:} \\
\text{idy:} \text{B} \\
\text{prn:}
\end{bmatrix}
\begin{bmatrix}
\text{sur:} \text{heavy} \\
\text{adj:} \textit{heavy} \\
\text{cat:} \text{adn} \\
\text{sem:} \\
\text{mdr:} \text{B} \\
\text{mdd:} \text{car 1} \\
\text{idy:} \text{B} \\
\text{prn:} 1
\end{bmatrix}
$$

$$
\begin{bmatrix}
\text{sur:} \\
\text{verb:} \textit{hit} \\
\text{cat:} \text{n-s3' a' v} \\
\text{sem:} \text{PRES} \\
\text{mdr:} \\
\text{arg:} \\
\text{nc:} \\
\text{pc:} \\
\text{prn:}
\end{bmatrix}
\begin{bmatrix}
\text{sur:} \text{hit} \\
\text{verb:} \textit{hit} \\
\text{cat:} \text{decl} \\
\text{sem:} \text{past} \\
\text{mdr:} \\
\text{arg:} \text{car tree} \\
\text{nc:} \text{2 speed} \\
\text{pc:} \\
\text{prn:} 1
\end{bmatrix}
$$

$$
\begin{bmatrix}
\text{sur:} \\
\text{adj:} \textit{old} \\
\text{cat:} \text{adn} \\
\text{sem:} \\
\text{mdr:} \text{B} \\
\text{mdd:} \\
\text{idy:} \text{B} \\
\text{prn:}
\end{bmatrix}
\begin{bmatrix}
\text{sur:} \text{old} \\
\text{adj:} \textit{old} \\
\text{cat:} \text{adn} \\
\text{sem:} \\
\text{mdr:} \text{B} \\
\text{mdd:} \text{car 1} \\
\text{idy:} \text{B} \\
\text{prn:} 1
\end{bmatrix}
$$

$$
\begin{bmatrix}
\text{sur:} \\
\text{verb:} \textit{speed} \\
\text{cat:} \text{n-s3' v} \\
\text{sem:} \text{pres} \\
\text{mdr:} \\
\text{arg:} \\
\text{nc:} \\
\text{pc:} \\
\text{prn:}
\end{bmatrix}
$$

$$
\begin{bmatrix}
\text{sur:} \\
\text{noun:} \textit{lift} \\
\text{cat:} \text{sn} \\
\text{sem:} \text{sg} \\
\text{mdr:} \\
\text{fnc:} \\
\text{idy:} \\
\text{prn:}
\end{bmatrix}
$$

$$
\begin{bmatrix}
\text{sur:} \\
\text{noun:} \textit{tree} \\
\text{cat:} \text{sn} \\
\text{sem:} \text{sg} \\
\text{mdr:} \\
\text{fnc:} \\
\text{idy:} \\
\text{prn:}
\end{bmatrix}
\begin{bmatrix}
\text{sur:} \text{tree} \\
\text{noun:} \textit{tree} \\
\text{cat:} \text{np} \\
\text{sem:} \text{indef sg} \\
\text{mdr:} \text{beautiful} \\
\text{fnc:} \text{hit} \\
\text{idy:} 2 \\
\text{prn:} 1
\end{bmatrix}
$$

$$
\begin{bmatrix}
\text{sur:} \text{gave} \\
\text{verb:} \textit{give} \\
\text{cat:} \text{decl} \\
\text{mdr:} \\
\text{arg:} \text{farmer driver lift} \\
\text{nc:} \\
\text{pc:} \text{2 speed} \\
\text{prn:} 3
\end{bmatrix}
$$

235

$$
\begin{bmatrix}
\text{sur:} \text{speeding} \\
\text{verb:} \textit{speed} \\
\text{cat:} \text{decl} \\
\text{sem:} \text{hv\_past be\_perf prog} \\
\text{mdr:} \\
\text{arg:} \text{car} \\
\text{nc:} \text{3 give} \\
\text{pc:} \text{1 hit} \\
\text{prn:} 2
\end{bmatrix}
$$

$$
\begin{bmatrix}
\text{sur:} \text{lift} \\
\text{noun:} \textit{lift} \\
\text{cat:} \text{snp} \\
\text{sem:} \text{indef sg} \\
\text{mdr:} \\
\text{fnc:} \text{give} \\
\text{idy:} 6 \\
\text{prn:} 3
\end{bmatrix}
$$

命题因子存入词库之后，语用理解的下一个主要任务就是推理。对于给定的 LA-hear. 2 测试文本，自然人对它的理解是：

236

第一个句子里的"car"和第二个句子里的"car"构成共指关系；

加速可能是导致汽车撞到树的原因；

撞树使汽车受到了损害；

这个事件吸引了农夫的注意；

司机指的是这辆车的司机；

农夫帮了司机的忙。

这些语用推理从符号的字面意义(meaning 1)，过渡到了说者的言外意义(meaning 2)。[①] 这在语言理解过程中起着重要作用[②]。符号字面意义的语义表示见 13.3.7，13.4.7 和 13.5.9。

有一些语用推理很轻松，因此而很有吸引力。例如，根据第 10 章对共指关系的推理，LA-hear. 2 在默认状态下为出现了二次的"car"赋予了两个不同的"idy"值，见下面的个例行。（原文在 13.6.1 节第一次出现，这里是重复。）

　　　　　孤立命题因子　　　关联命题因子

$$
\begin{bmatrix}
\text{sur:car} \\
\text{noun:}car \\
\text{cat:sn} \\
\text{sem:sg} \\
\text{mdr:} \\
\text{fnc:} \\
\text{idy:} \\
\text{prn:}
\end{bmatrix}
\begin{bmatrix}
\text{sur:} \\
\text{noun:}car \\
\text{cat:np} \\
\text{sem:def sg} \\
\text{mdr:heavy old} \\
\text{fnc:hit} \\
\text{idy:1} \\
\text{prn:1}
\end{bmatrix}
\begin{bmatrix}
\text{sur:} \\
\text{noun:}car \\
\text{cat:np} \\
\text{sem:def sg} \\
\text{mdr:} \\
\text{fnc:speed} \\
\text{idy:3} \\
\text{prn:2}
\end{bmatrix}
$$

为了表现句与句之间的共指关系，需要把属性"idy"的值调整为同一个。为此，我们需要扩展 10.6.1 中定义的 LA-think. pro 语法，这个不难，但不是我们这一章要讨论的内容。这一章我们主要讨论如何从语表组合性和时间线性出发，通过句法-语义分析来重构基本的句法语义关系。

要升级现有语法体系，使之能够进行系统的语用分析，需要(i)有绝对

---

　① 字面意义和言外意义之间的区别见 2.6.1 及 FoCL'99, pp. 76, 77, 86, 108 和 500-503。

　② 除推理之外，理解，不只是语言理解，还依赖于描写和动作意象(见 MacWhinney, 2005b)。数据库语义学当中通过核心值的方式来处理这些问题(见 5.6)。

命题来补充词库中的情景命题,绝对命题反映的是外界知识;(ⅱ)情景命题和认知主体(机器人)的时空导向体系要相互关联;(ⅲ)标志、指示符和名称等不同种类的符号要有不同的指代机制,等等。数据库语义学的设计中已经包含了这些内容,但目前听者模式的语用分析只局限于如何把命题因子按序存入词库。

14. DBS.2：说者模式

说者要想生成连贯的语言,说者词库里的内容必须是连贯的。内容的最可靠来源是直接观察。因此,内容的连贯性取决于外部世界的连贯性。①

内容的另一个来源是自然语言理解。自然语言符号由作者生成,生成期间作者可能会对直接观察得来的各个元素重新进行排序和连接,因此,由语言符号来表现的内容有可能是不连贯的。

只有能够直接观察外部世界的主体才能评价由语言符号来表现的内容是否连贯,并相应地作出标记。但是,这需要主体有自动的语境识别和语境行动的能力,出于技术方面的原因,我们现在还做不到。因此,作为用户,我们的责任是为现有的 DBS.2 系统提供连贯的内容,这样才有可能生成连贯的语言。

14.1 LA-think.2 定义

我们把上一章出现的测试文本"The heavy old car hit a beautiful tree. The car had been speeding. A farmer gave the driver a lift."看作是一个连贯的内容,由 LA-hear.2 自动读入词库。现在要以这个词库为基础,构建一个完整的交流循环。首先,需要有一个能够激活词库内容的导航分析器。这个导航分析器就是 **LA-think.2**。

LA-think.2 和 LA-think.1 有相同的软体基础。LA-think.2 继承并改进

---

① 详见 FoCL'99, 23.4, pp. 464—466。

了 LA-think.1 的"V_N_V"和"V_V_V"。另外,LA-think.2 还增加了三个导航顺序,分别是"V_N_N"、"N_A_N"和"N_A_V"。这三个导航顺序主要用来遍历定语修饰语命题因子,定语修饰语命题因子缩写为"A"。

14.1.1　LA-think.2 的形式定义

238

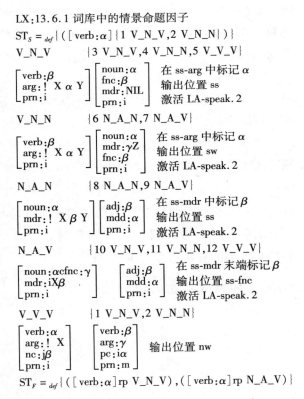

LX:13.6.1 词库中的情景命题因子

$$ST_{S} =_{def} \{([\text{verb}:\alpha]\{1\ V\_N\_V, 2\ V\_N\_N\})\}$$

V_N_V　　　　$\{3\ V\_N\_V, 4\ V\_N\_N, 5\ V\_V\_V\}$

$$\begin{bmatrix} \text{verb}:\beta \\ \text{arg}:!\ X\ \alpha\ Y \\ \text{prn}:i \end{bmatrix} \begin{bmatrix} \text{noun}:\alpha \\ \text{fnc}:\beta \\ \text{mdr}:\text{NIL} \\ \text{prn}:i \end{bmatrix}$$ 在 ss-arg 中标记 α 输出位置 ss 激活 LA-speak.2

V_N_N　　　　$\{6\ N\_A\_N, 7\ N\_A\_V\}$

$$\begin{bmatrix} \text{verb}:\beta \\ \text{arg}:!\ X\ \alpha\ Y \\ \text{prn}:i \end{bmatrix} \begin{bmatrix} \text{noun}:\alpha \\ \text{mdr}:\gamma Z \\ \text{fnc}:\beta \\ \text{prn}:i \end{bmatrix}$$ 在 ss-arg 中标记 α 输出位置 sw 激活 LA-speak.2

N_A_N　　　　$\{8\ N\_A\_N, 9\ N\_A\_V\}$

$$\begin{bmatrix} \text{noun}:\alpha \\ \text{mdr}:!\ X\ \beta\ Y \\ \text{prn}:i \end{bmatrix} \begin{bmatrix} \text{adj}:\beta \\ \text{mdd}:\alpha \\ \text{prn}:i \end{bmatrix}$$ 在 ss-mdr 中标记 β 输出位置 ss 激活 LA-speak.2

N_A_V　　　　$\{10\ V\_N\_V, 11\ V\_N\_N, 12\ V\_V\_V\}$

$$\begin{bmatrix} \text{noun}:\alpha \text{cfnc}:\gamma \\ \text{mdr}:iX\beta \\ \text{prn}:i \end{bmatrix} \begin{bmatrix} \text{adj}:\beta \\ \text{mdd}:\alpha \\ \text{prn}:i \end{bmatrix}$$ 在 ss-mdr 末端标记 β 输出位置 ss-fnc 激活 LA-speak.2

V_V_V　　　　$\{1\ V\_N\_V, 2\ V\_N\_N\}$

$$\begin{bmatrix} \text{verb}:\alpha \\ \text{arg}:!\ X \\ \text{nc}:j\beta \\ \text{prn}:i \end{bmatrix} \begin{bmatrix} \text{verb}:\beta \\ \text{arg}:\gamma \\ \text{pc}:i\alpha \\ \text{prn}:m \end{bmatrix}$$ 输出位置 nw

$$ST_{F} =_{def} \{([\text{verb}:\alpha]\text{rp}\ V\_N\_V), ([\text{verb}:\alpha]\text{rp}\ N\_A\_V)\}$$

LA-think.2 的操作也比 LA-think.1 的多了两个,分别称作"mark"和"end-mark"。"Mark"的作用是在某个值的前面添加"!"(如"N_A_N"里的"! β"),而"end-mark"的作用是在某个值的后面添加"!"(如"N_A_V"里的"β!")。这样的标记操作能够避免重复遍历(见 FoCL'99, p.464,"Tracking Principles")。在"V_N_V"和"V_N_N"当中,标记操作主要应用于"V"命题因子中被遍历过的名词性填充值。在"N_A_N"和"N_A_V"当中,标记操作主要应用于"N"命题因子中被遍历过的定语修饰语。

"V_N_V"导航过程中，在遍历过没有修饰语（"mdr：NIL"）的名词之后，指针回到当前命题的"V"。因为"V_N_V"能够再次自我启动（见规则包），所以它也能处理带一个以上论元的动词，如"see（二价动词）"和"give（三价动词）"。也就是说，原来的 LA-think. 1 的规则的处理能力扩大了。

新增加的"V_N_N""N_A_N"和"N_A_V"可以处理定语不限量（修饰语递归）的短语。如"girl hot cool beautiful young honest rich modest intelligent charming witty sweet erudite endearing"等。"V_N_N"用来遍历至少带一个定语修饰语（"mdr：γ Z"）的名词命题因子。当指针回到输出位置"N"时，导航按规则包里的"N_A_N"和"N_A_V"继续运行。

239　　　"N_A_N"用来遍历带一个以上定语修饰语的名词命题因子。遍历过"A"之后指针回到"N"，"N"命题因子的属性"mdr"的相应值得到标记。"N_A_V"用来遍历最后一个定语修饰语。遍历过"A"之后指针回到当前命题的"V"，"N"命题因子的属性"mdr"的相应值得到尾标（end-marked）。

"V_V_V"依据当前"V"命题因子的属性"nc"和"pc"的值来构建命题间接续关系。在 LA-think. 2 中，启动这个导航之前，当前动词的所有论元必须都已经遍历过了，即当前动词命题因子的属性"arg"的值是"！X"。

上述规则和规则包构成下面的有限状态转移网络：

14.1.2　LA-think. 2 的有限状态转移网络

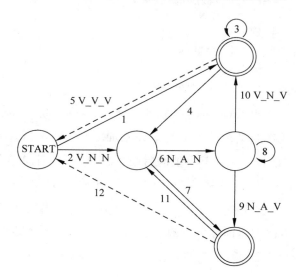

上图反映了这样一个事实,LA-think.2 的每个规则包里都包含了几个规则,这和 LA-think.1 不一样。LA-think.1 的每个规则包里都只有一个规则(见 12.1.1 和 12.1.2)。

而且,LA-think.2 的规则包包含潜在的输入兼容规则①,例如"V_N_V"和"V_N_N"。这意味着后面可供接续的选择性更大。举例来说,稍稍放宽一点规则格式,测试文本中第一个句子的遍历结果可能是"The car hit the tree."而省略掉定语修饰语"heavy""old"和"beautiful"。但目前,我们还是遍历词库里的全部内容。

在讨论 LA-think.2 的细节之前,我们先用图表的形式来归纳一下它的特点。和 12.1 一样,我们分两步。首先看一下每个规则的名称、导航样本,和用于接续的规则包(见 14.1.3)。之后,根据规则名称、导航和被激活的 "V""N"和"A"命题因子序列推导出表现 DBS.2 测试句的命题因子序列(14.1.4)。

14.1.3 LA-think.2 的图形描述

规则名称	导航范例	规则包
V_N_V	give_girl_give	{V_N_V, V_N_N, V_V_V}
V_N_N	give_girl_girl	{N_A_N, N_A_V}
N_A_N	girl_beautiful_girl	{N_A_N, N_A_V}
N_A_V	girl_young_give	{V_N_V, V_N_N}
V_V_V	give_read_read	{V_N_V, V_N_N, V_V_V}

上面是孤立地看各个规则操作,下面看看这些操作在 DBS.2 测试句上的实际应用:

14.1.4 推导一个"VNAANA VN VNNN"序列

规则名称	导航范例	规则包
V_N_N	hit_car_car	VN
N_A_N	car_heavy_car	VNA
N_A_V	car_old_hit	VNAA
V_N_N	hit_tree_tree	VNAAN

---

① 详见 FoCL'99,113,pp. 209-212。

N_A_V	tree_beautiful_hit	VNAANA
V_V_V	hit_speed_speed	VNAANA V
V_N_V	speed_car_speed	VNAANA VN
V_V_V	speed_give_give	VNAANA VN V
V_N_V	give_farmer_give	VNAANA VN VN
V_N_V	give_drive_give	VNAANA VN VNN
V_N_V	give_lift_give	VNAANA VN VNNN

LA-think.2 导航从"hit"开始,首先提取该动词命题因子的属性"arg"的第一个值"car"。再接着在"car"命题因子中提取其属性"mdr"的第一个值"heavy"。之后,指针回到"car",接着提取其属性"mdr"的第二个值"old",然后提取其属性"fnc"的值,即"hit"。这样,指针又回到了"hit",接着提取其属性"arg"的第二个值"tree"。再在"tree"命题因子中提取其属性"mdr"的值"beautiful"。最后,指针回到"hit"。

LA-think.2 在"hit"命题因子中提取其属性"nc"的值"speed",导航前进到第二个命题。在"speed"命题因子中提取其属性"arg"的值"car"。之后,指针回到"speed",接着提取其属性"nc"的值"give",导航再前进到第三个命题。以此类推。

14.2　LA-speak.2 定义

6.2.1,6.3.1 和6.4.1 讨论了如何在听者模式下构建命题内函词论元结构。在 LA-think 导航的基础上,LA-speak.2 能够自动生成(再生)这个结构。14.3 描述了各种词汇化程序,有了这些程序,LA-speak.2 的规则就可以发挥作用,简单有效地处理功能词析出和排列语序的问题。

14.2.1　LA-speak.2 的形式化定义

$ST_S =_{def} \{ ([\text{noun}:\alpha] \{1\text{-DET},2\text{-NoP}\}) \}$

－ DET　　　　$\{3\text{-ADN},4\text{-NOUN}\}$

$\begin{bmatrix} \text{noun}:\alpha \\ \text{mdr}:X \\ \text{prn}:i \end{bmatrix}$ lex-d$[\text{noun}:\alpha]$
if $X \neq$ NIL activate LA-think 2

－ NoP　　　　$\{5\text{-FVERB},6\text{-AUX},7\text{-DET},8\text{-NoP},9\text{-STOP}\}$

$$\begin{bmatrix} \text{verb}:\beta \\ \text{arg}:!X!\alpha Y \\ \text{prn}:i \end{bmatrix} \begin{bmatrix} \text{noun}:\alpha \\ \text{fnc}:\beta \\ \text{cat}:\text{nm} \\ \text{prn}:i \end{bmatrix} \begin{array}{l} \text{lex-n}[\text{noun}:\alpha] \\ \text{mark }\beta\text{ in }[\text{noun}:\alpha] \\ \text{if! } X \neq \text{NIL and } Y \neq \text{NIL activate LA-think.2} \end{array}$$

– ADN   {10-ADN,11-NOUN}

$$\begin{bmatrix} \text{noun}:\alpha \\ \text{mdr}:!X\beta + Y \\ \text{prn}:i \end{bmatrix} \begin{bmatrix} \text{adj}:\beta \\ \text{cat}:\text{adn} \\ \text{mdd}:\alpha \\ \text{prn}:i \end{bmatrix} \begin{array}{l} \text{where }\beta + = !\beta\text{ or }\beta + = \beta! \\ \text{lex-an}[\text{adj}:\beta] \\ \text{if}\beta + = !\beta,\text{activate LA-think.2} \\ \text{if}\beta + = \beta!,\text{end-mark}\beta + \text{again} \end{array}$$

– NOUN   {12-FVERB,13-AUX.14-DET,15-NoP,16-STOP}

$$\begin{bmatrix} \text{verb}:\beta \\ \text{arg}:!X!\alpha Y \\ \text{prn}:i \end{bmatrix} \begin{bmatrix} \text{noun}:\alpha \\ \text{mdr}:Z\gamma \\ \text{prn}:i \end{bmatrix} \begin{array}{l} \text{where } Z \ \gamma = \text{NIL or }\gamma = \delta!! \\ \text{lex-nn}[\text{noun}:\alpha] \\ \text{mark }\alpha\text{ in }[\text{noun}:\alpha] \\ \text{if! } X \neq \text{NIL and } Y \neq \text{NIL activate LA-think.2} \end{array}$$

– FVERB   {17-DET,18-NoP,19-STOP}

$$\begin{bmatrix} \text{verb}:\beta \\ \text{cat}:\text{decl} \\ \text{arg}:!\alpha X \\ \text{prn}:i \end{bmatrix} \begin{array}{l} \text{lex-fv}[\text{verb}:\beta] \\ \text{mark decl in }[\text{verb}:\beta] \\ \text{if } X \neq \text{NIL activate LA-think.2} \end{array}$$

– AUX   {20-AUX,21-NVERB}

$$\begin{bmatrix} \text{verb}:\beta \\ \text{cat}:\text{decl} \\ \text{sem}:!X \text{ AUX } Y \\ \text{arg}:!\alpha \ Z \\ \text{prn}:i \end{bmatrix} \begin{array}{l} \text{lex-ax}[\text{verb}:\beta] \\ \text{mark ax in}[\text{verb}:\beta] \end{array}$$

– NVERB   {22-DET,23-NoP,24-STOP}

$$\begin{bmatrix} \text{verb}:\beta \\ \text{cat}:\text{decl} \\ \text{sem}:!X \ Y \\ \text{arg}:!\alpha \ Z \\ \text{prn}:i \end{bmatrix} \begin{array}{l} \text{lex-nv}[\text{verb}:\beta] \\ \text{mark decl in}[\text{verb}:\beta] \\ Z \neq \text{NIL activate LA-think.2} \end{array}$$

– STOP   {1-DET,2N}

$$\begin{bmatrix} \text{verb}:\beta \\ \text{cat}:!\text{decl} \\ \text{arg}:!X!\alpha \\ \text{prn}:i \end{bmatrix} \begin{bmatrix} \text{noun}:!\alpha \\ \text{fnc}:\beta \\ \text{prn}:i \end{bmatrix} \begin{array}{l} \text{lex-p}[\text{verb}:\beta] \\ \text{activate LA-think.2} \end{array}$$

$\text{ST}_F =_{def} \{([\text{cat}:\text{decl}]\text{rp-STOP})\}$

规则"-NoP"和"-NOUN"不一样,只有"-NOUN"能够经由"-DET"启动。

和 LA-speak.1 一样,LA-speak.2 每应用一次规则都只词汇化一个词。变量"! X"要么匹配"NIL",要么匹配由一个或者一个以上用"!"标记的值组成的序列。标记"!"来自于 LA-think.2(如"V_N_V")或者 LA-speak.2(如"– FVERB")的规则操作。这些标记都是暂时的,作用是防止在导航和语言生成过程中重复使用同一个值。当导航或者语言生成过程中不再需要这些标记时,它们会被自动删除。

LA-speak.2 的规则和规则包构成下面的有限状态转移网络:

14.2.2　LA-speak.2 的有限状态转移网络

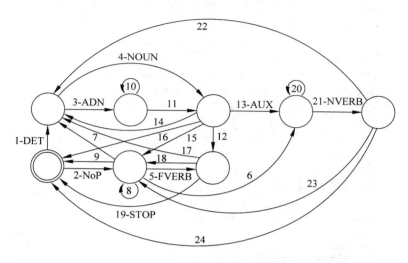

　　LA-speak.2 的语法复杂度是 24 : 8 = 3，也就是说，每次实现平均应用三次规则。①

243

14.3　自动词形生成

　　经由导航激活的命题因子必须通过 LA-speak.2 实现为依存于语言的外部语表。和 LA-speak.1 一样，这一步由词汇化程序来完成。词汇化指的是把一个或者更多个命题因子和格式进行匹配，然后输出语表。

　　在 LA-speak.2 中，专有名词和代词由同一个词汇化程序来实现。这个程序称作"lex-n"。但是，不同的动词要用不同的词汇化程序来实现。用于限定性主要动词的程序称作"lex-fv"，用于助词的称作"lex-ax"，用于非限定主要动词的称作"lex-nv"。也就是说，语言生成过程中的词形分类和传统的

---

　　①　自动词形识别有附加计算成本（见 14.3），但是如果操作适当，比如基于特里结构来访问词汇化表，那么计算成本完全可能是个常数。

形态学的方法相关,似乎都要以语言理解过程中的具体语境为依据。①

除了"n""fv""ax"和"nv"的词汇化以外,LA-speak.2 还要求有"nn""d""an"和"p"(分别代表名词、冠词、定语形容词和标点符号)的词汇化。这些通过"lex-nn""lex-d""lex-an"和"lex-p"等词汇化程序来完成。

和 LA-speak.1(见 12.3)一样,LA-speak.2 的词汇化程序也是由(i)一个带条件的完形格式和(ii)一个词汇化表来构成的。但是,LA-speak.2 的词汇化任务比较复杂,为此,下面几个程序把几个完形格式和相关的词汇化表组合在了一起。这样,在程序运行过程中,先试第一个格式,然后第二个,第三个,以此类推,直到匹配成功。

词汇化过程中,LA-think.2 规则操作生成的"!"标记(见 14.1.1)忽略不计。

14.3.1 "lex-n"实现名称或代词

如果 $\begin{bmatrix} \text{nuon}:\alpha \\ \text{cat}:\text{nm} \end{bmatrix}$ 匹配已激活命题因子 N,那么 lex-n[noun:α] = α'

如果 α =　　　　　　　　那么 α' =

244

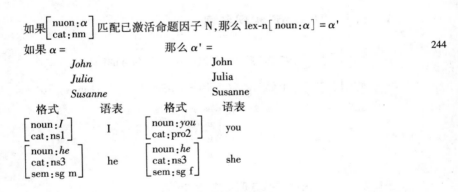

格式	语表	格式	语表
John		John	
Julia		Julia	
Susanne		Susanne	
$\begin{bmatrix} \text{noun}:I \\ \text{cat}:\text{ns1} \end{bmatrix}$	I	$\begin{bmatrix} \text{noun}:you \\ \text{cat}:\text{pro2} \end{bmatrix}$	you
$\begin{bmatrix} \text{noun}:he \\ \text{cat}:\text{ns3} \\ \text{sem}:\text{sg m} \end{bmatrix}$	he	$\begin{bmatrix} \text{noun}:he \\ \text{cat}:\text{ns3} \\ \text{sem}:\text{sg f} \end{bmatrix}$	she

---

① 语言理解和语言生成之间的区别有利于解释长期存在的形态分类中的矛盾问题。标准的说法是,词形分为屈折词形和派生词形。屈折词形不改变由词性代表的语法功能,派生词形则改变语法功能。例如,"learn"和"learns"词性相同,因此属于屈折变化。而"learn"和"learner"词性不同,属于派生变化。

　　明显的矛盾出现在过去分词上。例如,"written"显然是动词变化"write""writes""writing""wrote""written"中的一个,但是其语法功能发生了转变:它的用法有时类似定语形容词,如"written letter"(在拉丁语或者德语等语言当中,它甚至会发生屈折变化,以保持和名词或者限定词之间的一致性)。

　　如果在语言理解过程中放宽屈折变化的范围,而在语言生成过程中严格限制语言功能,那么矛盾就不存在了。语言理解的目的是围绕相同的语义核心对所有可能的词形进行排序,包括带派生变化的词形。语言生成过程正好相反,其目的是要为某一个指定的语义核心选择正确的语法功能。

$$\begin{bmatrix} noun:he \\ cat:snp \\ sem:sg \end{bmatrix}\quad it \qquad \begin{bmatrix} noun:I \\ cat:np1 \end{bmatrix}\quad we$$

$$\begin{bmatrix} noun:he \\ cat:np3 \end{bmatrix}\quad they \qquad \begin{bmatrix} noun:I \\ cat:obq \\ sem:sg \end{bmatrix}\quad me$$

$$\begin{bmatrix} noun:he \\ cat:obq \\ sem:sg\ m \end{bmatrix}\quad him \qquad \begin{bmatrix} noun:he \\ cat:obq \\ sem:sg\ f \end{bmatrix}\quad her$$

$$\begin{bmatrix} noun:I \\ cat:obq \\ sem:pl \end{bmatrix}\quad us \qquad \begin{bmatrix} noun:he \\ cat:obq \\ sem:pl \end{bmatrix}\quad them$$

14.3.2　"lex-d"实现冠词

格式	语表	格式	语表
[sem：indef sg]	a(n)	[cat：snp] [sem：pl exh]	every
[sem：sel]	some	[cat：pnp] [sem：pl exh]	all
[sem：def]①			

14.3.3　"lex-nn"实现名词

如果 $\begin{bmatrix} noun:\alpha \\ sem:sg \end{bmatrix}$ 匹配已激活命题因子 N，那么 lex − nn[noun：α] = α′.

如果 $\begin{bmatrix} noun:\alpha \\ sem:pl \end{bmatrix}$ 匹配已激活命题因子 N，那么 lex − nn[noun：α] = α′ + s.

如果 α = car 　　　那么 α′ = car
　　　　driver　　　　　　driver
　　　　farmer　　　　　　farmer
　　　　lift　　　　　　　lift

14.3.4　"lex-fv"实现限定性动词

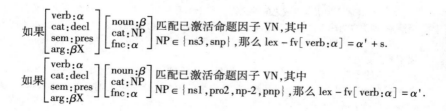

如果 $\begin{bmatrix} verb:\alpha \\ cat:decl \\ sem:pres \\ arg:\beta X \end{bmatrix}\begin{bmatrix} noun:\beta \\ cat:NP \\ fnc:\alpha \end{bmatrix}$ 匹配已激活命题因子 VN，其中 NP ∈ {ns3，snp}，那么 lex − fv[verb：α] = α′ + s.

如果 $\begin{bmatrix} verb:\alpha \\ cat:decl \\ sem:pres \\ arg:\beta X \end{bmatrix}\begin{bmatrix} noun:\beta \\ cat:NP \\ fnc:\alpha \end{bmatrix}$ 匹配已激活命题因子 VN，其中 NP ∈ {ns1，pro2，np-2，pnp}，那么 lex − fv[verb：α] = α′.

---

① 从技术上看，值模式要求有附加变量，如"[sem：X def Y]"，来表示"def"的前面和后面都可以有其他值。简便起见，不需要特殊说明时省略这一项。

如果 α =   *dream*   那么 α' =   dream
               give   give
               hit   hit
               know   know
               sing   sing
               sleep   sleep
               speed   speed

如果 $\begin{bmatrix} \text{verb}:\alpha \\ \text{cat}:\text{decl} \\ \text{sem}:\text{TEMP} \\ \text{arg}:\beta X \end{bmatrix}$ 匹配已激活命题因子 VN,其中 TEMP ∈ {past, past/perf},那么 lex − fv[verb:α] = α' + ed 或者生成关联语表.

如果 α = *speed*   那么语表 = speed
         dream   dreamt
         give   gave
         hit   hit
         know   knew
         sing   sang
         sleep   slept

如果 α = *learn*   那么 α' = learn
        ···   ···

14.3.5 "lex − ax"实现助词

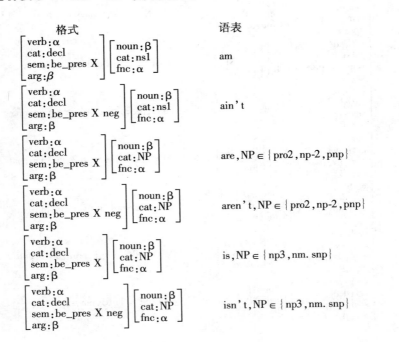

格式   语表

$\begin{bmatrix} \text{verb}:\alpha \\ \text{cat}:\text{decl} \\ \text{sem}:\text{be\_pres } X \\ \text{arg}:\beta \end{bmatrix} \begin{bmatrix} \text{noun}:\beta \\ \text{cat}:\text{ns1} \\ \text{fnc}:\alpha \end{bmatrix}$ am

$\begin{bmatrix} \text{verb}:\alpha \\ \text{cat}:\text{decl} \\ \text{sem}:\text{be\_pres } X \text{ neg} \\ \text{arg}:\beta \end{bmatrix} \begin{bmatrix} \text{noun}:\beta \\ \text{cat}:\text{ns1} \\ \text{fnc}:\alpha \end{bmatrix}$ ain't

$\begin{bmatrix} \text{verb}:\alpha \\ \text{cat}:\text{decl} \\ \text{sem}:\text{be\_pres } X \\ \text{arg}:\beta \end{bmatrix} \begin{bmatrix} \text{noun}:\beta \\ \text{cat}:\text{NP} \\ \text{fnc}:\alpha \end{bmatrix}$ are, NP ∈ {pro2, np-2, pnp}

$\begin{bmatrix} \text{verb}:\alpha \\ \text{cat}:\text{decl} \\ \text{sem}:\text{be\_pres } X \text{ neg} \\ \text{arg}:\beta \end{bmatrix} \begin{bmatrix} \text{noun}:\beta \\ \text{cat}:\text{NP} \\ \text{fnc}:\alpha \end{bmatrix}$ aren't, NP ∈ {pro2, np-2, pnp}

$\begin{bmatrix} \text{verb}:\alpha \\ \text{cat}:\text{decl} \\ \text{sem}:\text{be\_pres } X \\ \text{arg}:\beta \end{bmatrix} \begin{bmatrix} \text{noun}:\beta \\ \text{cat}:\text{NP} \\ \text{fnc}:\alpha \end{bmatrix}$ is, NP ∈ {np3, nm. snp}

$\begin{bmatrix} \text{verb}:\alpha \\ \text{cat}:\text{decl} \\ \text{sem}:\text{be\_pres } X \text{ neg} \\ \text{arg}:\beta \end{bmatrix} \begin{bmatrix} \text{noun}:\beta \\ \text{cat}:\text{NP} \\ \text{fnc}:\alpha \end{bmatrix}$ isn't, NP ∈ {np3, nm. snp}

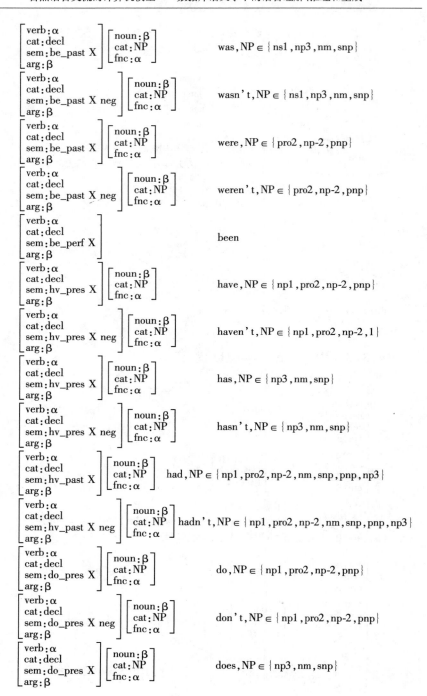

$$\left[\begin{array}{l} \text{verb}:\alpha \\ \text{cat}:\text{decl} \\ \text{sem}:\text{be\_past } X \\ \text{arg}:\beta \end{array}\right] \left[\begin{array}{l} \text{noun}:\beta \\ \text{cat}:\text{NP} \\ \text{fnc}:\alpha \end{array}\right] \qquad \text{was}, \text{NP} \in \{\text{ns1},\text{np3},\text{nm},\text{snp}\}$$

$$\left[\begin{array}{l} \text{verb}:\alpha \\ \text{cat}:\text{decl} \\ \text{sem}:\text{be\_past } X \text{ neg} \\ \text{arg}:\beta \end{array}\right] \left[\begin{array}{l} \text{noun}:\beta \\ \text{cat}:\text{NP} \\ \text{fnc}:\alpha \end{array}\right] \qquad \text{wasn't}, \text{NP} \in \{\text{ns1},\text{np3},\text{nm},\text{snp}\}$$

$$\left[\begin{array}{l} \text{verb}:\alpha \\ \text{cat}:\text{decl} \\ \text{sem}:\text{be\_past } X \\ \text{arg}:\beta \end{array}\right] \left[\begin{array}{l} \text{noun}:\beta \\ \text{cat}:\text{NP} \\ \text{fnc}:\alpha \end{array}\right] \qquad \text{were}, \text{NP} \in \{\text{pro2},\text{np-2},\text{pnp}\}$$

$$\left[\begin{array}{l} \text{verb}:\alpha \\ \text{cat}:\text{decl} \\ \text{sem}:\text{be\_past } X \text{ neg} \\ \text{arg}:\beta \end{array}\right] \left[\begin{array}{l} \text{noun}:\beta \\ \text{cat}:\text{NP} \\ \text{fnc}:\alpha \end{array}\right] \qquad \text{weren't}, \text{NP} \in \{\text{pro2},\text{np-2},\text{pnp}\}$$

$$\left[\begin{array}{l} \text{verb}:\alpha \\ \text{cat}:\text{decl} \\ \text{sem}:\text{be\_perf } X \\ \text{arg}:\beta \end{array}\right] \qquad \text{been}$$

$$\left[\begin{array}{l} \text{verb}:\alpha \\ \text{cat}:\text{decl} \\ \text{sem}:\text{hv\_pres } X \\ \text{arg}:\beta \end{array}\right] \left[\begin{array}{l} \text{noun}:\beta \\ \text{cat}:\text{NP} \\ \text{fnc}:\alpha \end{array}\right] \qquad \text{have}, \text{NP} \in \{\text{np1},\text{pro2},\text{np-2},\text{pnp}\}$$

$$\left[\begin{array}{l} \text{verb}:\alpha \\ \text{cat}:\text{decl} \\ \text{sem}:\text{hv\_pres } X \text{ neg} \\ \text{arg}:\beta \end{array}\right] \left[\begin{array}{l} \text{noun}:\beta \\ \text{cat}:\text{NP} \\ \text{fnc}:\alpha \end{array}\right] \qquad \text{haven't}, \text{NP} \in \{\text{np1},\text{pro2},\text{np-2},\text{1}\}$$

$$\left[\begin{array}{l} \text{verb}:\alpha \\ \text{cat}:\text{decl} \\ \text{sem}:\text{hv\_pres } X \\ \text{arg}:\beta \end{array}\right] \left[\begin{array}{l} \text{noun}:\beta \\ \text{cat}:\text{NP} \\ \text{fnc}:\alpha \end{array}\right] \qquad \text{has}, \text{NP} \in \{\text{np3},\text{nm},\text{snp}\}$$

247

$$\left[\begin{array}{l} \text{verb}:\alpha \\ \text{cat}:\text{decl} \\ \text{sem}:\text{hv\_pres } X \text{ neg} \\ \text{arg}:\beta \end{array}\right] \left[\begin{array}{l} \text{noun}:\beta \\ \text{cat}:\text{NP} \\ \text{fnc}:\alpha \end{array}\right] \qquad \text{hasn't}, \text{NP} \in \{\text{np3},\text{nm},\text{snp}\}$$

$$\left[\begin{array}{l} \text{verb}:\alpha \\ \text{cat}:\text{decl} \\ \text{sem}:\text{hv\_past } X \\ \text{arg}:\beta \end{array}\right] \left[\begin{array}{l} \text{noun}:\beta \\ \text{cat}:\text{NP} \\ \text{fnc}:\alpha \end{array}\right] \quad \text{had}, \text{NP} \in \{\text{np1},\text{pro2},\text{np-2},\text{nm},\text{snp},\text{pnp},\text{np3}\}$$

$$\left[\begin{array}{l} \text{verb}:\alpha \\ \text{cat}:\text{decl} \\ \text{sem}:\text{hv\_past } X \text{ neg} \\ \text{arg}:\beta \end{array}\right] \left[\begin{array}{l} \text{noun}:\beta \\ \text{cat}:\text{NP} \\ \text{fnc}:\alpha \end{array}\right] \quad \text{hadn't}, \text{NP} \in \{\text{np1},\text{pro2},\text{np-2},\text{nm},\text{snp},\text{pnp},\text{np3}\}$$

$$\left[\begin{array}{l} \text{verb}:\alpha \\ \text{cat}:\text{decl} \\ \text{sem}:\text{do\_pres } X \\ \text{arg}:\beta \end{array}\right] \left[\begin{array}{l} \text{noun}:\beta \\ \text{cat}:\text{NP} \\ \text{fnc}:\alpha \end{array}\right] \qquad \text{do}, \text{NP} \in \{\text{np1},\text{pro2},\text{np-2},\text{pnp}\}$$

$$\left[\begin{array}{l} \text{verb}:\alpha \\ \text{cat}:\text{decl} \\ \text{sem}:\text{do\_pres } X \text{ neg} \\ \text{arg}:\beta \end{array}\right] \left[\begin{array}{l} \text{noun}:\beta \\ \text{cat}:\text{NP} \\ \text{fnc}:\alpha \end{array}\right] \qquad \text{don't}, \text{NP} \in \{\text{np1},\text{pro2},\text{np-2},\text{pnp}\}$$

$$\left[\begin{array}{l} \text{verb}:\alpha \\ \text{cat}:\text{decl} \\ \text{sem}:\text{do\_pres } X \\ \text{arg}:\beta \end{array}\right] \left[\begin{array}{l} \text{noun}:\beta \\ \text{cat}:\text{NP} \\ \text{fnc}:\alpha \end{array}\right] \qquad \text{does}, \text{NP} \in \{\text{np3},\text{nm},\text{snp}\}$$

$$
\begin{bmatrix} \text{verb}:\alpha \\ \text{cat}:\text{decl} \\ \text{sem}:\text{do\_pres X neg} \\ \text{arg}:\beta \end{bmatrix}
\begin{bmatrix} \text{noun}:\beta \\ \text{cat}:\text{NP} \\ \text{fnc}:\alpha \end{bmatrix}
\qquad \text{doesn't}, \text{NP} \in \{\text{np3}, \text{nm}, \text{snp}\}
$$

$$
\begin{bmatrix} \text{verb}:\alpha \\ \text{cat}:\text{decl} \\ \text{sem}:\text{do\_past X} \\ \text{arg}:\beta \end{bmatrix}
\begin{bmatrix} \text{noun}:\beta \\ \text{cat}:\text{NP} \\ \text{fnc}:\alpha \end{bmatrix}
\quad \text{did}, \text{NP} \in \{\text{np1}, \text{pro2}, \text{np-2}, \text{nm}, \text{snp}, \text{pnp}, \text{np3}\}
$$

$$
\begin{bmatrix} \text{verb}:\alpha \\ \text{cat}:\text{decl} \\ \text{sem}:\text{do\_past X neg} \\ \text{arg}:\beta \end{bmatrix}
\begin{bmatrix} \text{noun}:\beta \\ \text{cat}:\text{NP} \\ \text{fnc}:\alpha \end{bmatrix}
\quad \text{didn't}, \text{NP} \in \{\text{np1}, \text{pro2}, \text{np-2}, \text{nm}, \text{snp}, \text{pnp}, \text{np3}\}
$$

14.3.6　"lex-nv"实现非限定动词

如果 $\begin{bmatrix} \text{verb}:\alpha \\ \text{cat}:\text{decl} \\ \text{sem}:\text{prog} \end{bmatrix}$ 匹配已激活命题因子 V,那么 lex-nv$[\text{verb}:\alpha] = \alpha' + \text{ing}, \alpha$ 和 α' 的关系如下:

如果 $\alpha =$	那么 $\alpha' =$
dream	dream
give	giv
hit	hitt
know	know
sing	sing
sleep	sleep
speed	speed

如果 $\begin{bmatrix} \text{verb}:\alpha \\ \text{cat}:\text{decl} \\ \text{sem}:\text{perf} \end{bmatrix}$ 匹配已激活命题因子 V,那么 lex-fv$[\text{verb}:\alpha]$ 生成语表 α':

$\alpha =$	$\alpha' =$
give	given
know	known
sing	sung[1]

14.3.7　"lex-adn"实现基本定语

如果 $\alpha =$	那么 $\alpha' =$
beautiful	beautiful
heavy	heavy
old	old

---

[1]　用于处理简单语素变体现象,如"giv + ing"和"hit + t + ing"。关于语素变体现象的讨论见 FoCL'99, pp. 263 ff。

248

如果 $\begin{bmatrix} \text{adj:}\alpha \\ \text{cat:adn} \\ \text{sem:comp} \end{bmatrix}$ 匹配已激活命题因子 a，那么 lex-adn$\begin{bmatrix} \text{adj:}\alpha \end{bmatrix}$ = α' + er.

如果 $\begin{bmatrix} \text{adj:}\alpha \\ \text{cat:adn} \\ \text{sem:sup} \end{bmatrix}$ 匹配已激活命题因子 a，那么 lex-adn$\begin{bmatrix} \text{adj:}\alpha \end{bmatrix}$ = α' + est.

如果 α =　　　　　那么 α' =

heavy　　　　　　heavy

old　　　　　　old①②

14.3.8　"lex-p"实现句号

如果"[cat：decl]"匹配已激活的"V"命题因子，那么"lex-p"适用于该命题因子，生成语表".（句号）"。

词汇化程序"lex-n""lex-d""lex-nn""lex-fv""lex-nv""lex-ax""lex-an"和"lex-p"都经由 LA-speak. 2 的规则来启动。LA-speak. 2 的规则定义见上一节。

14.4　生成带复杂名词短语的句子

这一节和下两节的讨论以 LA-speak. 2 的规则格式为基础。LA-speak. 2 的规则格式和被 LA-think. 2 激活的命题因子序列相匹配。通过14.3 中定义的词汇化程序，LA-speak 能够把命题因子实现为语表。

在详细分析 DBS. 2 第一个例句的生成过程之前，我们先来总结一下 LA-think 和 LA-speak 各自不同的标记操作，以及这两个语法在实际应用过程中相互转换的情况。13.6.1 激活的命题因子序列表现的是例句"The heavy old car hit the beautiful tree."这个句子的结构一开始是"VN"，之后逐步扩展成了"VNAANA"。

---

① 如果语表和过去时相同，过去分词不做特殊处理（见 14.3.4）。这种情况下，根据 LA-hear. 2 关于词的定义（见 13.1.5，13.1.6 和 13.1.7），"V"命题因子的属性"sem"的值是"past/perf"，如"learn + ed""hit""dreamt"和"slept"。

② 简便起见，"heavy"的比较级和最高级的词形变化忽略不计。也可以直接指明语表，对这两种情况进行更加完全准确的分析，见 14.3.4。

14.4.1 **LA-think** 和 **LA-speak** 的标记操作

六个命题因子下面的规则名称和标记操作来自 LA-think;上面的操作来自 LA-speak。LA-think 和 LA-speak 之间不断转换,14.4.1 中用连续的数字 "1,2,3,…14" 来表示推导过程的时间线性顺序。下面再详细解释 LA-speak 推导过程时,这些数字也用来表示每一次规则应用的位置。[①] 为了更清楚,每个数字会被加上尖括号,如" <1 > "。

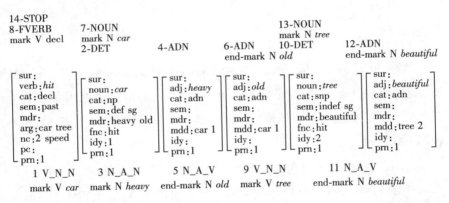

一开始,先由 LA-think 操作或者外部刺激来激活 13.6.1 词库中的"V"命题因子"hit"。根据" <1 > V_N_N",LA-think 接着激活第一个"N"命题因子。"V"命题因子的属性"arg"的第一个值"car"用"!"标记,之后 LA-think 转换为 LA-speak。

LA-speak 的起始状态规则包里包含"-DET"和"-NoP"。当这两个规则应用于被激活的"VN"命题因子时,"-NoP"词汇化失败,因为"N"命题因子"car"的"cat"值不是"nm"(见 14.3.1)。但是" <2 > -DET"词汇化成功,从而实现了定冠词"the"。

---

① 表示序列位置的数字和 LA-speak 规则名称前面的数字不同。LA-speak 规则名称前面的数字是语法规则包里的规则的编号,如 14.4.2 里的"1-DET"。

14.4.2　实现"the"

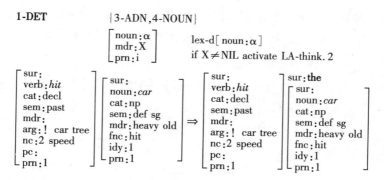

属性"mdr"的非空值"heavy"触使 LA-speak 转向 LA-think。"＜3＞N_A_N"启动,代表"heavy"的"A"命题因子被激活,当前激活命题因子序列变成"VNA"。"N"命题因子的属性"mdr"的第一个值被添加标记"！",系统再次转回 LA-speak。

"-DET"的规则包里包含"-ADN"和"-NOUN"。"-NOUN"应用失败,因为名词的属性"mdr"的值不是"NIL",当前的相关值也没有尾标(end-marked)。但是"＜4＞-ADN"应用成功:

14.4.3　实现"heavy"

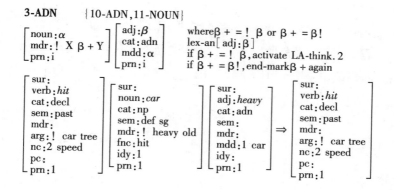

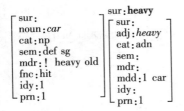

因为"β + = ! β",系统转换到 LA-think。"<5>N_A_V"启动,当前激活命题因子序列扩展为"VNAA","N"命题因子的属性"mdr"的第二个值 251 "old"得到尾标。系统转回 LA-speak,并试着调用规则"-ADN"和"-NOUN";"-NOUN"应用失败,"<6>-ADN"再一次应用成功。

14.4.4 实现"old"

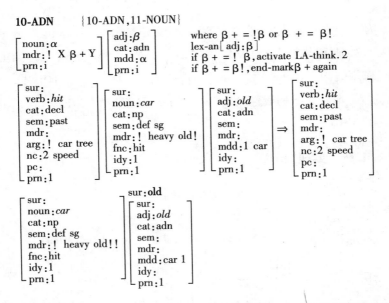

因为"β + =β!",所以系统不向 LA-think 转移。相反,"old"再一次得到尾标,变成"old!!"。LA-speak 继续运行,在相关名词命题因子的基础上实现语表"car"。在 14.4.2 中,这个名词命题因子被激活的本意是要实现名词短语的另一个组成部分"the",同时通过导航查找接续命题因子"heavy"和"old"。

14.4.4 中,"-AND" 的规则包里包含 "-ADN" 和 "-NOUN"。这一次 "-ADN" 应用失败,因为命题因子中有尾标 "!!",而 " < 7 > -NOUN" 应用成功:

14.4.5 实现 "car"

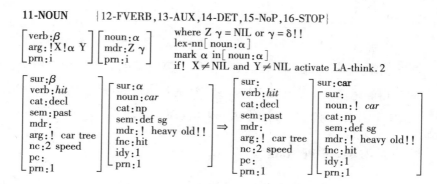

252　　　因为 "!X" 没被赋值,即 "X = NIL",所以不转换到 LA-think。

接下来,调用规则 "-FVERB"、"-DET"、"-NoP" 和 "-STOP"。"-DET" 和 "-NoP" 应用失败,因为属性 "noun" 的值带有 "!" 标记。"-STOP" 也应用失败,因为 "V" 命题因子的属性 "arg" 的值 "tree" 还没有 "!" 标记。最后只剩下 " < 8 > -FVERB":

14.4.6 实现 "hit"

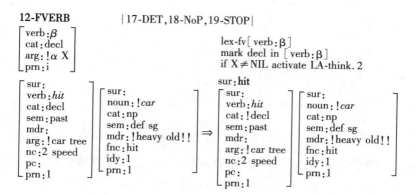

因为 "X ≠ NIL",所以系统转换到 LA-think。LA-think 调用规则 " < 9 > V_N_N",当前激活命题因子序列扩展为 "VNAAN","V" 命题因子的属性 "arg"

的第二个值得到标记"!"。系统再转换回 LA-speak,试用规则"-DET"、"-NoP"和"-STOP"。"-NoP"词汇化失败,"-STOP"也失败,因为刚刚被激活的"N"命题因子的属性"noun"值"tree"还没有"!"标记。但是,"< 10 >-DET"应用成功:

14.4.7　实现"a"

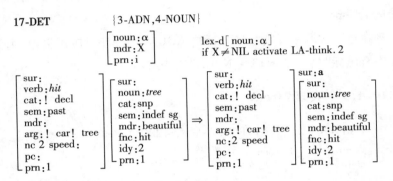

未标记的属性"mdr"的值"beautiful"触使系统转向 LA-think。LA-think 调用"< 11 > N_A_V",当前激活序列扩展为"VNAANA"。属性"mdr"的值[253]"beautiful"得到尾标"!"(见 14.1.1)。之后,系统转回 LA-speak,调用规则"< 12 > -ADN"。

14.4.8　实现"beautiful"

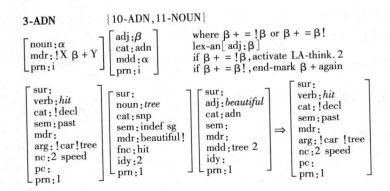

$$
\begin{bmatrix}
\text{sur:} \\
\text{noun:}\textit{tree} \\
\text{cat:snp} \\
\text{sem:indef sg} \\
\text{mdr:beautiful!!} \\
\text{fnc:hit} \\
\text{idy:2} \\
\text{prn:1}
\end{bmatrix}
\begin{bmatrix}
\text{sur:}\textbf{beautiful} \\
\text{sur:} \\
\text{adj:}\textit{beautiful} \\
\text{cat:adn} \\
\text{sem:} \\
\text{mdr:} \\
\text{mdd:tree 2} \\
\text{idy:} \\
\text{prn:1}
\end{bmatrix}
$$

因为属性"mdr"的值"beautiful"有尾标,所以在这里再次得到尾标,系统不转向 LA-speak。

现在再一次调用规则"-AND"和"-NOUN","-AND"应用失败,因为命题因子中有尾标"!!"。"＜13＞-NOUN"应用成功。

14.4.9　实现"tree"

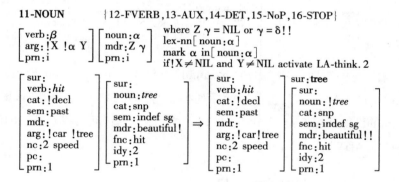

11-NOUN　　　　　{12-FVERB,13-AUX,14-DET,15-NoP,16-STOP}

因为"Y = NIL",所以系统不转向 LA-think。因为命题因子中有"!decl"(14.4.6 节介绍过),所以规则"-FVERB"应用失败;"-AUX"也因为词汇化失败而失败;因为"N"命题因子当中的"tree"有"!"标记,所以"-DET"和"-NoP"也应用失败。但是"＜14＞-STOP"应用成功,标点符号被实现:

254　　### 14.4.10　实现".（句号）"

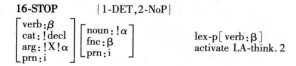

16-STOP　　　　　{1-DET,2-NoP}

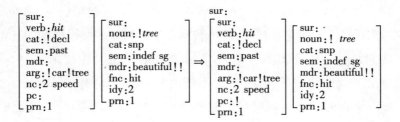

最后,LA-speak 转向 LA-think。调用"V_V_V",下一个命题的"V"命题因子得到遍历并添加到已激活序列,得到"VNAANA V"。

14.5 生成带复杂动词短语的句子

在详细分析 LA-speak 如何实现第二个例句之前,我们先来总结一下 LA-think 和 LA-speak 各自不同的标记操作,以及这两个语法在实际应用过程中相互转换的情况。例句"The car had been speeding."的命题因子序列一开始是"VN"。

14.5.1 LA-think 和 LA-speak 的标记操作

```
7 -STOP
6 -NFVERB
mark V decl
5 -AUX
mark V be_past        3 -NOUN
4 -AUX                mark N car
mark V hv_past        2 -DET
```

$$
\begin{bmatrix}
\text{sur:} \\
\text{verb:} speed \\
\text{cat:decl} \\
\text{sem:hv\_past be\_perf prog} \\
\text{mdr:} \\
\text{arg:car} \\
\text{nc:3 give} \\
\text{pc:1 hit} \\
\text{prn:2}
\end{bmatrix}
\quad
\begin{bmatrix}
\text{sur:} \\
\text{noun:} car \\
\text{cat:np} \\
\text{sem:def sg} \\
\text{mdr:} \\
\text{fnc:speed} \\
\text{idy:3} \\
\text{prn:2}
\end{bmatrix}
$$

```
1V_N_V
mark V car
```

14.4 中,前一个例句的实现过程中,最后一个被调用的是 LA-speak 的规则"-STOP"。实现完成之后,系统转向了 LA-think。根据规则"V_V_V",指针指向并激活当前命题的"V"命题因子"speed"。调用规则"<1>V_N_V"并激活"N"命题因子"car"之后,系统由 LA-think 转向 LA-speak。

LA-speak 起始状态规则包里包括规则"-NET"和"-NoP"。把它们分别应用于已激活的"VN"命题因子,"-NoP"词汇化失败,而"<2>-DET"成功:

14.5.2   实现"The"

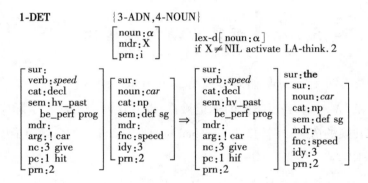

因为属性"mdr"的值"X = NIL",所以系统不转向 LA-think。当前规则包中,"-ADN"应用失败,而"<3>-NOUN"成功:

14.5.3   实现"car"

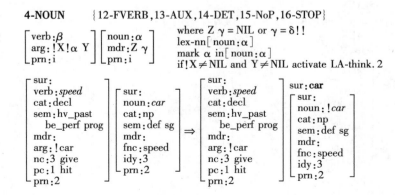

因为"！X = NIL"，所以系统不转向 LA-think。已激活的规则中，256
"-FVERB"词汇化失败；"-DET"和"-NoP"也因为属性"noun"有"！"标记而失
败；因为"decl"没有"！"标记，所以"-STOP"也失败了；只有"＜4＞-AUX"应
用成功：

14.5.4 实现"had"

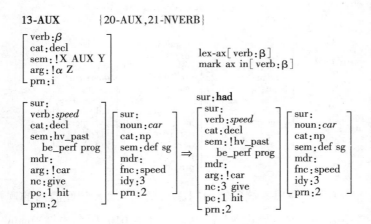

这个规则的应用并不触发系统向 LA-think 转换。现有已经被激活的规
则中，"-NVERB"词汇化失败，"＜5＞-AUX"再次应用成功：

14.5.5 实现"been"

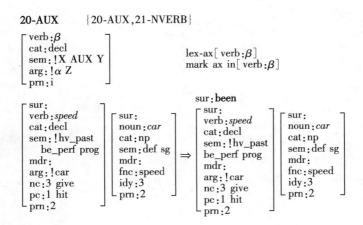

现有已经激活的规则中，"-AUX"词汇化失败，"＜6＞-NVERB"应用成功。

14.5.6 实现"speeding"

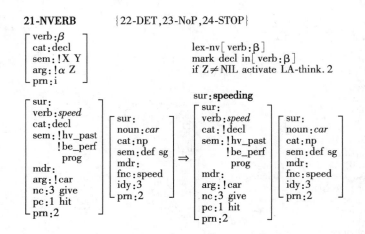

因为"Z＝NIL"，所以系统不转向"LA-think"。现有已经激活的规则中，"-DET"和"-NoP"应用失败，因为"V"命题因子当中的所有属性"noun"的值都有"！"标记，所以"＜7＞-STOP"应用成功：

14.5.7 实现". (句号)"

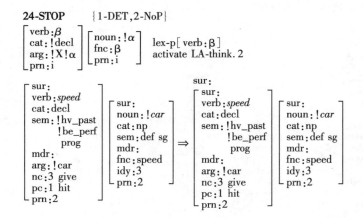

这个规则应用促使系统无条件向 LA-think 转换。LA-think 调用"V_V_V"遍历到下一个命题的"V"命题因子"give",当前已激活命题因子序列扩展到"VNAANA VN V"。

14.6　生成带有三价动词的句子

和 14.4.1 及 14.5.1 一样,我们先来总结一下 LA-think 和 LA-speak 各自不同的标记操作,以及这两个语法在实际应用过程中相互转换的情况,之后再来分析第三个例句"A farmer gave the driver a lift."的生成过程。表现例句的命题因子序列一开始是"VN",之后逐步扩展到"VNNN"。

14.6.1　LA-think 和 LA-speak 的标记操作

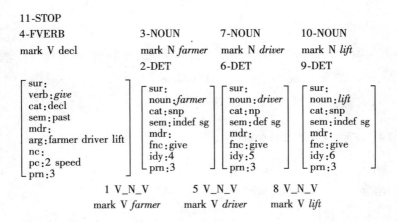

14.5 中,LA-speak 实现上一个例句的过程以规则-STOP 结束。之后系统转向 LA-think,调用"V_V_V",指针转向当前命题的"V"命题因子。LA-think 接着调用规则" < 1 > V_N_V",把第一个"N"命题因子添加到已激活序列当中。

这个规则应用触发系统转向 LA-speak。LA-speak 的起始状态规则包里包含"-DET"和"-NoP"两个规则。"-NoP"词汇化失败," < 2 > -DET"应用成功:

14.6.2 实现"A"

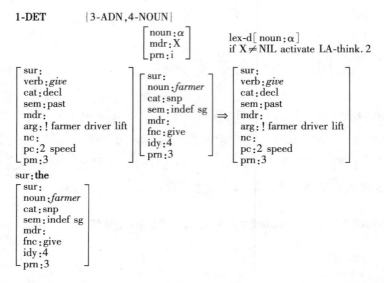

因为属性"mdr"的值"X = NIL",所以系统并不转向 LA-think。在被激活的 LA-speak 的两个规则当中,"-ADN 失败"(因为"N"命题因子中属性"mdr"没有值),但是"<3>-NOUN"应用成功:

14.6.3 实现"farmer"

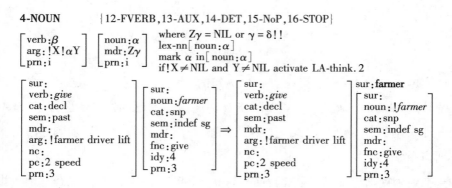

因为"!X = NIL",所以不向 LA-think 转换。被激活的 LA-speak 规则有"-FVERB""-AUX""-DET""-NoP"和"-STOP"。"-DET"和"-NoP"应用失败,

因为"!farmer"有"!"标记;"-AUX"词汇化失败;"-STOP"也失败,因为"decl"还没有"!"标记;只有"<4>-FVERB"应用成功。

14.6.4 实现"gave"

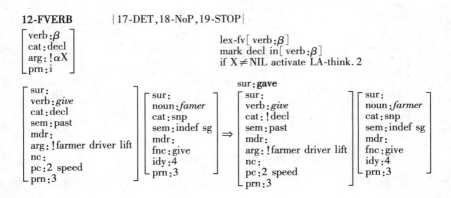

因为"X≠NIL",系统转向 LA-think。"<5>V_N_V"遍历到"driver", 260 "V"命题因子的属性"arg"的第二个值得到"!"标记。之后,系统转向 LA-speak,调用规则"-DET""-NoP"和"-STOP"。"-NoP"词汇化失败;因为 "V"命题因子的属性"arg"还有不带标记的值,所以"-STOP"也失败;只有 "<6>-DET"应用成功。

14.6.5 实现"the"

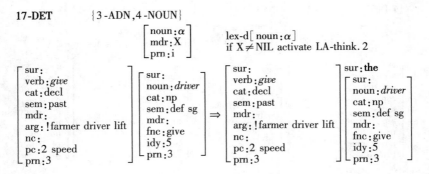

因为属性"mdr"的值是"X = NIL",所以系统不转向 LA-think。由于同样的原因,"-ADN"也失败了。只有"<7>-NOUN"应用成功:

14.6.6   实现"driver"

4-NOUN   {12-FVERB,13-AUX,14-DET,15-NoP,16-STOP}

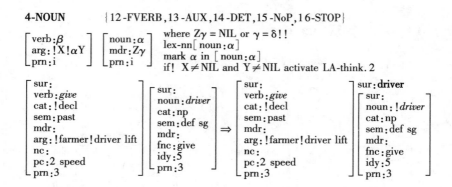

"!X"和"Y≠NIL"促使系统向 LA-think 转换。"<8>V_N_V"遍历到第三个"N"命题因子,"V"命题因子的属性"arg"的第三个值得到"!"标记。之后系统再次转向 LA-speak。

已激活的 LA-speak 规则中,"-FVERB"和"-AUX"应用失败,因为"decl"的值有"!"标记;"-NoP"词汇化失败;因为最后一个"N"命题因子的属性"noun"的值还没有"!"标记,"-STOP"也失败;只有"<9>-DET"应用成功。

14.6.7   实现"a"

14-DET   {3-ADN,4-NOUN}

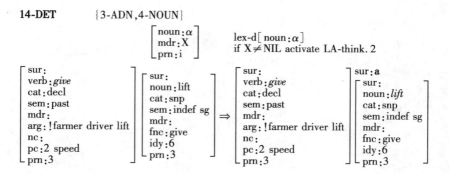

因为属性"mdr"值"Z=NIL",所以系统不转向 LA-think。由于同样的原因,"-ADN"应用失败。"<10>-NOUN"应用成功:

14.6.8　实现"lift"

4-NOUN　　　{12-FVERB,13-AUX,14-DET,15-NoP,16-STOP}

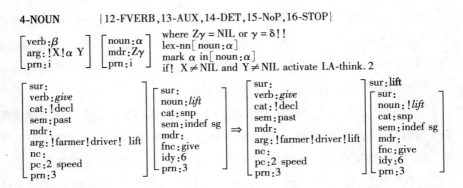

因为"Y = NIL",所以系统不转向 LA-think。已激活的 LA-speak 规则中,"-FVERB"和"-AUX"应用失败,因为"decl"的值有"!"标记;"-DET"和"-NoP"也失败,因为最后一个"N"命题因子的属性"noun"的值有"!"标记;只有"<11>-STOP"应用成功:

14.6.9　实现". (句号) "

16-STOP　　　{1-DET,2-NoP}

262

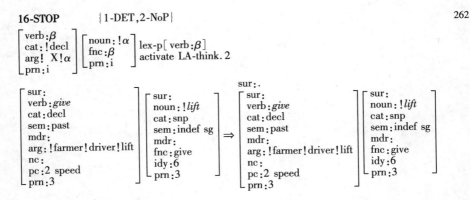

"-STOP"促使系统无条件向 LA-think 转换。但是,因为"give"的属性"nc"的值为空,LA-think 在 13.6.1 的词库里找不到可供接续命题因子。所以,LA-think 的"ST$_F$"状态被激活,系统首先检查前面推导过程的最后一个状态是否合法,如果是,那么系统提示"well-formed completion",整个生成过程成功结束。

14.4、14.5 和这一节中,LA-think 和 LA-speak 之间的互动在最大限度上顺次渐进,表现在(i)只要当前激活的命题因子允许,LA-speak 就会接着去实现新的语表;(ii)只有在当前已激活命题因子已经被实现为语表之后,系统才转向 LA-think。这有利于控制能够和 LA-speak 模式相匹配的候选命题因子的个数,尤其是在生成过程的起始阶段。

另外,因为后面还会有更多的命题因子被激活,而之前被激活的命题因子已经在两个语法的规则应用过程中被系统地作了"!"标记,所以,可匹配候选项的个数又在另一头得到了控制。这样一来,和提前激活未来命题因子的方法相比,最大限度地顺次渐进更有利于应用简单而有效格式定义来指导意向匹配。

15. DBS.3 定语和状语修饰语

这一章讨论听者模式下附加介词短语的问题。如果文本中增加了基本副词(如"quickly")、介词短语(如"on the table")或者强化词(如"very quickly""the very big table"和"on the very big table"等词组中的"very"),那么就要把 LA-hear.2 扩展到 LA-hear.3。介词短语的位置可以有多种变化,因此可以有多种不同的理解。如果几个介词短语接连出现,那么更有可能引起歧义。这几种情况如果处理得不好,最严重的情况甚至会造成计算的复杂度指数级的升高。

15.1 基本修饰语和复杂修饰语

介词短语是复杂的形容词(见6.3),由(i)一个介词和(ii)一个名词短语构成。介词如"in""on""under""above""below""before""behind"等;名词短语可能是一个基本词汇(一个名称或者一个代词),也可能是一个复杂的组合(一个冠词、不限数量的形容词,再加一个名词)。

介词短语既有名词的性质又有形容词的性质。有名词的性质是因为介词短语(如"on the big table")包含一个名词,其命题因子要求有属性"idy"和"mdr",而基本的形容词(如"fast")没有这两个属性。有形容词的性质是因为介词短语有形容词的功能,其命题因子有和基本形容词一样的属性。

这实际上是个两难的问题。要解决这个问题,一个方法是把基本形容词和介词短语分别定义为不同类的命题因子(和"n/v""a/v"命题因子的定义相似,见7.1.1)。另一个方法是给基本形容词命题因子添加虚拟的属性"idy"和"mdr"。如下所示:

15.1.1　介词、复杂形容词和基本形容词

on

$$
\begin{bmatrix}
\text{sur:on} \\
\text{adj:}\textit{on}\ \text{n\_2} \\
\text{cat:adj} \\
\text{sem:} \\
\text{mdr:} \\
\text{mdd:} \\
\text{idy:} \\
\text{prn:}
\end{bmatrix}
$$

on the big table

$$
\begin{bmatrix}
\text{sur:on} \\
\text{adj:}\textit{on table} \\
\text{cat:adj} \\
\text{sem:def sg} \\
\text{mdr:big} \\
\text{mdd:apple 1} \\
\text{idy:2} \\
\text{prn:1}
\end{bmatrix}
$$

fast

$$
\begin{bmatrix}
\text{sur:fast} \\
\text{adj:}\textit{fast} \\
\text{cat:adj} \\
\text{sem:} \\
\text{mdr:B} \\
\text{mdd:car 4} \\
\text{idy:B} \\
\text{prn:3}
\end{bmatrix}
$$

264　　　　介词短语的属性"mdr"可以有零个值或者多个值,而基本形容词的这个属性的值是"B"("blocked",即受阻)。同样,介词短语的属性"idy"以短语内名词的"idy"编号为值,而基本形容词的这个属性的值也是"B"。

　　　　这样,当前片段仍然包含三种主要的命题因子[①]:名词(指论元或者客体)、动词(指函词或者关系),和形容词(指特性或者修饰语);以及两种次要的命题因子:"n/v"和"a/v",分别用来表示句子论元和句子修饰语。特征结构数量有限而稳定。对于定义和升级 LA-hear, LA-think 和 LA-speak 所需要的标准数据库来说,这一点非常重要。Fischer(2004)曾对此有过研究。

　　　　形容词用作定语还是状语反映在属性"mdd"的值上:用作定语时,其属性"mdd"的值是一个名词;用作状语时,其属性"mdd"的值是一个动词。用于定语的形容词命题因子中,其属性"mdd"的名词值后面跟着被修饰名词的"idy"编号(如介词短语中的"apple 1"和基本形容词中的"car 4",15.1.1)。[②]

　　　　定语和状语的区别如下所示:

---

　　①　在(i)语言和语境命题因子(ii)符号、指示词和名称命题因子,以及(iii)孤立、情景和绝对命题因子当中,这三种特殊结构之间的区别只体现为具体值不同。

　　②　表示"idy"值的数字放在名词值后面,这样可以避免和表示"prn"值的数字相互混淆。表示"prn"值的数字放在来自另一命题的值的前面(见第7章和第9章)。幸运的是,"mdd"属性最多只允许有一个值,所以不会发生歧义。

15.1.2 "（eat）the apple on the table"（定语）

$$
\begin{bmatrix}
\text{noun:apple} \\
\text{cat:np} \\
\text{sem:def sg} \\
\text{fnc:eat} \\
\text{mdr:on table} \\
\text{idy:1} \\
\text{prn:1}
\end{bmatrix}
\begin{bmatrix}
\text{adj:on table} \\
\text{cat:adn} \\
\text{sem:def sg} \\
\text{mdr:} \\
\text{mdd:apple 1} \\
\text{idy:2} \\
\text{prn:1}
\end{bmatrix}
$$

15.1.3 "eat（the apple）on the table（状语）"

$$
\begin{bmatrix}
\text{sur:} \\
\text{verb:}\textit{eat} \\
\text{cat:v} \\
\text{sem:past} \\
\text{mdr:on table} \\
\text{arg:Julia apple} \\
\text{nc:} \\
\text{pc:} \\
\text{prn:1}
\end{bmatrix}
\begin{bmatrix}
\text{adj:on table} \\
\text{cat:adv} \\
\text{sem:def sg} \\
\text{mdr:} \\
\text{mdd:eat} \\
\text{idy:2} \\
\text{prn:1}
\end{bmatrix}
$$

形容词的属性"mdd"的值是唯一的,因为它只能修饰一个动词或者名词。名词或者动词的属性"mdr"却可以有几个值。例如,"the small red apple ²⁶⁵ on the table"当中的命题因子"apple"的属性"mdr"值是"[mdr:small red on table]",而"Julia ate the apple quickly on the table"中的命题因子"eat"的属性"mdr"的值是"[mdr:quickly on table]"。

形容词在句子中用作定语和状语时的位置不一样。基本形容词和复杂形容词在句子里的位置也不一样。我们先来看一下几种可能的情况。

作定语的基本形容词的位置最简单,就在名词短语的冠词和名词之间,看下面的例子:

15.1.4 基本定语的位置

（ i ）The + *young* + **girl ate an apple**（修饰主语）

（ ii ）**Julia gave the** + *young* + **girl an apple**（修饰间接宾语）

（ iii ）**Julia gave the girl a** + *red* + **apple**（修饰直接宾语）

这几种情况在 LA-hear.2 中讨论过。[①]" + "表示添加修饰语之前和之后发生的必要的组合。

下面看复杂定语(即介词短语作定语)的情况。和基本定语一样,复杂定语和被修饰的名词之间的位置关系是相对固定的。但是,基本定语出现在名词之前,复杂定语出现在名词之后:

15.1.5　复杂定语(介词短语)的位置

(ⅰ) **the apple** + *on the table* + **pleased Julia**(修饰主语)

(ⅱ) **Julia ate the apple** + *on the table*(修饰直接宾语)

(ⅲ) **Julia gave John the apple** + *on the table*(修饰直接宾语)

上述三个例句当中,介词"on"都出现在名词"apple"之后。虽然整个介词短语的位置各不相同,但是处理介词短语的内部结构的方法是一样的。复杂定语的内部结构可以分如下几种情况来讨论:"on Fido""on the dog" "on the big dog"和"on the very big dog"。第二个例句的推导过程见 15.2.1- 15.2.7。

状语的位置和定语不同,它并不一定和被修饰的词相邻。下面是基本状语的情况:

15.1.6　基本状语的位置

(ⅰ) *quickly* + **Julia ate the apple**

(ⅱ) **Julia** + *quickly* + **ate the apple**

(ⅲ) **Julia slept** + *soundly*

(ⅳ) **Julia ate the apple** + *quickly*

(ⅰ)所示句首基本状语和主格组合的情况,详见 15.3.7。(ⅱ)所示主格和基本状语组合的情况,详见 15.3.9。这两种组合后面都直接接续动词,这个组合需要调用同一个规则"ADVNOM + FV",见 15.3.10。(ⅲ)和(ⅳ)所

266

---

① 　详细推导过程见 13.3.1-13.3.3(动词前)和 13.3.6-13.3.7(动词后)。

示动词和基本状语组合的情况,详见 15.3.3。

复杂形容词做状语时在句子里的位置没有基本副词那么灵活,如下所示:

15.1.7 介词短语用作副词时在句中的位置

(i) *on the table* + **Julia ate an apple**

(ii) * **Julia** + *on the table* + **ate the apple**

(iii) **Julia slept** + *on the table*

(iv) **Julia ate the apple** + *on the table*

如 * 所示,例句(ii)不符合语法,但是相关的带一个基本副词的句子却是合法的(见 15.1.6,ii)。如何避免这种不合法的情况见 15.3.5。15.1.7的例(i)中的组合过程和 15.1.6 的例(i)的组合过程类似,见 15.3.8。(iii)和(iv)所示动词和介词组合的情况详见 15.3.1。

名词短语、介词短语和基本副词之间的一个重要而有趣的共性是它们都可能包含强化词(如"very")或者弱化词(如"rather")。① 数据库语义学当中,强化词作为功能词融入被修饰的基本形容词(见 15.4)。也就是说,强化词不能作为形容词的修饰语而用一个单独的命题因子来表示,而是融进形容词命题因子,体现在其属性"sem"的值上(见 15.4.5)。

强化词可能出现的位置如下所示:

15.1.8 强化词的位置

(i) **the** + *very* **big** + **table**(名词短语)

(ii) **on the** + *very* **big** + **table**(介词短语)

(iii) *very* **quickly** + **Julia ate an apple**(状语)

(iv) **Julia** + *very* **quickly** + **ate an apple**(状语)

(v) **Julia ate the apple** + *very* **quickly**(状语)

---

① 简便起见,也为了推广使用,我们把强化词和弱化词统称为"强化词",另有说明时除外。

这些结构的组合过程见 15.4.4-15.5.6。

267　　现在我们来系统地看一下由介词短语引起的歧义。[①] 一种情况是定语用法和状语用法之间的歧义。例如,"Julia ate the apple + on the table"可能有两个解释:介词短语"on the table"修饰"apple"(作定语,ADN),也可能修饰"eat"(作状语,ADV)。

第二种情况是几个介词短语连续使用,由此引起歧义,原因是后面的短语有可能修饰前面的名词、动词,也有可能修饰前一个介词短语:

15.1.9　理解介词短语序列

(ⅰ) the car + **in the garage** + with the broken window

(ⅱ) **Julia walked + into the garden + with John's shoes**

(ⅰ)中,"**with the broken window**"可能修饰"car"(定语用法),也可能修饰"garage"(定-状语用法)。(ⅱ)中,"**with John's shoes**"可能修饰"walk"(状语用法),也可能修饰"garden"(定-状语用法)。

定-状语用法(或者 ADA)可以组合定语(ADN)和状语(ADV)的用法,如"Julia ate the apple + on the table + behind the tree + in the garden"有下面几种不同的理解:

15.1.10　介词短语连用引起的不同理解

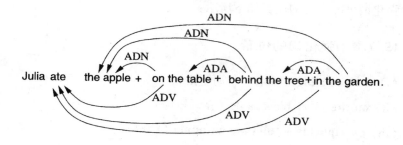

第一个介词短语，"on the table"，可能修饰"apple"（ADN）或者"eat"（ADV）。第二个介词短语，"behind the tree"，可能修饰"apple"（ADN）、"eat"（ADV）或者"on the table"（ADA）。第三个介词短语，"in the garden"，可能修饰"apple"（ADN）、"eat"（ADV）或者"behind the tree"（ADA）。

先天论语言学的普遍做法是用不同的树形图来表示对一个句子的不同理解，以及各种理解组合在一起的情况。15.1.10 中的不同理解得到的树形图如下所示：

15.1.11　介词短语歧义的先天论处理

268

因为在语法上，介词短语序列的长度没有限制，所以上面的方法导致理解的数量呈幂数增长。更精确地说，先天论方法的普遍公式在最坏的情况下会导致 $2 \cdot 3^{n-1}$ 个理解，"n"代表介词短语的数量，$n > 2$。例 15.1.11 中，"n"等于3；因此有 $2 \cdot 3^2 = 18$ 个理解。

但是从数据库语义学的角度看，这种理解组合在交流当中没有任何意义。生成语言时，说者的大脑中只有一种组合。理解语言时，听者要决定哪一种组合是合适的。如果句子当中的每一个介词短语的每一种理解都能单独表示，而不是用树结构来额外地计算和表现所有可能的组合，那么效果可能更好。

如6.6.1 所示，我们的方法是语义重叠。这个方法适用于严格的语义上的歧义。例如，"perch"本身有两个词义：栖息处和河鲈鱼，但是这两个意义都属于同一个句法范畴，即名词。因此，尽管"perch"有两个词义，带"perch"的句子在句法上是没有歧义的：

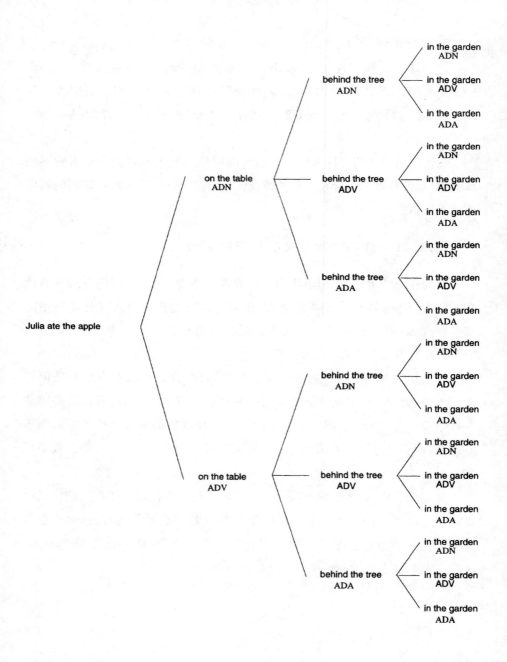

15.1.12　基于词的语义重叠

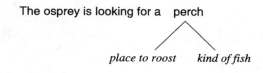

这两个意义之间的选择由语用学(也就是意义 1 和使用语境之间的最佳匹配原则)来解决。

不管是作"ADN","ADV"还是"ADA",介词短语在句法上都是一样的,所以就可以用语义重叠的方法来分析介词短语连用的问题,15.1.11 可以重新表示如下:

15.1.13　语义重叠法分析介词短语歧义

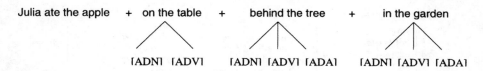

从句法上看,这个句子是没有歧义的。但是,第一个介词短语的功能有"ADN"和"ADV"两个可能,而第二个和第三个分别有"ADN""ADV"和"ADA"三个可能,所以这个句子在语义上是有歧义的。①

这种方法指出了每个介词短语的每一种理解,能够满足句法-语义理解的所有需要。例如,如果听者选择第一个介词短语的"ADN"用法,那么其"ADV"用法就会被舍弃掉。如果听者选择第二个介词短语的"ADA"用法, 270 那么其"ADN"和"ADV"的用法就会被舍弃掉。其他介词短语也一样。LA-think 的定义当中,在不同的语义理解之间进行选择是听者进行推理的一部分(和处理语言间接用法的推理相似,见 5.4)。

从计算复杂度的角度看,语义重叠比先天论的方法更加有效。语义重叠不像 15.1.11 那样用乘法去计算句子中的歧义,而是用加法,所以其计算

---

① 句法、语义和语用歧义之间的区别见 FoCL'99,pp. 232 ff。

复杂度是线性的。更确切的说，在最坏的情况下，介词短语连用时语义重叠的计算公式是"$2+[3\cdot(n-1)]$"。在 15.1.13 中，"n"等于 3；所以在单个句法-语义分析当中，只有"$2+[3\cdot(3-1)]=8$"个结果。

对于 15.1.13 所示的各种理解，数据库语义学下的语义重叠法的直观表现可以用下面这样一组命题因子来表示：

15.1.14　语义重叠在数据库语义学中的形式化表示

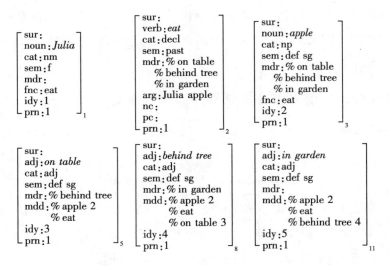

注意，"eat"和"apple"的属性"mdr"分别有三个值，即"% on table""% behind tree"和"% in garden"。而且，"on table"的属性"mdr"的值是"% behind tree"，"behind tree"的属性"mdr"的值是"% in garden"。"%"标记表示这些值是可选的，其中哪一个正确要由推理来决定。

271　　　另外，"on table"的属性"mdd"有两个值，即"% apple 2"和"% eat"。"behind tree"和"in garden"的属性"mdd"分别有三个值，即①"% apple 2""% eat"②"% on table 3"③"% behind tree 4"。属性"mdd"槽内的"%"表示只能选择其中一个值，这样就确保了每个修饰语都只对应唯一的一个被修饰项。

总之，命题因子"eat""apple""on table"和"behind tree"共有八个修饰

语,命题因子"on table""behind tree"和"in garden"共有八个被修饰项。这样,15.1.13 所示的语义重叠法直观分析在数据库语义学下就转化成了直观的一组命题因子。

有关语义重叠的规则名称前面都带有"%"标记,如"% + ADV""% + AND"和"% + ADA"。这些规则也被称为"百分比规则(percentage rules)"。这是因为:(ⅰ)同时调用这些规则最终只得到一个输出(和 LA 语法的句法歧义不同,句法上存在歧义时,每个规则的成功应用都会单独启动一个接续可能);(ⅱ)这些规则引入可能的语义关系,也就是说,这些语义关系的正确性小于 100% 。

百分比规则同时被调用的情况如下所示:

15.1.15　有"ADV"和"ADN"两种理解的介词短语

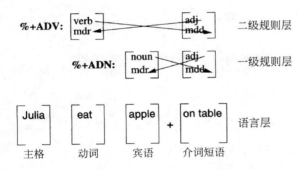

语言层的句首部分是"Julia eat apple",由一组命题因子构成,下一个词是"on table"。简便起见,后者代表介词短语"on the table",用一个命题因子来表示,作为一个整体加入命题因子序列。① 系统同时调用两个规则:"% + AND"和"% + ADV",来组合"ss"和"nw"。

"% + ADN"(一级规则层)当中有一个名词格式和一个形容词格式;下一个词的属性"adj"的值被复制到名词的属性"mdr"槽内,"ss"的属性"noun"的值被复制到"nw"的属性"mdd"槽内。"% + ADV"(二级规则层)当中有一个动词格式和一个形容词格式;下一个词的属性"adj"的值被复制

---

① 介词短语递增的"ADN"分析见 15.2.4-15.2.6,"ADV"分析见 15.3.1,"ADA"分析见 15.2.4。

到动词的属性"mdr"槽内,"ss"的属性"verb"的值被复制到"nw"的属性"mdd"槽内。箭头表示两个规则层上的复制操作在语言层上具体实施。

下面看添加第二个介词短语"behind the tree"的情况。这个介词短语不光有"ADV"和"ADN"两种理解,还有一个和前面的介词短语"on the table"相关的"ADA"。

15.1.16 有"ADV""ADN"和"ADA"几种理解的介词短语

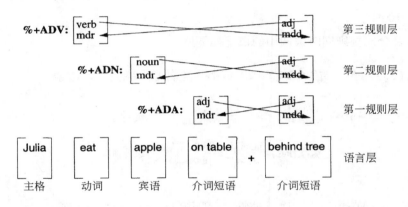

用同样的方法添加了第三个介词短语之后,根据 15.1.14 所述,一共有八个"mdr"值和八个"mdd"值被标上了"%"。

15.2 介词短语的 ADN 和 ADA 理解

把 LA-hear.2 扩展为 LA-hear.3 之前,我们先来分析几个和 LA-hear.3 的规则有关的例子。LA-hear.3 规则的定义见 15.6.2。我们先从"Julia ate the apple on the table."的"ADN"理解,也就是 15.1.5(ii)开始。因为这是 LA-hear.3 分析的第一个例句,所以我们在这里给出一个完整的推导过程。其他例句的句法-语义分析只给出有关的几个部分。

推导过程从我们熟悉的"NOM + FV"开始,后面跟着"FV + NP"和"DET + NN"。根据 15.6.2 关于 LA-hear.3 的定义,这些规则的扩展只限于其规则包内添加了另外一些规则。

15.2.1 应用规则"NOM + FV"组合"Julia"和"ate"

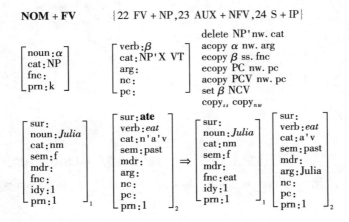

15.2.2 应用规则"FV + NP"组合"Julia ate"和"the"

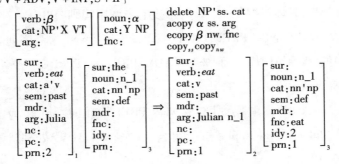

15.2.3 应用规则"DET + NN"组合"Julia ate the"和 "apple"

$$\text{DET + NN} \quad \{\text{NOM + FV, ADVNOM + FV. FV + NP, \% NP + PREP, \% V + ADV,}$$
$$\text{V + INT, S + IP}\}$$

$$\begin{bmatrix} \text{noun:} N\_n \\ \text{cat:} N'X \\ \text{sem:} Y \end{bmatrix} \begin{bmatrix} \text{noun:}\alpha \\ \text{cat:} N \\ \text{sem:} Z \end{bmatrix} \quad \begin{array}{l} \text{delet } N'\text{ss. cat} \\ \text{acopy nw. sem ss. sem} \\ \text{replace } \alpha \; N\_n \\ \text{copy}_{ss} \end{array}$$

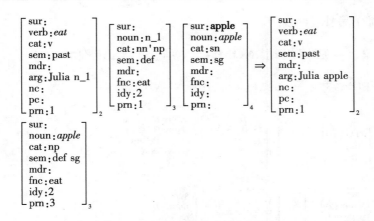

"DET + NN"的规则包里有两个新规则,"%NP + PREP"和"%V + ADV",都可以应用于"Julia ate the apple + on the table",一个是介词短语的定语理解,另一个是状语。

百分比规则"%NP + PREP"和"%V + ADV"的同时应用只得到一个输出。但是在这个输出当中,介词"on"和名词"apple"之间的定语修饰关系,以及介词"on"和动词"eat"之间的状语修饰关系都表现出来了。接着,调用规则"PREP + NP",具体情况见 15.2.5,再接下来调用规则"PREP + NN",具体情况见 15.2.6。"%NP + PREP,PREP + NP,PREP + NN"这个序列对应的是 15.1.15 中的"% + ADN"。而"%V + ADV,PREP + NP,PREP + NN"对应的是简化的"% + ADV"。

我们首先看"ADN"。调用规则"%NP + PREP",介词"on"作为定语和句子起始部分"Julia ate the apple"进行组合。("%V + ADV"处理状语组合的情况见 15.3.1)。

15.2.4　应用"%NP + PREP"组合"Julia ate the apple"和"on"

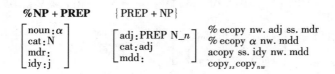

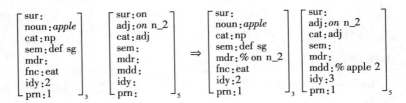

带"%"标记的复制操作也把这个标记带给了被复制的值。第一个操作"%ecopy nw.adj ss.mdr"把属性"adj"的值"%on n_2"复制给了被修饰的名词"apple"的属性"mdr"。第二个和第三个操作把被修饰项的属性"noun"的值("%acopy α nw.mdd")和属性"idy"的值("ecopy ss.idy nw.mdd")复制到了介词的属性"mdd"槽内。之后输出两个命题因子。

当前"%NP+PREP"规则包里的唯一的规则"PREP+NP"应用于下一个组合。"PREP+NP"用于在介词之后添加名词短语,不管这个介词短语的功能是"ADN""ADV"还是"ADA",也不管这个名词短语是基本名词(如"book for +Julia")还是复杂名词(如"book for +the very pretty young woman")。

15.2.5　应用"PREP + NP"组合"Julia ate the apple on"和"the"

PREP + NP{ PREP + NN, PREP + ADN, PREP + INT, %NP + PREP, %V + ADV, %PREP + PREP, ADV + NOM, S + IP}

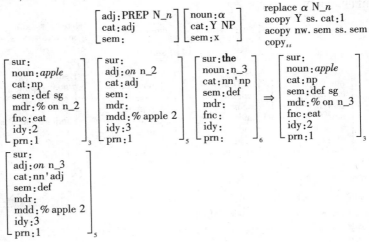

275　　　这个例子当中，两个功能词"on"和"the"组合在了一起。更具体一点说，定冠词"the"融入进了介词"on"的命题因子当中。接下来，名词"table"也会融入进这个命题因子。①

　　"PREP + NP"的第一个操作"replace α N_n"，意思是用"nw"的属性"noun"的值取代介词命题因子中的替换值"n_2"，而"nw"的属性"noun"的值碰巧也是一个替换值，即"n_3"。② 所以，介词的属性"adj"和被修饰的"apple"的属性"mdr"继续保有相同的替换值。第二个操作"acopy Y ss. cat:1"把范畴段"sn'"添加到了"ss"的属性"cat"的值"adj"的左边，属性"cat"的值就变成了"sn' adj"。第三个操作"acopy nw. sem ss. sem"把"nw"的属性"sem"的值复制到了"ss"的属性"sem"槽内。"nw"命题因子当中的其他信息也被复制到了"ss"当中。最后，只输出"ss"（"copy$_{ss}$"，而不是"copy$_{nw}$"）。

　　接下来被调用规则是"PREP + NN"。它和调用"DET + NN"的情况类似，只不过这回句首是形容词，而不是名词。

15.2.6　应用"PREP + NN"组合"Julia ate the apple on the"和"table"

PREP + NN{ADV + NOM, NOM + FV, FV + NP, % NP + PREP, % V + ADV, % PREPP + PREP, V + INT, S + IP}

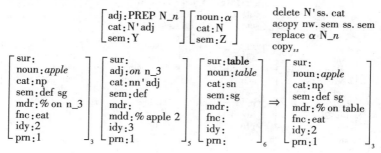

----

　　① 如果下一个词是一个专有名词，如"on + Fido"中的"Fido"，这个名词直接融入进介词命题因子。这种情况下，被修饰的属性"mdr"的值变成"% on Fido"。

　　② 注意，由词条带入的替换值经由句法分析器的控制结构自动递增（见6.2.1）。

$$
\begin{bmatrix}
\text{sur:} \\
\text{adj:}\textit{on table} \\
\text{cat:adj} \\
\text{sem:def sg} \\
\text{mdr:} \\
\text{mdd:\% apple 2} \\
\text{idy:3} \\
\text{prn:1}
\end{bmatrix}_5
$$

我们在这里跳过"S + IP"的应用情况,整个分析得到的结果如下所示:

15.2.7 "Julia ate the apple on the table."的"ADN"理解

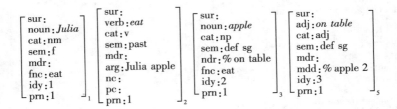

形容词命题因子"on table"用作定语,表现为其属性"mdd"的值是"% 276 apple 2","apple"的属性"mdr"的值是"% on table"。

接下来看看"Julia ate the apple on the table."如何接续"behind the tree"。如15.1.9和15.1.10所述,这个附加的介词短语可以有三种理解:"ADN""ADV"和"ADA"。"ADN"调用规则"% NP + PREP",15.2.4 中已经介绍过了;这个规则只选择介词前的第一个名词短语,不管其中是否有交叉情况。"ADV"的情况会在下面的 15.3 中介绍。我们现在讨论"ADA"的情况,就是"behind the tree"修饰"on the table"。①

按照"ADA"的思路,组合"Julia ate the apple on the table"和介词"behind"需要调用新规则"% PREPP + PREP"("% PREPositional Phrase + PREPosition"),如下所示:

---

① 换句话说,苹果在桌子上,而桌子在树后面。(The apple is on the table and the table is behind the tree.)

15.2.8　应用"％PREPP + PREP"组合"Julia ate the apple on the table"和"behind"

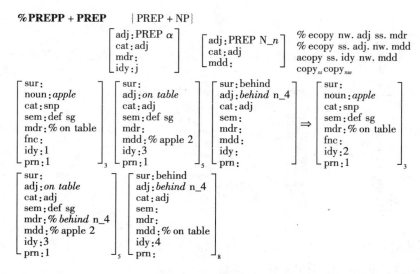

"％PREPP + PREP"是15.1.16中的非增量（基本）"％ + ADA"规则的第一个顺次对应项，就像"％NP + PREP""％V + ADV"和"％PREPP + PREP"后而紧跟着规则"PREP + NP"一样。

因为"PREP + NN"（见15.2.6）规则包里的规则"％NP + PREP""％V + ADV"和"％PREPP + PREP"（见15.2.6）同时被调用，从这一点上看，15.2.8所示的组合操作并不复杂。相应地，15.2.8语言层所示的命题因子同时表现了由规则"％NP + PREP"和"％V + ADV"所推导出来的语义关系。也就是说，为了提高透明度，语义重叠所造成的影响忽略不计。

15.3　介词短语的 ADV 理解

前面一章我们讨论了如何分析"Julia ate the apple + on the table"中介词短语的"ADN"用法，现在来看介词短语的状语用法。推导过程前面的部分和15.2.1-15.2.3完全相同。

现在来看介词"on"作为"ADV"出现时的组合情况。这一步需要经由"DET + NN"调用新的规则"% V + ADV":

15.3.1 应用"% V + ADV"组合"Julia ate the apple" 和"on"

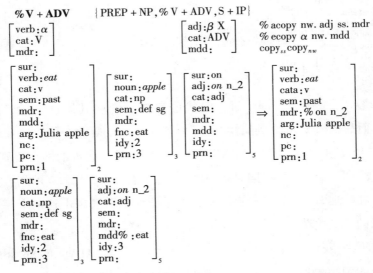

"% V + ADV"和"% NP + PREP"之间的区别在于"% V + ADV"的"ss"格式需要和动词匹配,而"% NP + PREP"的"ss"格式需要匹配一个名词。"% V + ADV"用于添加基本副词,也用来添加介词(作为复杂形容词的开头,"nw"的格式是"[adj: βX]"),而"% NP + PREP"(见15.2.4)只用来添加介词。这两个规则之间的第三点不同在于变量"ADV"的用法。变量"ADV"的限制集包括"adj"和"adv"(见15.6.1,2 中定义的 LA-hear.3 前导),作为属性"cat"的值,它只能匹配"cat"值为"adj"的介词和"cat"值为"adv"的基本副词,如"slowly"。

"% V + ADV"的第一个操作"% copy nw. adj ss. mdr"把"nw"的属性"adj"的值"on table"复制到了"ss"的属性"mdr"槽内。第二个操作"% ecopy α nw. mdd"把"ss"的属性"verb"的值"eat"复制到了"nw"的属性"mdd"槽内。之后输出两个命题因子。

接下来调用的规则是"PREP + NP"和"PREP + NN"。具体情况分别和15.2.5、15.2.6相似。规则应用的结果如下所示：

15.3.2　"Julia ate the apple on the table."的"ADV"理解

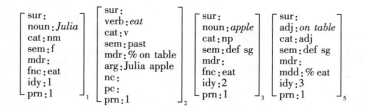

278

形容词命题因子"on table"的状语功能表现在其属性"mdd"的值是"eat"，而命题因子"eat"的属性"mdr"的值是"on table"。

和15.2.4一样，"PREP + NN"（见15.2.6）规则包内的两个规则"% NP + PREP"和"% V + ADV"同时被调用，从这一点上看，15.3.2的组合过程很简单。相应地，15.3.2语言层的命题因子能够同时表现由这两个规则所推导出来的语义关系。

接下来，我们来看一下基本副词"fast"在"Julia ate the apple fast."（见15.1.6,iv）中的状语用法。其实"fast"也可以做定语，如"in the fast car"，但是，这样的基本定语必须出现在被修饰的名词之前，而这个例句中的"fast"出现在名词后面，所以不可能是定语。[①]　这个组合再一次由"% V + ADV"来完成：

15.3.3　应用"% V + ADV"组合"Julia ate the apple"和"fast"

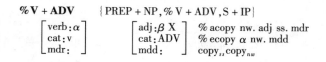

---

①　基本副词，如"Julia ate the apple quickly."中的"quickly"，也可以根据词形来排除定语用法。这种情况在很多种自然语言中都存在，详见 Dauses（1997）。

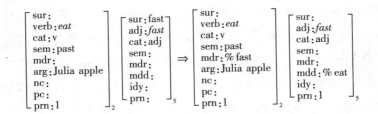

输出结果如下所示：

15.3.4 "Julia ate the apple fast."的分析结果

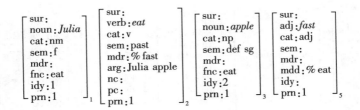

注意，基本状语后面的形容词只能做状语。例如，"Julia ate the apple on [279] the table quickly."这个句子里的介词短语"on the table"可能是定语，也可能是状语。但是，在"Julia ate the apple quickly on the table."当中，介词短语"on the table"就只能做状语。

这就需要从"％V + ADV"的规则包中删除"％NP + PREP"。看下面的图示化分析：

15.3.5 出现在副词后面的介词短语

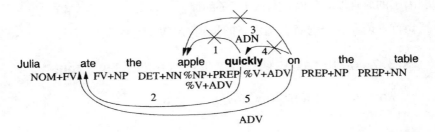

规则写在词的下面或者词与词之间的空隙中。第一次被调用的"DET + NN"把"Julia ate the"和"apple"组合在了一起，同时规则包里的"％NP +

PREP"（定语）和"％V＋ADV"（状语）两个规则被激活。但是,因为下一个词是"quickly"（打叉的箭头1）,所以只有"％V＋ADV"应用成功（箭头2）。接下来,"％V＋ADV"再一次被调用,用于组合介词"on"。因为"％V＋ADV"的规则包里没有"％NP＋PREP"（打叉的箭头3）,也没有"％PREPP＋NP"（打叉的箭头4）,所以,唯一的理解就是介词短语做状语（箭头5）。

15.3.6 "Julia ate the apple quickly on the table."的分析结果

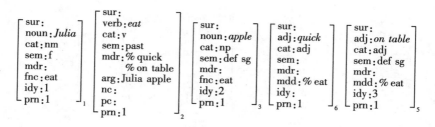

虽然动词的属性"mdr"的值有"％"标记,但是,命题因子"quick"和"on table"的属性"mdd"都只有一个值（对比15.1.14）,所以可以说,这个理解的正确性是100％。

接下来,我们来看一下状语出现在动词前面的情况。这种情况分析起来比较困难。例如,"Quickly＋Julia ate an apple."这个句子里的状语"quickly"首先要和主语"Julia"组合,它和动词"ate"之间的"mdd-mdr"关系不能马上搭建起来。解决这个困难的办法是同时把替换值"v_1"赋给主语命题因子的属性"fnc"和状语命题因子的属性"mdd"。

句首副词和主语的组合调用新的规则"ADV＋NOM"：

280

15.3.7 应用"ADV＋NOM"组合"Quickly"和"Julia"

ADV＋NOM ｛NOM＋ADV,ADVNOM＋FV,DET＋NN,DET＋ADN,DET＋INT｝

$$\begin{bmatrix} \text{adj}:\alpha \\ \text{cat}:\text{ADV} \\ \text{mdd}: \end{bmatrix} \begin{bmatrix} \text{noun}:\beta \\ \text{cat}:\text{Y NP} \\ \text{fnc}: \end{bmatrix}$$

acopy v_n ss. mdd
ecopy v_n nw. fnc
replace adv ss. cat
copy$_{ss}$ copy$_{nw}$

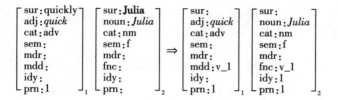

规则"ADV + NOM"经由起始状态激活。

规则应用过程中,操作"acopy v_n ss. mdd"和"ecopy v_n nw. fnc"同时把替换值"v_1"赋给了副词的属性"mdd"和主语的属性"fnc"。操作"replace adv ss. cat"确保了修饰语的范畴是"adv"(这里是虚的,这个操作的有效应用见 15.3.8)。

"ADV + NOM"也用来组合介词短语和主语。这时,它的上一级规则是"PREP + NP"(如"For Mary + John bought a dog.")或者"PREP + NN"(如"On the table + Julia ate an apple.")。后一种组合如下所示:

15.3.8 应用"ADV + NOM"组合"On the table"和"Julia"

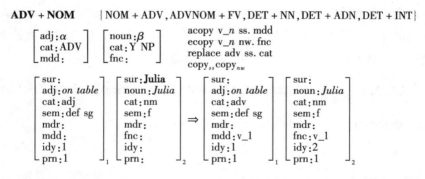

出现在句首构成"副词 + 主语"组合的副词可以是基本副词,也可以是复杂副词,分别如 15.3.7 和 15.3.8 所示。反过来,构成"主语 + 副词"组合的只能是基本副词。例如,"Julia + quickly ate the apple."符合语法,而"Julia + on the table ate the apple."就不符合语法。[①]

这个问题由规则"NOM + ADV"来解决。它的格式中限定下一个词的   281

---

①   至少在介词短语的"ADV"分析当中是这样。

"cat"值为"adv",而且它的规则包里没有接续介词短语的规则,如"PREP + NP""PREP + NN"和"DET + ADN"等。

15.3.9　应用"NOM + ADV"组合"Julia"和"quickly"

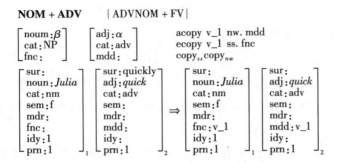

"NOM + ADV"不只经由起始状态激活,还可能经由"ADV + NOM"激活,如"On the table + Julia + quickly(ate an apple)"。

15.3.7,15.3.8 和 15.3.9 提到的状语出现在动词前的情况,以及上面提到的"ADV + NOM"和"NOM + ADV"组合,接下来都需要调用"ADVNOM + FV"。这个规则和"NOM + FV"(见15.2.1)相似,但是它还能处理出现在主语前面的状语和主语后面的动词之间的"mdr-mdd"关系。在下面的例子当中,"ADVNOM + FV"经由"ADV + NOM"激活。

15.3.10　应用"ADVNOM + FV"组合"Quickly Julia"和"ate"

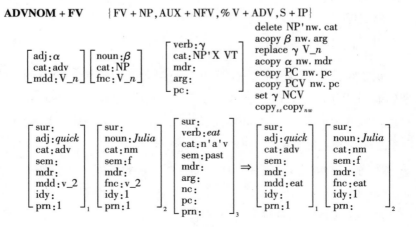

$$\begin{bmatrix} \text{sur:} \\ \text{verb:} \textit{eat} \\ \text{cat:} \text{a'v} \\ \text{sem:} \text{past} \\ \text{mdr:} \text{quick} \\ \text{arg:} \text{Julia} \\ \text{nc:} \\ \text{pc:} \\ \text{prn:} 1 \end{bmatrix}_3$$

　　最后,我们来看一下"On the table Julia quickly ate the apple."的句法–语义分析。这个分析过程中被调用的规则依次是"PREP + NP""PREP + NN""ADV + NOM""NOM + ADV""ADVNOM + FV""FV + NP""DET + NN"和"S + IP"。分析得到下面这组命题因子: 282

15.3.11 "On the table Julia quickly ate the apple."的分析 结果

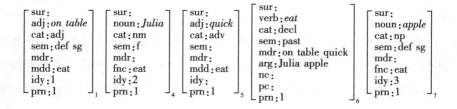

　　属性"mdd"的值,即"eat",和相关的属性"mdr"的值,即"on table"和"quick",都没有"%"标记,这是因为规则"PREP + NP"和"NOM + ADV"都不是百分比规则。

15.4　名词短语和介词短语中的强化词

　　"very"和"rather"(见 15.1.8)之类的强化词都属于功能词,在组合过程中和形容词命题因子融合在一起。这和冠词的情况相似,冠词也是功能词,在组合过程中要把被它修饰的名词命题因子融入进来。数据库语义学当中,功能词就像是个包装箱,里面装着和它们相关的实词。下面的例子当中,名词短语一个比一个复杂,其中的冠词和强化词就可以看成是一个个的包装箱：

15.4.1   名词短语中的包装箱

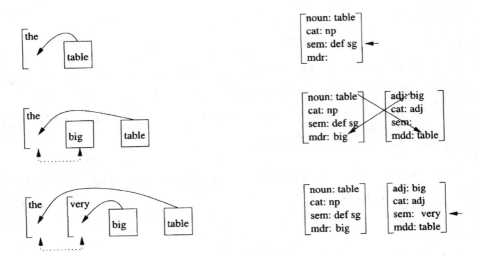

左面的图中，包装箱①用"["表示，实词（头词）用"□"表示。向左的实线箭头表示按照时间线性顺序来装箱。虚线双箭头表示实词之间的双向关系。右图给出的是最终得到的命题因子的简化形式。箭头指向相关的位置和关系。

第一个例子当中，包装箱"the"里面装入实词"table"。这个组合的详细情况见 13.4.2。第二个例子当中，实词"big"插在包装箱"the"和实词"table"之间。已经进入包装箱的"table"和还没有进入包装箱的"big"之间存在着双向关系（修饰与被修饰）。详细情况见 13.3.1—13.3.3 和 13.3.6—13.3.7。第三个例子当中，实词"big"被装进包装箱"very"。已经进入包装箱的"table"和"big"之间也存在着双向关系。这个结构的模型见下面的15.4.4—15.4.6。

---

①   先天论把包装箱称作"修饰语"，如"中心词和修饰语"，借用的是逻辑学关于术语"修饰语"的用法。逻辑学中的"修饰语"用来描述形容词的语义角色，不适合表示对功能词的直观分析。功能词在这里称作包装箱。

在带有复杂名词短语的介词短语当中(不是只带一个专有名词的介词短语,如"on Fido"),两个包装箱会组合在一起:

15.4.2 介词短语中的包装箱

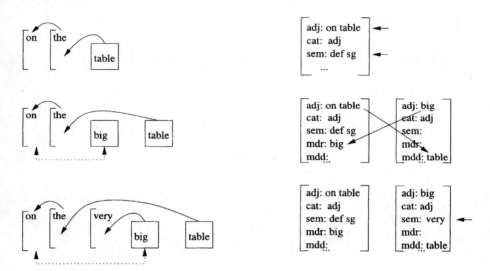

这些例子和 15.4.1 中的例子相似,只是第一个包装箱"on"里装入的是另一个包装箱"the",得到一个组合包装箱"on the"。第一个例子的详细推导过程见 15.2.4—15.2.6。第二个例子见下面的 15.4.7—15.4.8,第三个见 15.4.10。

在讨论带形容词和强化词的介词短语之前,我们先来看一下 15.4.1 中的第三个例子,即词短语"the very big table"中的强化词的用法(也可见 15.1.8,i)。首先从强化词的词信息开始:

15.4.3 强化词"very"和"rather"的词信息

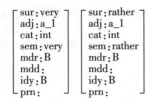

284   强化词是形容词的包装箱,因此具有形容词的特征结构。冠词(见13.1.3)是名词的包装箱,因此具有名词的特征结构。作为包装箱,强化词和弱化词的共性是它们的核心值都是一个替换值。

"The very big table"的推导过程从"the"和"very"的组合开始。这需要调用一个新的规则"DET + INT",如下所示:

15.4.4   应用"DET + INT"组合"the"和"very"

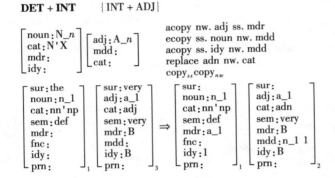

第一个操作"acopy nw. adj ss. mdr"把强化词的值"a_1"复制到了冠词的属性"mdr"槽内。第二个操作"acopy ss. noun nw. mdd"把冠词的值"n_1"复制到了强化词的属性"mdd"槽内。第三个操作"ecopy ss. idy nw. mdd"把名词的属性"idy"值复制到了强化词的属性"mdd"槽内。第四个操作"replace adn nw. cat"把强化词属性"cat"的值替换成了"and"。冠词和强化词是不同实词的包装箱,"the"装入的是"table","very"装入的是"big"。最后输出这两个命题因子。

下一步是组合"the very"和"big",需要调用新规则"INT + ADJ",把形容词装入强化词命题因子:

15.4.5   应用"INT + ADJ"组合"the very"和"big"

INT + ADJ   {DET + NN, DET + ADN, DET + INT, ADV + NOM, ADVNOM + FV, % V + ADV, S + IP}

$$\begin{bmatrix} adj : A\_n \\ cat : ADJ \end{bmatrix}\quad \begin{bmatrix} adj : \beta \\ cat : ADJ \end{bmatrix}\quad \begin{array}{l} replace\ \beta\ A\_n \\ copy_{ss} \end{array}$$

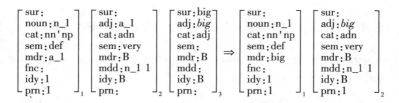

第一个操作"replace β A_n"把所有"a_1"都替换成了"big"。这样,形 285
容词融入进强化词命题因子,而强化词命题因子得到了确定的"mdr"值。之
后输出"nw"命题因子。

最后,调用我们熟悉的规则"DET + NN"来添加名词。因为所有的"n_1"
都被替换掉了,表示"very big"的命题因子得到了准确的"mdd"值。

15.4.6 应用"DET + NN"组合"The very big"和"table"

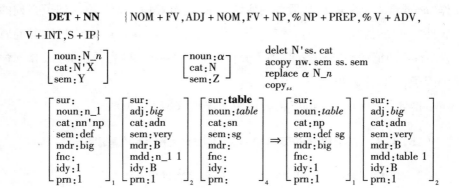

第一个操作"delete N'ss. cat"删除了冠词属性"cat"的名词价位。第二
个操作"acopy nw. sem ss. sem"把范畴段"sg(singular)"添加到了冠词的
"sem"槽内。第三个操作"replace α N_n"用"table"替换掉了所有的"n_1"。
"nw"命题因子融入进冠词命题因子,所以不输出到下一步。

现在来看一下介词短语。15.2.4—15.2.6 已经讨论了"on the table"出
现在动词之后的情况,现在来看"on the table"和"on the very big table"出现
在句首的情况。这两个例子都需要调用我们熟悉的规则"PREP + NP"(见
15.2.5),从组合包装箱"on"(介词)和"the"(冠词)开始。结果得到属性
"cat"和"sem"被附加新值的介词命题因子。

15.4.7   应用"PREP + NP"组合介词"on"和"the"

PREP + NP{PREP + NN, PREP + ADN, PREP + INT, % NP + PREP, % V +

ADV, % PREPP + PREP, ADV + NOM, S + IP}

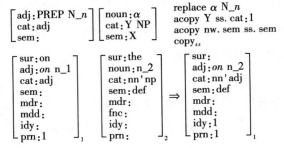

第一个操作"replace α N_n"用"n_2"替换掉了所有的"n_1"。第二个操作"acopy N' ss.cat:1"把冠词的属性"cat"的范畴段"nn'"添加到子介词的属性"cat"的值"adj"之前。第三个操作"acopy nw.sem ss.sem"把冠词的属性"sem"的范畴段"def"复制到了介词的属性"sem"槽内。冠词融入介词命题因子,所以不输出到下一步。

推导"On the big table"需要调用新规则"PREP + ADN":

15.4.8   应用"PREP + ADN"组合"On the"和"big"

PREP + ADN   {PREP + ADN, PREP + NN, PREP + INT}

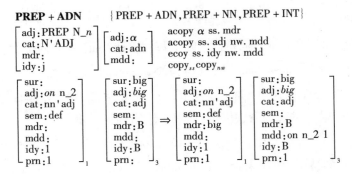

286   这个规则对应"DET + ADN"(见13.3.1,13.3.2,13.3.6)。第一个操作"acopy α ss.mdr"把值"big"复制到了"ss"的属性"mdr"槽内,"ss"指的是表示"on the"的命题因子。第二个操作"acopy ss.adj nw.mdd"把"on n_2"添加

到了定语命题因子的属性"mdd"槽内。第三个操作"ecopy ss. idy nw. mdd"
把"ss"的"idy"值复制到了"nw"命题因子的属性"mdd"槽内，从而指明了
"big"修饰"table"。两个命题因子输出到下一步。

接下来调用的是我们熟悉的规则"PREP + NN"（见15.2.6 和15.4.12）。
整个分析结果如下所示：

15.4.9　"On the big table"的分析结果

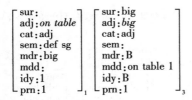

下面，我们来讨论一下"On the very big table"，即定语（这里是"big"，见
15.1.8,ii）前面有强化词的介词短语的推导过程。"on"和"the"的组合情况
见15.4.7。接着，要调用新规则"PREP + INT"。它和"DET + INT"（见 287
15.4.4）相似，只不过句首是形容词而不是名词。这两个规则的规则包里都
只有一个规则：

15.4.10　应用"PREP + INT"组合"On the"和"very"

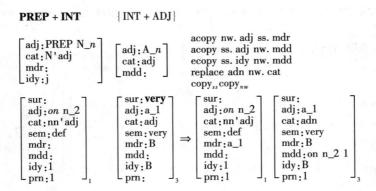

第一个操作"acopy nw. adj ss. mdr"把强化词的值"a_1"复制到了表示
"on the"的命题因子的属性"mdr"槽内，确保它有一个修饰语"big"（见

15.4.5）。第二个操作"acopy ss. adj nw. mdd"把值"on n_2"添加到了强化词的"mdd"槽内。第三个操作"ecopy ss. idy nw. mdd"把"ss"的"idy"值复制到了强化词的"mdd"槽内,确保修饰语"very big"准确指向"table"。第四个操作"replace adn nw. cat"用"adn"取代了强化词的"cat"值。两个命题因子输出到下一步。调用规则"INT + ADJ"（对比 15.4.5）：

15.4.11 应用"INT + ADJ"组合"On the very"和"big"

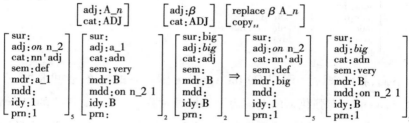

最后一个被调用的是我们熟悉的规则"PREP + NN"（见15.2.6）。这个规则和"DET + NN"相似,只是"ss"是形容词而不是名词：

15.4.12 应用"PREP + NN"组合"On the very big"和"table"

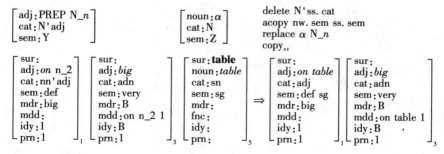

这个规则的输出结果也就是整个短语的分析结果如下所示：

15.4.13 "On the very big table"的分析结果

$$\begin{bmatrix} \text{sur}: \\ \text{adj}: \textit{on table} \\ \text{cat}: \text{adj} \\ \text{sem}: \text{def sg} \\ \text{mdr}: \text{big} \\ \text{mdd}: \\ \text{idy}: 1 \\ \text{prn}: 1 \end{bmatrix}_1 \begin{bmatrix} \text{sur}: \\ \text{adj}: \textit{big} \\ \text{cat}: \text{adn} \\ \text{sem}: \text{very} \\ \text{mdr}: \text{B} \\ \text{mdd}: \text{on table 1} \\ \text{idy}: \text{B} \\ \text{prn}: 1 \end{bmatrix}_3$$

因为输入的短语中只有两个实词,所以输出的命题因子也只有两个。所有功能词,即介词"on"、冠词"the"和强化词"very"都转化成了这两个命题因子的某个属性值。因为强化词出现在介词短语中内部,所以无论介词短语出现在什么位置,具有什么样的语法功能(见 15.2),强化词的处理方式都不受影响,也不需要特别说明。

15.5   带强化词的基本副词

基本副词的强化词,如"very quickly"中的"very",可以出现在不同的位置上,所以比较难处理。因为基本副词不在短语范围之内,所以,要处理出现在动词和主语前的副词(见 15.1.8,iii)、出现在动词前主语后的副词(见 15.1.8,iv)和出现在动词后面的副词(见 15.1.8,v),我们需要有一个特别的过渡程序。

"Very quickly Julia ate an apple."是个典型的副词出现在动词和主语前的句子。这个句子的推导过程从我们熟悉的规则"INT + ADJ"(见 15.4.5 和 15.4.11)开始:

15.5.1   应用"INT + ADJ"组合"very"和"quickly"

INT + ADJ   {DET + NN, DET + ADN, DET + INT, ADV + NOM, ADVNOM + FV, % V + ADV, S + IP}

$$\begin{bmatrix} \text{adj}: \text{A\_}n \\ \text{cat}: \text{ADJ} \end{bmatrix} \quad \begin{bmatrix} \text{adj}: \beta \\ \text{cat}: \text{ADJ} \end{bmatrix} \qquad \text{replace } \beta \text{ A\_}n \\ \text{copy}_{ss}$$

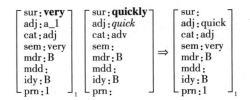

操作"replace β A_n"用下一个词的值"quick"替换了"ss"的值"a_1"。下一个词的命题因子不输出到下一步。

上面的组合结束之后，形容词融入进了强化词命题因子。接下来的推导过程和15.3.7以及15.3.10所示的"Quickly Julia ate the apple."的推导过程相同。

这个句子的分析结果如下所示：

15.5.2　"Very quickly Julia ate the apple."的分析结果

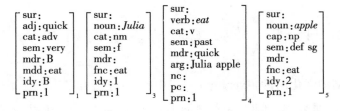

接下来，我们看一下"Julia very quickly ate the apple."的推导过程。在这个句子里，强化词和基本副词出现在动词之前。起始状态首先激活新规则"NOM + INT"。

15.5.3　应用"NOM + INT"组合"Julia"和"very"

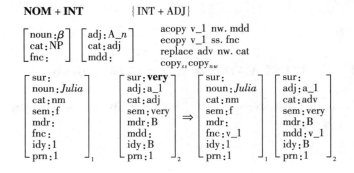

第一个操作"acopy v_1 nw. mdd"把值"v_1"复制到了强化词的"mdd"槽内,而第二个操作"ecopy v_1 ss. fnc"把值"v_1"复制到了主语的"fnc"槽内。值"v_1"被"eat"取代之后,主语和强化词的"fnc"值和"mdd"值分别相同。290 第三个操作"replace adv nw. cat"用"adv"取代了强化词的"cat"值。两个命题因子输出到下一步。

接下来调用我们熟悉的规则"INT + ADJ"(见 15.5.1)。这一次,强化词出现在主语后面。

15.5.4　应用"INT + ADJ"组合"Julia very"和"quickly"

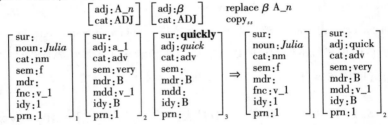

接下来调用我们熟悉的规则"ADVNOM + FV"(见 15.3.10)。注意,为了和规则层的格式进行匹配,命题因子集合必须是无序的。所以,15.5.4 中"INT + ADJ"的输出结果"Julia quick"等价于 15.3.10 中"ADVNOM + FV"的输出结果"quick Julia"。依次调用规则"NOM + INT""INT + ADJ""ADVNOM + FV""FV + NP""DET + NN"和"S + IP"之后,最终得到的分析结果和 15.5.2 所讨论的上一句的结果相同(除了词的下标编号以外)。

最后,我们来看一下"Julia ate the apple very quickly."的推导过程。这一次强化词和基本副词的组合出现在动词之后(见 15.1.8,v)。句子的起始部分,即"Julia ate the apple",的推导过程见 15.2.1—15.2.3。接下来,"DET + NN"激活新规则"V + INT":

15.5.5   应用"V + INT"组合"Julia ate the apple"和"very"

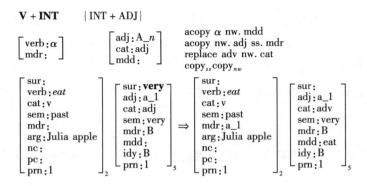

第一个操作"acopy α nw. mdd"把"eat"的"verb"值复制到了"very"的 "mdd"槽内。第二个操作"acopy nw. adj ss. mdr"把"very"的"adj"值"a_1"复制到了"eat"的"mdr"槽内。第三个操作"replace adv nw. cat"把"very"的"cat"值改也了"adv"。接下来调用我们熟悉的规则"INT + ADJ"(见15.4.5, 15.4.11,15.5.1,15.5.4)。这个规则由"V + INT"激活:

15.5.6   应用"INT + ADJ"组合"Julia ate the apple very" 和"quickly"

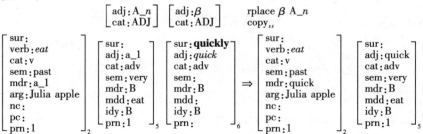

最后一个被调用的规则是"S + IP"(见11.5.1和13.3.8)。整个推导过程依次调用了规则"NOM + FV""FV + NP""DET + NN""V + INT""INT + ADJ"和"S + IP"。整个分析过程最终得到的结果和15.5.2的结果相同(除了词的下标编号以外）。

15.6　LA-hear.3 定义

前面关于不同类型修饰语的分析可以总结为形式语法 LA-hear.3。和 LA-hear.2 相比，LA-hear.3 有 14 个新规则。① 这 14 个新规则暂时用"＄"来标记。

15.6.1　LA-hear.3 的词典和前导

1. LA-hear.3 的词典

LA-hear.1 和 LA-hear.2 的词典，加上 15.1.1 的第一个词条和 15.4.3 需要的词条。

2. LA-hear.3 的前导

LA-hear.1（见 11.2.2）和 LA-hear.2（见 13.2.1）的变量定义，限制条件和一致性条件，加上：PREP ∈ {on,in,above,below,…}

ADJ ∈ {adj,adn,adv}

ADV ∈ {adj,adv}

ADN ∈ {adj,adn}

A_n = simultaneous substitution variable for an adjective

15.6.2　LA-hear.3 的形式化定义

292

$\mathbf{ST}_S =_{def} \{ ([\,cat:X\,] \{ 1\ DET + NN, 2\ DET + ADN, 3\ DET + INT, 4\ NOM + ADV,$

$5\ NOM + INT, 6\ NOM + FV, 7\ INT + ADJ, 8\ PREP + NP, 9\ ADV + NOM \}) \}$

DET + NN　{10 NOM + FV,11 FV + NP,12 S + IP,13％ NP + PREP,14％ V + ADV,15 V + INT}

$$\begin{bmatrix} noun:N\_n \\ cat:N'X \\ sem:Y \end{bmatrix} \begin{bmatrix} noun:\alpha \\ cat:N \\ sem:Z \end{bmatrix} \begin{matrix} \text{delete } N'ss.\ cat \\ acopy\ nw.\ sem\ ss.\ sem \\ \text{replace } \alpha\ N\_n \\ copy_{ss} \end{matrix}$$

DET + ADN　{16 DET + NN,17 DET + ADN,18 DET + INT}

$$\begin{bmatrix} noun:N\_n \\ cat:N'X \\ mdr: \\ idy: \end{bmatrix} \begin{bmatrix} adj:\alpha \\ cat:adn \\ mdd: \end{bmatrix} \begin{matrix} acopy\ \alpha\ ss.\ mdr \\ ecopy\ ss.\ noun\ nw.\ mdd \\ acopy\ ss.\ idy\ nw.\ mdd \\ copy_{ss}\ copy_{nw} \end{matrix}$$

---

① 因为复杂度的原因，省略 LA-hear.3 的有限状态转移网络。

\$ DET + INT {19 INT + ADJ}

$$\begin{bmatrix} \text{noun}: \text{N}\_n \\ \text{cat}: \text{N'X} \\ \text{mdr}: \\ \text{idy}: \end{bmatrix} \begin{bmatrix} \text{adj}: \text{A}\_n \\ \text{mdd}: \end{bmatrix}$$
acopy nw. adj ss. mdr
ecopy ss. noun nw. mdd
acopy ss. idy nw. mdd
$\text{copy}_{ss} \text{copy}_{nw}$

\$ NOM + ADV {20 ADVNOM + FV}

$$\begin{bmatrix} \text{noun}: \beta \\ \text{cat}: \text{NP} \\ \text{fnc}: \end{bmatrix} \begin{bmatrix} \text{adj}: \alpha \\ \text{cat}: \text{adv} \\ \text{mdd}: \end{bmatrix}$$
acopy v_1 nw. mdd
acopy v_1 ss. fnc
$\text{copy}_{ss} \text{copy}_{nw}$

\$ NOM + INT {21 INT + ADJ}

$$\begin{bmatrix} \text{noun}: \beta \\ \text{cat}: \text{NP} \\ \text{fnc}: \end{bmatrix} \begin{bmatrix} \text{adj}: \text{A}\_n \\ \text{cat}: \text{adj} \\ \text{mdd}: \end{bmatrix}$$
acopy v_1 nw. mdd
acopy v_1 ss. fnc
replace adv nw. cat
$\text{copy}_{ss} \text{copy}_{nw}$

NOM + FV {22 FV + NP, 23 AUX + NFV, 24 S + IP}

$$\begin{bmatrix} \text{noun}: \alpha \\ \text{cat}: \text{NP} \\ \text{fnc}: \\ \text{prn}: k \end{bmatrix} \begin{bmatrix} \text{verb}: \beta \\ \text{cat}: \text{NP'X VT} \\ \text{arg}: \\ \text{nc}: \\ \text{pc}: \end{bmatrix}$$
delete NP' nw. cat
acopy α nw. arg
ecopy β ss. fnc
ecopy PC nw. pc
acopy PCV nw. pc
set β NCV
$\text{copy}_{ss} \text{copy}_{nw}$

\$ INT + ADJ {25 DET + NN, 26 DET + ADN, 27 DET + INT, 28 ADV + NOM, 29 ADVNOM + FV, 30 %V + ADV. 31 S + IP}

$$\begin{bmatrix} \text{adj}: \text{A}\_n \\ \text{cat}: \text{ADJ} \end{bmatrix} \begin{bmatrix} \text{adj}: \beta \\ \text{cat}: \text{ADJ} \end{bmatrix}$$
replace β A_n
copy_{ss}

\$ PREP + NP {32 PREP + NN, 33 PREP + ADN, 34 PREP + INT, 35 %NP + PREP, 36 %V + ADV, 37 %PREPP + PREP, 38 ADV + NOM, 39 S + IP}

$$\begin{bmatrix} \text{adj}: \text{PREP N}\_n \\ \text{cat}: \text{adj} \\ \text{sem}: \end{bmatrix} \begin{bmatrix} \text{noun}: \alpha \\ \text{cat}: \text{Y NP} \\ \text{sem}: X \end{bmatrix}$$
replace α N_n
acopy Y ss. cat. 1
acopy nw. sem ss. sem
copy_{ss}

\$ ADV + NOM {40 NOM + ADV, 41 ADVNOM + FV, 42 DET + NN, 43 DET + ADN, 44 DET + INT}

$$\begin{bmatrix} \text{adj}: \alpha \\ \text{cat}: \text{ADV} \\ \text{mdd}: \end{bmatrix} \begin{bmatrix} \text{noun}: \beta \\ \text{cat}: \text{Y NP} \\ \text{fnc}: \end{bmatrix}$$
acopy v_n ss. mdd
acopy v_n nw. fnc
replace adv ss. cat
$\text{copy}_{ss} \text{copy}_{nw}$

FV + NP {45 DET + NN, 46 DET + ADN, 47 DET + INT, 48 FV + NP, 49 %NP + PREP, 50 %V + ADV, 51 V + INT, 52 S + IP}

$$\begin{bmatrix} \text{verb}: \beta \\ \text{cat}: \text{NP'X VT} \\ \text{arg}: \end{bmatrix} \begin{bmatrix} \text{noun}: \alpha \\ \text{cat}: \text{Y NP} \\ \text{fnc}: \end{bmatrix}$$
delete NP' ss. cat
acopy α ss. arg
ecopy β nw. fnc
$\text{copy}_{ss} \text{copy}_{nw}$

S + IP {53 IP + START}

$$\begin{bmatrix} \text{verb}: \alpha \\ \text{cat}: \text{VT} \\ \text{prn}: k \end{bmatrix} \begin{bmatrix} \text{cat}: \text{VT'SM} \end{bmatrix}$$
replace SM VT
set k PC
set α PCV
copy_{ss}

\$ %NP + PREP {54 PREP + NP}

$$\begin{bmatrix} \text{noun}: \alpha \\ \text{cat}: \text{N} \\ \text{mdr}: \\ \text{idy}: j \end{bmatrix} \begin{bmatrix} \text{adj}: \text{PREP N}\_n \\ \text{cat}: \text{adj} \\ \text{mdd}: \end{bmatrix}$$
ecopy nw. adj ss. mdr
% ecoy α nw. mdd
acopy ss. idy nw. mdd
$\text{copy}_{ss} \text{copy}_{nw}$

293

\$ %V + ADV   {55 PREP + NP,56 % V + ADV,57 S + IP}

$$\begin{bmatrix} \text{verb}:\alpha \\ \text{cat}:v \\ \text{mdr}: \end{bmatrix} \begin{bmatrix} \text{adj}:\beta \ X \\ \text{cat}:\text{ADV} \\ \text{mdd}: \end{bmatrix}$$ acopy nw. adj ss. mdr
   ecopy α nw. mdd
   copy$_{ss}$ copy$_{nw}$

\$ V + INT   {58 INT + ADJ}

$$\begin{bmatrix} \text{verb}:\alpha \\ \text{mdr}: \end{bmatrix} \begin{bmatrix} \text{adj}:A\_n \\ \text{cat}:\text{adj} \\ \text{mdd}: \end{bmatrix}$$ acopy α nw. mdd
   acopy nw. adj ss. mdr
   copy$_{ss}$ copy$_{nw}$

\$ PREP + NN {59 ADV + NOM,60 NOM + FV,62 FV + NP,62 % NP + PREP,
63 % V + ADV,64 % PREPP + PREP,65 S + IP}

$$\begin{bmatrix} \text{adj}:\text{PREP } N\_n \\ \text{cat}:N'\text{adj} \\ \text{sem}:Y \end{bmatrix} \begin{bmatrix} \text{noun}:\alpha \\ \text{cat}:N \\ \text{sem}:Z \end{bmatrix}$$ delete N' ss. cat
   acopy nw. sem ss. sem
   replace α N_n
   copy$_{ss}$

\$ PREP + ADN   {66 PREP + ADN,67 PREP + NN,68 PREP + INT}

$$\begin{bmatrix} \text{adj}:\text{PREP } N\_n \\ \text{cat}:N'\text{ADJ} \\ \text{mdr}: \\ \text{idy}:j \end{bmatrix} \begin{bmatrix} \text{adj}:\alpha \\ \text{cat}:\text{adn} \\ \text{mdd}: \end{bmatrix}$$ acopy α ss. mdr
   acopy ss. adj nw. mdd
   ecopy ss. idy nw. mdd
   copy$_{ss}$ copy$_{nw}$

294

\$ PREP + INT   {69 INT + ADJ}

$$\begin{bmatrix} \text{adj}:\text{PREP } N\_n \\ \text{cat}:N'\text{adj} \\ \text{mdr}: \\ \text{idy}:j \end{bmatrix} \begin{bmatrix} \text{adj}:A\_n \\ \text{cat}:\text{adj} \\ \text{mdd}: \end{bmatrix}$$ acopy nw. adj ss. mdr
   acopy ss. adj nw. mdd
   ecopy ss. idy nw. mdd
   replace adn nw. cat
   copy$_{ss}$ copy$_{nw}$

\$ %PREPP + PREP   {70 PREP + NP}

$$\begin{bmatrix} \text{adj}:\text{PREP } \alpha \\ \text{cat}:\text{adj} \\ \text{mdr}: \\ \text{idy}:j \end{bmatrix} \begin{bmatrix} \text{adj}:\text{PREP } N\_n \\ \text{cat}:\text{adj} \\ \text{mdd}: \end{bmatrix}$$ % ecopy nw. adj ss. mdr
   % ecopy ss. adj nw. mdd
   acopy ss. idy nw. mdd
   copy$_{ss}$ copy$_{nw}$

\$ ADVNOM + FV   {71 FV + NP,72 AUX + NFV,73 % V + ADV,74 S + IP}

$$\begin{bmatrix} \text{adj}:\alpha \\ \text{cat}:\text{adv} \\ \text{mdd}:V\_n \end{bmatrix} \begin{bmatrix} \text{noun}:\beta \\ \text{cat}:\text{NP} \\ \text{fnc}:V\_n \end{bmatrix} \begin{bmatrix} \text{verb}:\gamma \\ \text{cat}:\text{NP'X VT} \\ \text{mdr}: \\ \text{arg}: \\ \text{pc}: \end{bmatrix}$$ delete NP' nw. cat
   acopy β nw. arg
   replace γ V_n
   acopy α nw. mdr
   ecopy PC nw. pc
   acopy PCV nw. pc
   set γ NCV
   copy$_{ss}$ copy$_{nw}$

AUX + NFV   {75 AUX + NFV,76 FV + NP,77 S + IP}

$$\begin{bmatrix} \text{verb}:V\_n \\ \text{cat}:\text{AUX'V} \\ \text{sem}:X \end{bmatrix} \begin{bmatrix} \text{verb}:\alpha \\ \text{cat}:Y \text{ AUX} \\ \text{sem}:Z \end{bmatrix}$$ replace Y AUX'
   acopy nw. sem ss. sem
   replace α V_n
   copy$_{ss}$

IP + START   {1 DET + NN,2 DET + ADN,3 DET + INT,4 NOM + ADV,
5 NOM + INT,6 NOM + FV,7 INT + ADJ,8 PREP + NP,9 ADV + NOM}

$$\begin{bmatrix} \text{verb}:\alpha \\ \text{cat}:\text{SM} \\ \text{nc}: \end{bmatrix} \begin{bmatrix} \text{noun}:\beta \\ \text{cat}:\text{NP} \\ \text{prn}: \end{bmatrix}$$ increment nw. prn
   ecopy k ss. nc
   acopy ' NCV' ss. nc
   copy$_{ss}$ copy$_{nw}$

ST$_F =_{def}$ { ([cat:decl] rp$_{S+IP}$) }

从 LA-hear. 2 扩展到 LA-hear. 3,规则的数量从 7 增加到了 21,转移的总次数(即所有规则包里的规则的总数)从 19 增加到了 77。这样,LA-hear. 2 的复杂度是 2.71(见 13.2.5)而 LA-hear. 3 的增加到了 3.66(77 : 21 = 3.66)。[1]

但是,比语法复杂度更重要的是歧义问题。除了本身是多义词的情况以外,歧义的唯一来源是规则包,因为规则包里带有输入兼容(input-compatible)的规则。[2] 如果规则中对下一个词的词性有具体的要求,那么最容易判断的就是不满足输入条件的情况。但是,如果几个规则分别对句首部分有不同的要求,这种情况就比较复杂了——因为句首部分可能有几个命题因子,不同的命题因子可能会匹配上不同的规则格式。

为了便于理解这个问题,下面列出了 LA-hear. 3 的所有规则以及规则包,规则包里的每个规则都配有一个例子。这样,我们可以通过例子,而不是形式化的"ss"和"nw"格式来判断规则包中是否包含输入兼容的规则。

295

15.6.3　规则和规则包

规则名称	规则包	规则包内规则的应用
IP + START:	DET + NN	The + table
(= ST_s)	DET + ADN	The + beautiful (table)
	DET + INT	The + very (beautiful table)
	NOM + ADV	Julia + quickly (ate an apple)
	NOM + INT	Julia + very (quickly ate an apple)
	NOM + FV	Julia + read (the book)
	INT + ADJ	Very + quickly (Julia ate an apple)
	PREP + NP	On + the (table)
	ADV + NOM	Quickly + Julia (ate an apple)
DET + NN:	NOM + FV	the book + pleased (Julia)
	FV + NP	Julia gave the man + a (book)

---

[1]　换句话说,每个规则包平均包含 3.66 个规则;因此,每一条推导路径的每一次组合都要在平均 3.66 条规则中进行选择。

[2]　见 FoCL'99,11.3。

	S + IP	Julia read the book + .
	% NP + PREP	the book + on（the table pleased Julia）
	% V + ADV	Julia read the book + on（the table）
	V + INT	Julia ate the apple + very（quickly）
DET + ADN:	DET + NN	the big + table
	DET + ADN	the big + beautiful（table）
	DET + INT	the big + very（beautiful table）
DET + INT:	INT + ADJ	the very + beautiful（table）
NOM + ADV:	ADVNOM + FV	Julia quickly + ate（an apple）
NOM + INT:	INT + ADJ	The young woman + very（quickly ate an apple）
NOM + FV:	FV + NP	Julia ate + the（apple）
	AUX + NFV	Julia has + eaten（an apple）
	S + IP	Julia slept + .
INT + ADJ:	DET + NN	the very beautiful + table
	DET + ADN	the very beautiful + big（table）
	DET + INT	the very beautiful + very（big table）
	ADV + NOM	very quickly + Julia
	ADVNOM + FV	Julia very quickly + ate（an apple）
	% V + ADV	Julia slept very soundly + on（the table）
	S + IP	Julia slept very soundly + .
PREP + NP:	PREP + NN	on the + table
	PREP + ADN	on the + big（table）
	PREP + INT	on the + very（big table）
	% NP + PREP	the letter for Julia + on（the table）
	% V + ADV	John read the letter for Julia + quickly
	% PREPP + PREP	the letter for Julia + from Hamburg
	ADV + NOM	for Mary + John bought a book
	S + IP	John read the letter for Julia + .
ADV + NOM:	NOM + ADV	On the table Julia + quickly（ate an apple）
	ADVNOM + FV	Quickly Julia + ate（an apple）
	DET + NN	Quickly the + girl（ate an apple）

296

	DET + ADN	Quickly the + pretty (girl ate an apple)
	DET + INT	Quickly the + very (pretty girl ate an apple)
FV + NP:	DET + NN	John saw the + table
	DET + ADN	John saw the + beautiful (table)
	DET + INT	John saw the + very (beautiful table)
	FV + NP	John gave Julia + the (book)
	% NP + PREP	John saw Julia + from (Hamburg)
	% V + ADV	John saw Julia + from (Hamburg)
	V + INT	John saw Julia + very (often).
	S + IP	John saw Julia + .
S + IP:	IP + START	Julia was sleeping. + The (dog barked)
% NP + PREP:	PREP + NP	the book on + the (table)
% V + ADV:	PREP + NP	Julia ate the apple on + the (table)
	% V + ADV	Julia ate the apple quickly + on (the table)
	S + IP	Julia ate the apple quickly + .
V + INT:	INT + ADJ	Julia slept very + soundly
PREP + NN:	ADV + NOM	on the table + Julia (ate an apple)
	NOM + FV	the book on the table + pleased (Julia)
	FV + NP	Julia gave the man in the corner + a (book)
	% NP + PREP	Julia ate the apple on the table + behind (the tree)
	% V + ADV	Julia ate the apple on the table + behind (the tree)
	% PREPP + PREP	Julia ate the apple on the table + behind (the tree)
	S + IP	Julia ate the apple on the table + .
PREP + ADN	PREP + ADN	on the big + beautiful (table)
	PREP + NN	on the big + table
	PREP + INT	on the big + very (beautiful table)
PREP + INT	INT + ADJ	on the very + beautiful (table)
% PREPP + PREP	PREP + NP	Julia ate the apple on the table + behind (the tree)
ADVNOM + FV:	FV + NP	Julia quickly ate + an (apple)
	AUX + NFV	In this bed Julia will + sleep
	% V + ADV	Quickly Julia slipped + under (the covers)

297

	S + IP	In this bed Julia slept + .
AUX + NFV：	AUX + NFV	the car had been + speeding
	FV + NP	Julia had read + the（book）
	S + IP	Julia was sleeping + .
IP + START：	DET + NN	The + table
	DET + ADN	The + beautiful（table）
	DET + INT	The + very（beautiful table）
	NOM + ADV	Julia + quickly（ate an apple）
	NOM + INT	Julia + very（quickly ate an apple）
	NOM + FV	Julia + read（the book）
	INT + ADJ	Very + quickly（Julia ate an apple）
	PREP + NP	On + the（table）
	ADV + NOM	Quickly + Julia（ate an apple）

事实是,每个规则包中,几乎所有规则的下一个词格式都是不相容的,因此几乎每一个规则都不是输入兼容的。一旦下一个词的格式碰巧相容,仍然可以轻易地看出这些规则是输入不兼容的,因为它们对句首部分的要求不一样(如"IP + START"规则包里的"DET + INT"和"NOM + INT")。

比较复杂的是规则包"DET + NN""FV + NP""PREP + NN"和"PREP + NP"。它们中的每一个都包含一个以上的百分比规则。但是,这类规则比较特殊,同一个规则包里的不同百分比规则联合起来只能生成一个单一的输出(而不是像句法歧义那样,每一个都开辟一条新路径)。因此,介词短语叠用可能造成的递归的"ADN-ADV-ADA"歧义就转变成了语义重叠的问题,而处理这种情况的复杂度是线性的。所以,可以说,LA-hear.3 的计算复杂度是线性的。

为了构建一个完整的 DBS.3,还需要定义 LA-think.3 和 LA-speak.3。在 298 第 12 章和第 14 章中,我们已经讨论了如何针对已有的 LA-hear 语法来设计 LA-think 和 LA-speak。要在 LA-hear.3 的基础上定义 LA-think.3 和 LA-speak.3,方法是一样的。

299　**第三部分结束语**

这一部分以英语为例,分别介绍了 LA-hear,LA-think 和 LA-speak 语法,包括如何理解和生成语表。以后的工作中,我们会从不同的角度来扩展这些内容。

首先,这些语法需要升级,以便覆盖第二部分,甚至更多。这可以通过下面的某个办法来完成:(i)首先写好运行软件,之后从中抽取陈述性规范说明;(ii)首先写好陈述性规范说明,之后在一个运行软件上实施;(iii)陈述性规范说明和运行软件同步开发。不管选择哪一种方法,最终这两个部分都要完成:陈述性规范说明描述必要的特性,运行软件用来评测。

其次,英语的测试文本应该由其他语言的相应文本来补充。对于确定依存于语言的语表和独立于语言(相对?)之外的语义表示之间的映射的多样性程度来说,这一点非常重要。毕竟,不同类型的自然语言能否有用同样的方法进行语义表示还是个未知数。这种方法很可能只在语境层(pace Chomsky)才有普遍性,因为语用差异,不同类型的语言①的语义表示很可能存在本质上的区别。

再次,这些测试文本必须输入到机器人的认知当中,这个机器人必须有外部界面来进行语言层和语境层的识别与行动。这里,最初的焦点不在如何最大限度的扩大数据覆盖面,而是如何开发一个语用恰当的控制结构,这是我们的基本任务。完成这个任务对于回答上面的问题有很重要的影响。

接下来的附录 A,B 和 C 中,涉及两个数据库语义学的一般问题:附录 A 讨论不同类型的自然语言的导航顺序和结果界面之间的关系。附录 B 讨论数据库语义学的一般软件框架及其在听者、思考和说者模式进行的与语言相关的实践之间的关系。

最后,附录 C 是一个术语表,列出了属性、值、变量限制条件、一致性条件、规则名称,以及本书分析过的例句,包括简单的解释及其在书中出现的位置。

---

① Nichols(1992)认为某些语言的功能和内容受语表形式的限制。

附 录

A. 语序变化的普遍基础

本附录讨论(i)一价、二价和三价命题导航情况,(ii)给定导航下语序变化的可能性。后者依语言及其句法结构而变。本节对比讨论英语(SVO,固定语序)、德语(SVO,自由语序)和韩语(SOV,自由语序①)的情况。句子结构包括不同语气(陈述句和一般疑问句)和动词的不同语态(主动和被动)。

A.1　基本铁路系统概述

自然语言理解的基础是包含有序词形的句子和包含有序句子的文本或对话。然而,自然语言理解的结果是一个无序的命题因子集合。命题因子之间的语法关系只用定义为属性-值对的特征来编码。在思考模式下,遵循命题内-命题间关系的导航程序对这些命题因子进行重新排序(见3.5.4)。这个导航顺序构成语言生成阶段所需要的词序的基础。

简便起见,我们把一价、二价和三价命题当中的名词和动词之间的函词论元关系表示为如下标准格式:

A.1.1　一价、二价和三价命题

一价命题:V——N
二价命题:V——N——N
三价命题:V——N——N——N

---

① 见 Chang (1996);Choi and Kim (1986)。

第一个 N 表示施动者或者主语,第二个 N 表示受动者或者宾语。在三价命题当中,第二个 N 表示间接宾语,第三个 N 表示直接宾语。一价命题、二价命题和三价命题也可以分别写作 VN,VNN 和 VNNN。

304　　　除了命题内关系,还有两种命题间关系,即动词之间的并列关系和名词之间的同一关系。导航过程中,命题间关系之间表现为导入或者导出当前命题(见9.6.1)。

一价命题可能存在如下命题间关系:

A.1.2　一价命题的命题间关系

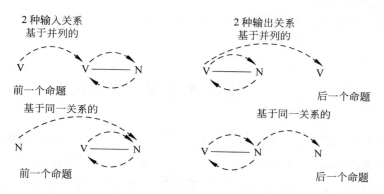

上面两种关系是基于并列的;下面两种是基于同一关系的。左边是导入关系,右面是导出。

下面是动词间构成并列关系的两个命题:

Julia sang.　Then Susanne slept.

连词 then 所表示的关系(见9.1.1)对于第一个句子来说是导出,对于第二个来说是导入。

在数据库层,导航的方向可能相反(见9.6.1),如语表所示:

Susanne slept.　Before that Julia sang.

并列关系也可能发生在二个相继出现,中间没有连词的命题之间(见9.2.1),如:

Julia worked.　Susanne slept.

下面是两个名词间构成同一关系的两个命题：

Susanne slept. She dreamed.

Susanne 和 she 之间的同一关系（见 10.1.2,2）对于第一个命题来说是导出，对于第二个来说是导入。

如果两个命题之间的关系不止一种，那么就出现了按哪个关系来进行导航的问题。例如：

Julia worked. Then she sang.

导航遵循的是并列关系，但是在下句：

Julia worked. She then sang.

这句导航过程里发挥作用的是同一关系。

通常情况下，词库里的任一命题都和前一个及后一个命题构成并列关系，因为命题按照时间顺序进入词库本身即自动形成一种基本关系。同一关系则不同。作为二级关系，同一关系必须建立在以名称、限定性和代词之间的相等性为前提的推理（见第10章）之上。

一价命题当中，两个导入和两个导出关系组合在一起（见A.1.2）得到四个命题间关系体系：

$V\cdots VN_i V\cdots$ $\cdots N_i\cdots VN_i V\cdots$

$V\cdots VN_i\cdots N_i\cdots$ $\cdots N_i\cdots VN_i\cdots N_i\cdots$

前置词或者后置词$\cdots N_i\cdots$当中的下标表示与当前命题主语之间的共指关系。

下面看一下二价命题。二价命题有三种导入关系和三种导出关系：

A.1.3　二价命题的命题间关系

左面的三个导入关系中，一个基于并列，两个基于同一性。第一个和第二个与 A.1.2 中的关系相应，而第三个发生在前一个命题的名词和当前二价命题的宾语之间。A.1.3 的三个导出关系情况类似。

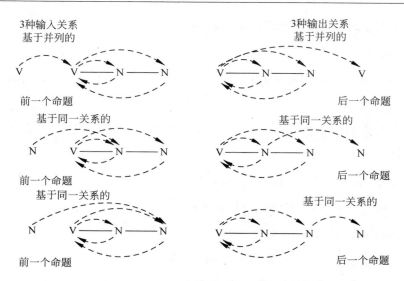

306　　二价命题的三个导入关系和三个导出关系组合在一起形成九个命题间关系体系：

$$\begin{vmatrix} V...VN_iN_j\ V... & ...N_i...VN_iN_j\ V... & ...N_j...VN_iN_j\ V... \\ V...VN_iN_j...N_i... & ...N_i...VN_iN_j...N_i... & ...N_j...VN_iN_j...N_i... \\ V...VN_iN_j...N_j... & ...N_i...VN_iN_j...N_j... & ...N_j...VN_iN_j...N_j... \end{vmatrix}$$

下标"i"和"j"分别表示命题间前置词和后置词与主语和宾语之间的共指关系。

最后看一下三价命题。三价命题有四种导入和四种导出关系：

A.1.4　三价命题的命题间关系

左面的四个导入关系中，第一个基于并列关系，其他基于同一性。右面的输出关系类似。这些关系组合在一起形成 16 个命题间关系体系。用下标

307　"i""j"和"k"表示与主语、间接宾语和直接宾语之间的共指关系，这里 16 个命题间关系体系如下所示：

$$\begin{vmatrix} V...VN_iN_j\ N_k\ V... & ...N_i...VN_iN_j\ N_k\ V... \\ V...VN_iN_j\ N_k...N_i... & ...N_i...VN_iN_j\ N_k...N_i... \\ V...VN_iN_j\ N_k...N_j... & ...N_i...VN_iN_j\ N_k...N_j... \\ V...VN_iN_j\ N_k...N_k... & ...N_i...VN_iN_j\ N_k...N_k... \end{vmatrix}$$

$$...N_j...VN_iN_j\ N_k\ V...\quad|\quad...N_k...VN_iN_j\ N_k\ V...$$
$$...N_j...VN_iN_j\ N_k...N_i...\quad|\quad...N_k...VN_iN_j\ N_k...N_i...$$
$$...N_j...VN_iN_j\ N_k...N_j...\quad|\quad...N_k...VN_iN_j\ N_k...N_j...$$
$$...N_j...VN_iN_j\ N_k...Nk...\quad|\quad...N_k...VN_iN_j\ N_k...N_k...$$

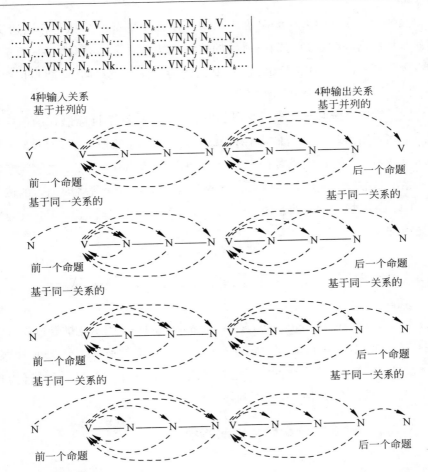

三价命题的复杂性似乎已经到了极限。但是,实际上,铁路的格式还有很多。首先,形容词可以加入基本命题,作定语、状语和其他修饰语(见 15.1.10)。其次,目前所谈到的命题间关系只限于并列关系,我们还必须考虑子句问题(见第 7 章和第 9 章)。

不过,在对词库里所有可能的关系进行深入探索之前,我们先来看一下自然语言语表的生成过程中。这一步以基于命题间和命题内关系的导航为前提。前面讨论过的 29 种铁路系统(即 4 +9 +19)提供了大量可能的导航顺序。例如,一个 VNN 命题可以从 V 开始遍历,之后到达第一个 N,再到第二个。也可以从 V 开始遍历,之后到达第二个 N,再到第一个。

这些导航顺序由 LA-think 语法驱动。当前,LA-think 只执行合法遍历。每一步可能出现的选择问题由原始的控制机构负责。选择分两种:随意的和有固定图式的。理想的情况是,控制机构为主体提供短期、中期和长期目标,并据此评价各个不同的选项。

除了铁路系统和导航选择之外,语表顺序还有赖于目标语言的语序规则。这些规则由基于语言的 LA-speak 语法来处理。如 14.4.1,14.5.1 和 14.6.1 所示,在语言生成过程中,系统在 LA-think 和 LA-speak 之间频繁转换。系统是继续导航还是转向 LA-speak 决定于 LA-think 规则对语言的依赖性。LA-speak 规则则指明系统是应该继续实现语表还是转向 LA-think(见第 12 章和第 14 章)。

A.2　基于导航的渐进式语言生成

下面关于句子 The girl could have eaten an apple. 的图示化推导过程可以说明 LA-think 和 LA-speak 之间的渐进式互动。这个句子是一个 VNN 命题。简便起见,无论是导入命题间关系还是导出命题间关系,导航过程被视为是孤立的。下面这个铁路系统也不例外:

A.2.1　孤立二价命题的铁路系统

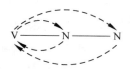

遍历这个铁路系统有两个顺序可供选择,如下图中的 1,2,3 和 4 所示:

A.2.2　不同导航顺序

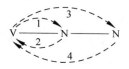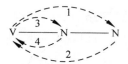

　　左面的导航按照 VSO(动词–主语–宾语)的顺序激活命题因子,而右面的导航遵循的是 VOS 的顺序。英语陈述句中,VSO 导航体现为主动语态,如:The girl ate the apple。而 VOS 导航体现为被动句,如:The apple was eten by the girl(见6.5.2)。

　　接下来,A.2.2 所示的独立于语言之外的导航顺序必须适应当前语言的语序,如英语的语表顺序 SVO。其前提是带语表实现和不带语表实现的过渡之间的区别。语表实现的具体执行表现为由 LA-think(导航)到 LA-speak(实现)的转换。把系统转向 LA-speak 的导航标记为@。看下面的例子:

A.2.3　激活语表实现的导航

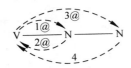

　　这里,通过激活序列 1@2@3@ 推导出基本的 SVO 语表顺序。过渡 4 次到动词,其间不实现语表。系统由此作好导向构成并列关系的下一个命题的动词的准备。基本的 SOV 语表顺序,如韩语,可以由同一个铁路系统推导出来,导航顺序相同,但是激活命题因子的序列是 1@3@4@ 。

　　LA-hear 语言理解过程中被吸收到命题因子中的功能词在 LA-speak 语 309 言生成过程中又从这些命题因子中析出。下面以基于导航 A.2.3 的句子 The girl could have eaten an apple. 的生成过程为例进行说明(另见 6.4 和 14.5)。

　　生成过程必须从 N 命题因子中析出限定词 the 和 an,从 V 命题因子中析出助词 could 和 have。和前面的例子(如3.5.3)一样,推导过程采用抽象语表:限定表示为 d,名词表示为 nn,助词表示为 ax,非限定动词表示为 nv,标点符号表示为 p。

　　假设导航示例当中的命题因子共享一个命题编号 i([prn:i])。推导过程中生成的第一个词形都有编号,编号范围从 i.1 到 i.8:

A.2.4　The girl could have eaten an apple 的图示化生成过程

已激活序列				实现
i				
…	V			
	V	N		
i.1		d		d
	V	N		
i.2		d nn		d nn
	V	N		
i.3	ax	d nn		d nn ax
	V	N		
i.4	ax ax	d nn		d nn ax ax
	V	N		
i.5	ax ax nv	d nn		d nn ax ax nv
	V	N		
1.6	ax ax nv	d nn	d	d nn ax ax nv d
	V	N	N	
i.7	ax ax nv	d nn	d nn	d nn ax ax nv d nn
	V	N	N	
i.8	ax ax nv p	d nn	d nn	d nn ax ax nv d nn p
	V	N	N	

激活 V 之后，LA-think 遍历到并激活第一个 N，得到命题因子序列 VN。这一导航（见 A.2.2）包括两步，即从 V 到第一个 N(1) 和回到 V(2)。导航结束之后，系统转向 LA-speak，由命题因子 N 实现语表序列 d nn(i.1—i.2)，对应 1@；并由命题因子 V 实现序列 ax ax nv(i.3—i.5)，对应 2@（见 A.2.3）。在 i.5 行，系统转回 LA-think，遍历到并激活第二个 N，得到命题因子序列 VNN。同样，这一导航包括两步，即从 V 到第三个 N(3) 和回到 V(4)。之后系统转向 LA-speak，由第二个命题因子 N 实现语表序列 d nn(i.6—i.7)，对应 3@；由命题因子 V 实现 p，得到整个语表序列 d nn ax ax nv d nn p。最后一条 LA-speak 规则的应用将系统转向 LA-think，从而为生成下一个命题作好准备。

A.2.4 所示从 VNN 命题因子序列按照时间线性顺序推导出语表序列 d nn ax ax nv d nn p 的过程有两个前提：

310

A. 2. 5   语表顺序的生成原则

——先出现的语表可能由后出现的命题因子生成。

例如:开头的语表序列 d nn 是在激活 VN 序列之后通过实现第二个命题因子得到的(见 A. 2. 4 中的第 i. 1—i. 2 行)。

——后出现的语表可能由先出现的命题因子生成。

例如:最后面的标点符号 p(句号)是由序列 VNN 的第一个命题因子来实现的(见 A. 2. 4 中的第 i. 8 行)。

这些可能性依赖于 LA-speak 的规则格式:为了实现某些语表,这些格式可能匹配当前已经遍历到的命题因子中的任意一个。

对应的策略是从已激活命题因子中尽可能实现更多语表。只要新激活的命题因子能够生成新语表,导航即结束。当前已激活命题因子序列不能生成新语表时,导航恢复。

LA-think 和 LA-speak 之间这种最大限度的渐进式互动不仅仅是源于心理学方面的考虑[1],也是为了提高计算效率。因为和一开始就很完整的已激活命题因子序列相比,渐进式激活命题因子得到的是一个更规范的匹配 LA-speak 的候选项集合。第 12 章和第 14 章对于如何从命题因子序列生成各种结构有更详尽的说明。

A. 3   从一价命题生成不同语序

控制好"什么时间"由已激活命题因子序列来实现某一特定语表,就可以从同一个导航中实现各种不同自然语言的特定语序。下面来看一下三种不同的语言:英语、德语和韩语。首先简单介绍一下这三种语言的基本语序,然后讨论简单[2]陈述句和相关的一般疑问句的推导过程。

英语陈述句的基本语序是主语—动词—宾语(SVO),其中动词出现在

---

[1] 语言理解过程的相关证据见第 31 页的注释。

[2] 指没有子句的句子,如例 A. 2. 4 所示。

主格之后。这就意味着,如果一个句子以副词开头,如 Suddenly John left,那么副词和主格词共享动词前面的位置。在有二价或者三价动词的句子当中,论元的顺序分别表示主格—宾格或者主格—与格—宾格的关系。

德语陈述句的基本语序也是 SVO,但是动词出现在第二位。这意味着,当一个句子在副词开头时,如 Plötzlich ging John(同 Suddenly left John),主语出现在第三位,在动词之后。同样,在有二价或者三价动词的句子中,主格、与格和宾格词的位置是自由的,只有动词总是在第二位。

韩语的基本语序是主语—宾语—动词(SOV);论元有词缀作为格标记,其位置是自由的。一般疑问句的语序也是 SOV。疑问和陈述的语气表现在动词的词形上,后缀"ta"表示陈述,"kka"表示疑问。

古英语和现代德语则不同,一般疑问句当中动词出现在句首,如 Ging John?(同 Left John?)。现代英语采用复杂动词结构,句首是助词或者情态词,后跟主格词和非限定主动词,如 Did John leave?

最简单的是一价命题,用 VN 表示,如 A.1.1。在基于并列关系的命题间联合的情况下,当前命题的命题因子前或后接前一个或者后一个命题的 V。这样,可能出现的命题因子序列是 V⋯VN⋯V。下面的两个例子导航顺序相同,但是系统转向 LA-speak 的时间不同,转向位置用@标记:

A.3.1　一价陈述句和一般疑问句的导航过程

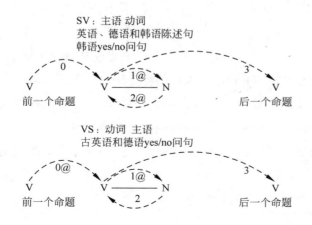

命题因子之间的箭头表示命题因子之间的关系,构成导航需要的铁路 312 系统。编号表示在铁路系统中导航的步骤。

导航由 LA-think 语法(见 14.1)的两个规则来驱动,称作 V_V_V 和 V_N_V。规则 V_V_V 将指针从前一个命题的 V 移向当前命题的 V(0),输出位置是当前命题的 V。规则 V_N_V 从当前命题的 V 移向 N(1),之后移回 V(2),输出位置是当前命题的 V。规则 V_V_V 的第二次应用将指针从当前命题的 V 移向下一个命题的 V(3),输出位置是下一个命题的 V。这在两个图当中是相同的。

下面看两个导航的语表实现过程。在上一个图中,过渡 0 从前一个命题的 V 开始前进到当前命题的 V,其间不实现任何语表。过渡 1@ 和 2@ 从 V 前进到 N,又回到当前命题的 V,先实现 N,之后实现 V。过渡 3 从当前命题的 V 前进到下一个命题的 V。

下面的图和上面的图不同。过渡 0@ 实现当前命题的 V,过渡 1@ 实现 N。接下来的过渡 2 和 3 从 N 前进到 V,又到下一个 V。[①]

结果是,从同一个命题因子网络和同一个导航中可以实现不同的语表顺序,即名词—动词(上图)和动词—名词(下图)。通过这些不同的顺序基本实现了当前语言不同语气和语态的语表。英语、德语和韩语一价命题陈述句的基本语序是主语-动词。疑问句的语序在古英语和德语中是动词—主语,在韩语中是主语—动词。除了 LA-think 导航得到的基本语表顺序之外,语言生成还需要析出功能词,如 A.2.4 的图示,以及选择合适的词形-句法特征,包括一致性(见 14.2—14.6)。

A.4　由二价命题生成基本的 SO 语序

由二价命题推导出的语表顺序比一价命题更加多样化。除了主语-动词和动词-主语两个不同的顺序以外,二价命题还涉及主语-宾语和宾语-主

---

① 对话以疑问句开始的情况下(即前一个命题不存在),动词在激活命题首个 V 命题因子的过程中实现。移向下一个 V 的过渡 3 是否实现语表取决于下一个句子的语气。

语顺序的变化。

结果是,二价命题提供六个基本语表顺序,即三个 SO 顺序:SVO,VSO 和 SOV,以及三个 OS 顺序:OVS,VOS 和 OSV——和一价命题的两个基本语表顺序 VS 和 SV 不同(见 A.3.1)。首先从二价命题的三个 SO 顺序开始,相关的 OS 顺序见附录的 A.5 部分。

接下来的例子表示的是同一个命题因子网络和导航,得到的是英语和德语陈述句的 SVO 语序,现代英语和德语一般疑问句的 VSO 语序,以及韩语陈述句和一般疑问句的 SOV 语序:

A.4.1　SVO 和 SOV 语言的二价 SO 导航

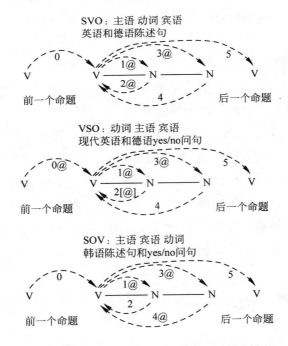

所有这三个例子共享同一个 V…VNN…V 命题因子网络和同一个导航顺序。根据规则 V_V_V,导航从前一个命题的 V 前进到当前命题的 V(0)。之后,根据规则 V_N_V,导航从当前命题的 V 前进到第一个 N(1),又回到当前的 V(2)规则 V_N_V 再次应用,导航从当前 V 前进到第二个 N(3),又回到当前 V(4)。最后,规则 V_V_V 再次应用,导航前进到下一个命题的 V(5)。

三个例子中语言和语气上的差别仅仅体现为导航什么时候转向语表实现。第一个例子的 SVO 语表由 1@ 、2@ 、3@ 实现。第二个例子的 VSO 语表由 0@ 、1@ 、3@ 实现。其中 2[@] 的中括号表示英语一般疑问句当中的复杂动词结构,如"Did Julia eat the apple?"就和德语的"Aß Julia den Apfel?(Ate Julia the apple?)"不一样。第三个例子的 SOV 语表由 1@ 、3@ 、4@ 实现。

同样,由同一个命题因子网络和同一个导航顺序推导出来的不同的 SVO,VSO 和 SOV 语表构成了最基本的依赖于语言和语气的语表顺序。具体的语表序列,包括功能词,都必须从这些顺序中实现。下面看一下与 A.2.4 相关的疑问句:Could the girl have eaten an apple?

A.4.2　Could the girl have eaten an apple? 图示化生成

已激活序列				实现
i				
...	V			
i.1	ax			ax
	V	N		
i.2	ax	d		ax d
	V	N		
i.3	ax	d nn		ax d nn
	v	N		
i.4	ax ax	d nn		ax d nn ax
	V	N		
i.5	ax ax nv	d nn		ax d nn ax nv
	V	N		
1.6	ax ax nv	d nn	d	ax d nn ax nv d
	V	N	N	
i.7	ax ax nv	d nn	d nn	ax d nn ax nv d nn
	V	N	N	
i.8	ax ax nv p	d nn	d nn	ax d nn ax nv d nn p
	V	N	N	

A.4.1 第二个例子的过渡 2[@]反映在上图第 i.3—i.5 行:实现第一个 N 命题因子的语表,即 d nn 或者 the girl,之后,导航回到首个 V,实现复杂动词结构的其他部分,即 ax nv,表示 have eaten。

315 VSO 一般疑问句也可能没有复杂动词结构,那么过渡 2[@]也就变成了 2,如下面德语句子 Aß das Mädchen den Apfel?（Ate the girl the apple?）的图示化推导过程所示。

A.4.3 Aß das Mädchen den Apfel?的图示化推导过程

已激活序列				实现
i				
	…	V		
i.1	v			v
	V			
i.2	v	d		v d
	V	N		
i.3	v	d nn		v d nn
	V	N		
i.4	v	d nn	d	v d nn d
	V	N	N	
i.5	v	d nn	d nn	v d nn d nn
	V	N	N	
1.6	v p	d nn	d nn	v d nn d nn p
	V	N	N	

如第 i.4 行所示,2[@]不存在:LA-speak 实现第一个 N 之后,系统转向 LA-think,导航回到 V,并收集提取第二个 N 命题因子的信息。和英语不同的是,由 V 命题因子不能实现更多语表。激活第二个 N 之后,系统转向 LA-speak,由第二个 N 命题因子实现语表 d nn。

带基本动词词形的德语一般疑问句有一个过渡 2 而不是 2[@],而带复杂动词的句子,则有一个过渡 2[@],而不是 2。这一点和英语是一样的。下面是 Könnte das Mädchen einen Apfel gegessen haben?（Could the girl an apple eaten have?）的图示化推导过程。这句话和 A.4.2 推导的句子的意思相同。

A.4.4 德语 Könnte das Mädchen einen Apfel gegessen haben?

已激活序列			实现
i			
	…	V	
i.1	a	x	ax
	V		

i.2	ax V	d N		ax d
i.3	ax V	d nn N		ax d nn
i.4	ax V	d nn N	d N	ax d nn d
i.5	ax V	d nn N	d nn N	ax d nn d nn
1.6	ax nv V	d nn N	d nn N	ax d nn d nn nv
i.7	ax nv ax V	d nn· N	d nn N	ax d nn d nn nv ax
i.8	ax nv ax p V	d nn N	d nn N	ax d nn d nn nv ax p

　　需要注意的是,A.4.2(英语)中,激活第二个 N 命题因子出现在第 i.6 行,在 A.4.4(德语)中则出现在第 i.4 行,尽管两个句子的复杂动词和名词是一一对应的。这是由依赖于语言的 LA-speak 语法之间的差异造成的。LA-speak 语法从当前已激活命题因子中实现不同数量的语表,由于产生激活新命题因子的不同需要。

A.5　从不同导航实现 OS 语序

　　除了标准的 SO(主语　宾语)语序之外,自然语言当中还存在不标准的 OS(宾语　主语)语序,其交际目的是使宾语话题化。实现 OS 语序的导航过程与上面提到的不同,系统需要从 V 前进到第二个 N(宾语),回到 V,之后再前进到第一个 N(主语)。

　　英语是语序固定的语言,只有被动语态才能实现这样一个 OVS 的语表顺序,主动语态不能[①]。语序自由的语言,如德语和韩语,则不同。名词在陈

---

　　① 英语被动句当中主语和宾语之间位置颠倒并不是普遍现象。德语的自由语序就允许出现 SVO 语序表示被动的句子,如 Von dem Mädchen wurde der Apfel gegessen (By the girl was the apple eaten)。根据 Givón (1997),被动语态的普遍功能是隐藏(深层)主语或者施动者,如 The apple was eaten。韩语当中,被动句中出现施动主体被看成是不自然的语法现象(Jae-Woong Choe 教授,韩国首尔大学,2005,私人交流)。

述句里的位置也可能是颠倒的,如德语句子 Den Apfel aß das Mädchen,直译过来就是 The apple（宾格）ate the girl（主格）。[①] 此外,和英语类似的是,德语也可以通过被动结构实现 OS 语表。

A.5.1　SVO 和 SOV 语言的二价 OS 导航

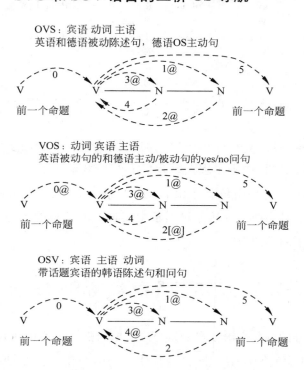

这些图构成和 A.4.1 所表示的 SO 图一样的铁路系统,命题因子之间的关系构成传统的 VNN 网络。二者之间的区别在于导航顺序不同。导航顺序用与虚线箭头相关联的数字来表示。在 OS 导航过程中,过渡 1 和 2 发生在 V 和第二个 N 之间,在 SO 导航过程中则发生在 V 和第一个 N 之间。相应的,OS 导航中过渡 3 和 4 发生在 V 和第一个 N 之间,在 SO 导航中则发生在 V 和第二个 N 之间。由于遍历顺序不同,SO 和 OS 导航中的激活编号都是

---

①　德语中的格标记经常不够充分,如 Das Kind füttert die Mutter,直译过来就是 The child（主格/宾格）feeds the mother（宾格/主格）,从而导致句法歧义。

一样(对比 A.4.1 和 A.5.1 可见)：OVS 语表的激活编号是 1@ 、2@ 、3@ ；VOS 语表的激活编号是 0@ 、1@ 、2[@] 、3@ ；OSV 语表的激活编号是 1@ 、3@ 、4@ 。

英语 OSV 陈述句的例句有 the apple was eaten by the girl 和 The apple could have been eaten by the girl。英语 VOS 一般疑问句的例句有 Was the apple eaten by the girl? 和 Could the apple have been eaten by the girl?。

下面是后一个例子的图示化推导过程。和前面一样，d, nn, ax, nv 和 p 分别代表限定词、名词、助词、非限定动词和标点符号。N 命题因子的非标准激活顺序表现由第二个 N 在第一个之前实现(见6.5.2)。

A.5.2 生成 Could the apple have been eaten by the girl?

已激活序列				实现	
i					
	...	V			
i.1	ax				ax
	V				
i.2	ax			d	ax d
	V				
i.3	ax			d nn	ax d nn
	V			N	
i.4	ax ax			d nn	ax d nn ax
	V			N	
i.5	ax ax ax			d nn	ax d nn ax ax
	V			N	
1.6	ax ax ax nv			d nn	ax d nn ax ax nv
	V			N	
i.7	ax ax ax nv	pp		d nn	ax d nn ax ax nv pp
	V	N		N	
i.8	ax ax ax nv	pp d		d nn	ax d nn ax ax nv pp d
	V	N		N	
i.9	ax ax ax nv	pp d nn		d nn	ax d nn ax ax nv pp d nn
	V	N		N	
i.10	ax ax ax nv p	pp d nn		d nn	ax d nn ax ax nv pp d nn p
	V	N		N	

英语二价被动句 OVS(陈述句)或 VOS(一般疑问句)的推导过程中，介词短语 by the girl 被作为一个 N 命题因子(名词)来处理。这和用作修饰语

的介词短语的处理方式不同。用作修饰语的介词短语作为 A 命题因子(复杂形容词,见第 15 章)来处理。

A.6 从三价命题实现基本语序

二价命题允许有两种不同的导航顺序,即 SO 和 OS,三价命题允许有六种,即 SDI,SID,DSI,DIS,ISD 和 IDS。S 代表主语(或者深层主格词),D 代表直接宾语(或者深层宾格词),I 代表间接宾语(或者深层与格词)。简便起见,下面只介绍六种中的三种:SID,SDI 和 DSI。

A.6.1 六种导航中的三种

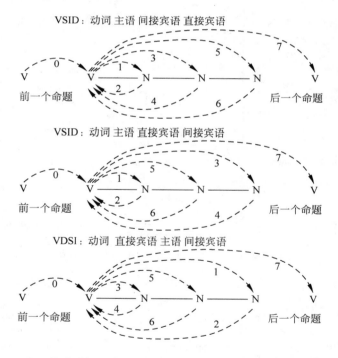

和 A.3.1(一价命题),A.4.1 以及 A.5.1(二价命题)不同,上面这三个图没有@标记。这样,A.6.1 中的每个图必须在某些过渡上加上符号@才能把语表顺序具体化为 NVNN,VNNN 或者 NNNV。结果得到 18 个不同的语表,即 SVDI,VSDI,SDIV,SVID,VSID,SIDV,DVSI,VDSI,DSIV,DVIS,VDIS,DISV,IVSD,VISD,ISDV,IVDS,VIDS 和 IDSV。

例如,第一个图表示一个 SID 导航。一个 SVID 的陈述句,如英语句子 The man gave the child an apple(见 6.2.1,6.2.2,13.5 和 14.6),和类似的德语句子的语表实现步骤是 1@、2@、3@、5@。与之相关的古英语和德语一般疑问句的实现步骤是 0@、1@、3@、5@。一个韩语的 SIDV 陈述句和一般疑问句的实现步骤是 1@、3@、5@、6@。

第二个图表示的一个 SDI 导航。一个 SVDI 的陈述句,如英语句子 The 320 man gave the apple to a child 和类似的德语句子①的语表实现步骤是 1@、2@、3@、5@。与之相关的英语和德语的一般疑问句的实现步骤是 0@、1@、3@、5@。一个韩语的 SDIV 陈述句和一般疑问句的实现步骤是 1@、3@、5@、6@。

第三个图是一个 DSI 导航。一个 DVSI 的陈述句,如英语的被动句 The apple was given by the man to a child,和德语的主动句 Den Apfel gab der Mann einem Kind (The apple gave the man a child) 的实现步骤是 1@、2@、3@、5@。一个韩语的 DSIV 陈述句和一般疑问句的实现步骤是 1@、3@、5@、6@。

可以看出,不管是 SDI,SID,DSI,DIS,ISD 还是 IDS 导航,NVNN 语表的实现步骤总是 1@、2@、3@、5@。而且,VNNN 语表的实现步骤总是 0@、1@、3@、5@,NNNV 语表的实现步骤总是 1@、3@、5@、6@。这和二价命题的情况(见 A.4.1 和 A.5.1)相似。无论是 SO 导航还是 OS 导航,二价命题的 NVN 语表的实现步骤总是 1@、2@、3@,VNN 语表的实现步骤总是 0@、1@、2@、3@,NNV 语表的实现步骤总是 1@、3@、4@。

---

① 相关的德语句子实现范例是 Der Mann gab den Apfel einem Kind (The man gave the apple a child)。换言之,已经实现的语表当中没有和英语相对应的介词。

B. 发动机程序说明

数据库语义学系统包含两个不同的部分：一个是由语言学家提供的定义，另一个是用这些定义来运行的软件，条件是这些定义能够维持整个系统的一般格式。系统运行需要的格式包括词典；起始状态；规则的数量、名称和内容；规则包的内容；命题因子属性的数量和名称；常量和变量；规则格式；结束状态；以及操作选择。

在自然语言交流过程中运行语言学家提供的定义的软件包括词形识别和生成的一般体系，用于存储和提取命题因子的数据库，以及听者、思考和说者模式下的 LA 语法。我们把驱动这些成分的引擎称作发动机。B.1-B.5 介绍 LA-hear 的发动机程序，B.6 介绍 LA-think 和 LA-speak 的发动机程序。

B.1 起始状态应用

LA 语法当中，推导在两个层面上同时进行：(i)语法层和(ii)客体层。推导过程中，语法层的具体要求通过格式匹配的纵向绑定应用到客体层的命题因子上。LA-hear 推导过程中，客体层即语言层。

LA-hear 推导的第一步是将起始状态定义 ST_s（语法层）应用到系统读入的第一个词（语言层）上。在首词读入时应用 ST_s 的情况可以图示化如下：

B.1.1 在首词读入时应用 STs

语法层：$ST_s = \text{def}\,(\,<\text{ss-格式}>\text{rp}_0\,)$

语言层：　　　　　　　$<\text{首词}>$

如果首词命题因子(查字典得到)能够匹配上 ST_s 定义的 ss 格式,则应用成功,得到一个起始状态。

状态的定义是一个包含一个规则包(语法层)和一个句首(语言层)的有序对。句首 ss 是一个命题因子序列。起始状态当中,ss 命题因子序列是一个单元序列,因为 ss 格式最多能够匹配一个命题因子,也就是系统读入的第一个词。

B. 1. 2　应用 LA-hear ST_s 定义得到的起始状态

322

语法层(rp_0

语言层 <首词>)

如果首词是表示为 w1-a,w1-b 和 w1-c 的多义词,起始状态定义应用的结果可能是得到几个状态:

B. 1. 3　在多义首词上应用起始状态定义 ST_s

应用起始状态定义		得到的起始状态
语法层	(<ss 格式> rp_0)	$\Rightarrow$(rp_0
语言层	<w1-a 命题因子>	<w1-a 命题因子>)
语法层	(<ss 格式> rp_0)	$\Rightarrow$(rp_0
语言层	<w1-b 命题因子>	<w1-b 命题因子>)
语法层	(<ss 格式> rp_0)	$\Rightarrow$(rp_0
语言层	<w1-c 命题因子>	<w1-c 命题因子>)

对于发动机来说,应用起始状态定义的前提是语法层和语言层同时定义输入和输出。在语法层,输入是包括一个 ss 格式和一个规则包的起始状态定义;输出是一个规则包。在语言层,输入和输出是代表首主词读入的语言命题因子单元序列,即 <w1-a 命题因子>, <w1-b 命题因子> 和 <w1-c 命题因子>。

起始状态定义的 ss 格式和词命题因子之间的匹配在 JSLIM 的实际推导过程中更为明确:

B.1.4　起始状态定义在 JSLIM 具体操作中的应用(输入)

1
$$起始状态：\quad [cat: X] \quad rp: \{NOM + FV, DET + NN, DET + ADN\}$$
$$[sur: Julia]$$
$$[noun: Julia]$$
$$[cat: nm]$$
$$[sem: f]$$
$$[mdr:]$$
$$[fnc:]$$
$$[idy: +1]$$
$$[prn:]$$

第一行说明进行推导过程的词的编号,这里是 1。第二行代表语法层,指明推导步骤,起始状态,ss 格式[cat: X],和规则包 rp。规则 ss 格式的正下方是与之相匹配的语言命题因子(代表首词读入)。

323　　　格式匹配如果成功,语法层变量纵向绑定语言层的相应常量。属性的数量和名称、变量和常量是任意的,也是在语法当中定义了的。纵向绑定语法层的变量和语言层的常量是在语言层执行语法层操作的方式。

应用 B.1.4 的输出结果在 JSLIM 当中不单独显示,因为这个结果又构成下一个组合的句首部分。从概念上看,这样的输出可以重新建构如下:

B.1.5　起始状态定义应用的输出结果

$$rp: \{NOM + FV, DET + NN, DET + ADN\}$$

$$[sur: Julia]$$
$$[noun: Julia]$$
$$[cat: nm]$$
$$[sem: f]$$
$$[mdr:]$$
$$[fnc:]$$
$$[idy: 1]$$
$$[prn: 1]$$

发动机的控制机构为结果起始状态提供一个 prn 值,如果是一个名词命题因子,则提供一个 idy 值。

如果起始状态定义当中的 ss 格式不受任何限制(如 B.1.4 的[cat:

X]），那么定义应用就不会失败。① 首词输入被拒绝的可能性被推迟到了首个组合的规则应用过程（因为规则通过格式匹配不仅检查新词，还要检查句首部分）。

假设起始状态定义 ST_s 的规则包 rp0 包含规则 r-1，r-2 和 r-3，首词有词义 w1-a，w1-b 和 w1-c。如何在多个词义中进行选择由这些规则当中相关的 ss 格式来决定，如下所示：

B.1.6　控制首词词义选择

| 语法层 | r-1： | < ss-a 格式 > | nw 格式 | 操作 | rp₁ |

语法层　r-1：　< ss-a 格式 >　　　nw 格式　　　操作　rp₁
语言层　　　　< w1-a 命题因子 >
语法层　r-2：　< ss-b 格式 >　　　nw 格式　　　操作　rp₂
语言层　　　　< w1-b 命题因子 >
语法层　r-3：　< ss-c 格式 >　　　nw 格式　　　操作　rp₃
语言层　　　　< w1-c 命题因子 >

这个例子当中，规则按其标准形式包括一个规则名称，如 r-1，一个句首格式，如 < ss-a 格式 >，一个新词格式，一组操作和一个规则包。

三个规则中的 ss 格式各不相同，规则 r-1 只接受首词的 w1-a，r-2 只接受 w1-b，r-3 只接受 w1-c。因此，即使一个词命题因子和 B.1.3 中的同一个规则包 rp₀ 相关，其每个读入只有一个规则能够应用成功。规则当中的 ss 格式具体到什么程序由编写语法的人来控制。

B.2　命题因子格式和语言命题因子之间的匹配

语法层命题因子格式和语言层命题因子之间的相互匹配有两个功能：（i）限制语法对语言命题因子的接受性（如 B.1.6 所示），和（ii）把语言层的值赋给语法变量（以便执行 LA 语法规则的操作，见 B.4）。这两个功能的实

---

① 某些语言当中，如形式语言 $a^k b^k c^k$（见 FoCL p.188，10.2.3），起始状态定义的 ss 格式可能被限定为某一个词或者某一类词。

现都需要采用变量。

数据库语义学采用三种变量:绑定变量,取代变量和载入变量。因为数据库语义学当中没有量词,所有这些变量和谓词演算中的变量不同(见 5.3 和 6.2)。

绑定变量有四种:(i)用于 0 个以上片段序列的不受限制绑定变量,用大写字母表示,如 X;(ii)只包含某些单个语法常量的变量,用大写字母表示,如 NP;(iii)只绑定单个核心值[①]的变量,用小写希腊字母表示,如 α;和(iv)同时替换变量,写作 N_n,V_n 和 A_n,如是名词,则局限于替换值 n_1,n_2,n_3 等,如是动词,则为 v_1,v_2,v_3 等,如是形容词,则为 a_1,a_2,a_3 等。[②]

取代变量不绑定任何值,而是被值取代(见 4.1.3,4.1.4)。5.1.2,5.1.8 和 5.1.9 中的 LA 语法当中,取代变量和绑定变量一样只出现在语法层。取代变量 RA.1,RA.2 等受限于属性,而取代变量 RV.1,RV.2 等受限于值。

载入变量 PC,PCV 和 NCV(见 p.186,188)[③]出现在语法层和客体层,用于建立命题和命题之间的联系。PC 代表前一个并列项,局限于前一个句子的命题编号,PCV 局限于前一个句子的动词,NCV 局限于下一个句子的动词。

325　　　一次成功的匹配需要满足 3.2.3 定义的属性条件和值条件。这两个条件都具有普遍性,必须作为发动机的组成部分来执行。条件中采用的命题因子格式和语言命题因子则在语法中定义:命题因子格式由语法规则来提供给发动机,而语言命题因子则由前一个状态(句首)和语法词典(新词)来提供给发动机。

属性条件很直接,而值条件要求定义兼容概念。命题因子模型变量和相关的语言命题因子常量之间是否兼容取决于语法前导中定义的变量限制

---

① 即概念(见 2.6.4),指示性指针(见 2.6.5)和名称标记(见 2.6.7)。

② 复杂名词中,替换变量在语法层的使用情况和相应替换值在语言层的使用情况见 13.3.1,13.3.2,13.3.6 和 13.3.7,复杂动词的情况见 13.4.4 和 13.4.5,复杂形容词的情况见 15.4.4,15.4.5,15.4.10,15.4.11,15.5.1,15.5.3,15.5.4,15.5.5 和 15.5.6。

③ 载入变量在推导过程中各个层次上的应用实例见 11.5.2,11.5.3,13.4.6,13.5.3 和 13.5.8。

条件(如13.2.2)。例如,如果变量 VAR-i 的限制条件是:

VAR-i ∈ { 常量1, 常量2, 常量3 }

那么,命题因子格式的特征

[属性-k: VAR-i]

就能够匹配语言命题因子的特征

[属性-k: 常量1]

或者

[属性-k: 常量2]

或者

[属性-k: 常量3]。

但是,如果是特征

[属性-k: 常量4]

则不兼容。

语法中变量限制条件的定义和属性分类相似,但是更具灵活性和多样性。例如,属性,如属性-k,并不局限于某一类值,如正整数。我们把属性的值定义为一个变量,如:

属性-k: VAR-num

然后把 VAR-num 限定为正整数,如:

VAR-num ∈ { 1, 2, 3, ⋯, n }

如果后来发现属性-k 也可以以字符为值,那么可以重新定义变量限制条件。可以指明值的种类,如整数或者字符,或者明确列出具体项。

也可能用其他变量来定义一个限制变量。例如,VAR-top 可以定义如下:

VAR-top ⊆ { VAR-sub1 VAR-sub3 VAR-sub5 }

其中,

VAR-sub1 ∈ { a2, a4, a5 },

VAR-sub3 ∈ { b1, b2, b3 } 和

VAR-sub5 ∈ { d4, d5, d8 }.

变量限制条件之间的集合论关系在语法中定义,从基本常量开始建立。

B.3   广度优先的时间线性推导顺序

规则应用过程中,语法层的格式和语言层的命题因子对齐如下:

B.3.1   规则应用过程中的层对齐

语法层   r-1:   < ss 格式 1   ss-格式 2…   > nw 格式   操作 rp_1
语言层   < w1-a 命题因子   w2-a 命题因子…   > nw 格式

句首格式要在语言层应用成功,语法层的所有格式必须在语言层找到相匹配的命题因子(如 B.3.1),但反过来则不然。因此,ss 格式的数量必须小于句首部分命题因子的数量。新词格式则必须正好匹配一个命题因子。成功应用规则之后得到一个状态:

B.3.2   规则应用得到的状态

(rp-1
< w1-a' w2-a' w3-a' >)

因为规则应用过程中系统进行了一些操作,所以,通常情况下,B.3.2 中的输出命题因子,如 w1-a',和 B.3.1 中的输入命题因子,如 w1-a,是相互区别的。

如果有新词输入,规则应用得到的状态激发另一个靠左组合。为此,新词在词的角度上被分析为一个读入集合,放在语言层句首部分的下一个位置上(nw-添加)。例如,新词有三个读入 w4-a、w4-b 和 w4-c,那么 B.3.2 有下面的结果:

B.3.3   nw-添加

rp-1
< w1-a' w2-a' w3-a' > {w4-a
                        w4-b
                        w4-c}

接下来,规则包扩展为一个规则集合。例如,如果 rp-1 = {r-i r-j r-k},那么 B.3.3 变化如下:

B.3.4　规则包扩展

```
{ r-i r-j r-k }
<w1-a' w2-a' w3-a' > {w4-a
                     w4-b
                     w4-c}
```

然后,规则包中所有规则和新词所有读入之间的笛卡儿积形成,句首和 [327] 新词转变为语言层输入对。由此,B.3.4 得到如下有序对集合,每个有序对包含(i)一个规则名称(语法层)和(ii)一个 ss 和 nw 的输入对(语言层):

B.3.5　规则包内容和 nw 读入的笛卡儿积

```
r-i
 <w1-a' w2-a' w3-a' > w4-a
r-i
 <w1-a' w2-a' w3-a' > w4-b
r-i
 <w1-a' w2-a' w3-a' > w4-c
r-j
 <w1-a' w2-a' w3-a' > w4-a
r-j
 <w1-a' w2-a' w3-a' > w4-b
r-j
 <w1-a' w2-a' w3-a' > w4-c
r-k
 <w1-a' w2-a' w3-a' > w4-a
r-k
 <w1-a' w2-a' w3-a' > w4-b
r-k
 <w1-a' w2-a' w3-a' > w4-c
```

最后,所有语法层的规则名称扩展有相应的明确的规则定义。B.3.5 笛卡儿积的每一个元素都转变为 B.3.1 那样的结构。应用这些规则,得到如 B.3.2 的一个状态集合。

现在组合循环再一次重新开始。和前面一样,循环的步骤包括(i)nw-添加,读入新词(见 B.3.3),(ii)规则包扩展(见 B.3.4),(iii)笛卡儿积形成(见 B.4.1)和(iv)规则应用(见 B.3.1)。

B.4 规则应用和 LA-hear 发动机
的基本结构

规则应用的第一步是匹配语法层的规则格式和语言层相互关联的命题因子。匹配失败则放弃规则。3.3.3 中定义的属性条件或者值条件得不到满足都会导致匹配失败。

如果匹配成功,语法层的变量绑定语言层的相关值(纵向绑定),系统执行规则操作。JSLIM 的推导过程中,系统自动展示规则格式和命题因子之间的关联情况,下面以 Kycia (2004)为例。

B.4.1 JSLIM 中的规则应用

2.1

$$
\text{NOM + FV:} \begin{bmatrix} \text{noun:alpha} \\ \text{cat:NP} \\ \text{fnc:nil} \end{bmatrix} \begin{bmatrix} \text{verb:beta} \\ \text{cat:NP'X VT} \\ \text{arg:nil} \\ \text{ctn:nil} \end{bmatrix}
$$

ecopy nw_verb ss_fnc   rp:{ AUX + NFV,
delete_NP'_nw-cat   S + IP, FV + NP}
acopy ss_noun nw_arg
acopy ps_verb nw_ctp
acopy ps_prn nw_ctp
acopy nw_verb ps_ctn
increase IDY
copy_nw

$$
\begin{bmatrix} \text{sur:Julia} \\ \text{noun:Julia} \\ \text{cat:nm} \\ \text{sem:f} \\ \text{mdr:} \\ \text{fnc:} \\ \text{idy: +1} \\ \text{prn:} \end{bmatrix} \begin{bmatrix} \text{sur:ate} \\ \text{verb:eat} \\ \text{cat:n'a'v} \\ \text{sem:past} \\ \text{mdr:} \\ \text{arg:} \\ \text{ctn:} \\ \text{ctp:} \\ \text{prn:} \end{bmatrix}
$$

图中 ss 格式和 nw 格式的位置在 ss 命题因子和 nw 命题因子之上(层对齐,见 B.3.1)。匹配成功。变量 alpha 绑定值 Julia,限制变量 NP 绑定值 nm

（表示名称）等。

语法层变量绑定语言层的值是执行规则操作的前提条件。例如，操作 acopy ss_noun nw_arg 指明 ss 属性 noun 的值应该复制给 nw 的属性 arg。通过绑定语法层的变量 alpha 和语言层的常数值 Julia，语法层定义的规则操作能够在语言层顺利执行。规则操作的结果显示在下一次组合的句首部分：

B.4.2   JSLIM 中的规则应用

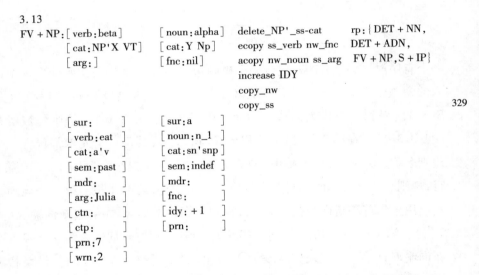

329

属性 prn 和 wrn 的值由发动机的控制结构自动添加。前一个组合 B.4.1 当中的 nw 命题因子 eat 在这里成为 ss。前一个组合的操作包括（i）删除属性 cat 的主格价位和（ii）把值 Julia 附加给属性 arg。

输入、发动机和 LA-hear 语法之间的互动图示化如下：

B.4.3   LA-hear 发动机操作的各个步骤

在第 1 行，首个语表读入系统，启动查字典程序，从而启动 LA-hear 发动机，得到一个初始命题因子集合（经过分析的词的读入）。在第 2 行，起始状态定义从语法中被调出。在第 3 行，起始状态定义被应用于初始命题因子中的每一个（见 B.1.1）。在第4 行，得到一个状态集合，其中每一个状态都是

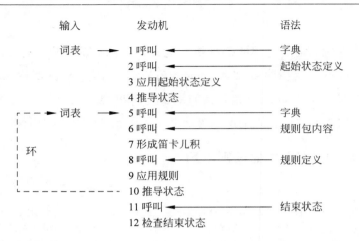

一个有序对。每个有序对包含一个规则包名称和一个代表初始词形一个读入的命题因子（见 B.1.3）。在第 5 行，新词到达，启动查字典程序（见 B.3.3）；得到一个代表词读入的命题因子集合。在第 6 行，规则包被解开（见 B.3.4）。在第 7 行，笛卡儿积形成（B.3.5）；其每一个元素都包含一个规则名称、一个句首（命题因子集合）和一个新词（单个命题因子）。在第 8 行，规则名称被实际的规则定义替换。在第 9 行，笛卡儿积的第一个规则分别应用于句首和新词。在第 10 行，得到一个状态集合，并引起新词输入（第 5 行）。第 5 行和第 10 行之间的环继续，直到不再有新词输入为止。不再有新词输入时，结束状态定义从语法中调出（第 11 行）。在第 12 行，结束状态定义应用于当前状态集合，判断当前表达式是否完整。

330

B.5　操　作

　　规则的操作和规则格式的具体要求紧密互动。假设，一个组合的句首部分包含两个序列，一个由语言层的五个名词命题因子构成，另一个由语法层的两个名词格式构成。格式和命题因子之间的关联可以通过属性之间的一致性和属性值之间的兼容性来控制。

　　例如，假设常量 m 在绑定变量 M 的限制集内，常量 n 是绑定变量 N 的限制集内，那么下面的两个格式分别只匹配语言层五个命题因子中的一个。

B.5.1 关联格式和命题因子

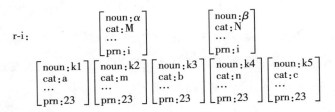

$$\text{r-i:}\quad \begin{bmatrix} \text{noun}:\alpha \\ \text{cat}:\text{M} \\ \cdots \\ \text{prn}:\text{i} \end{bmatrix} \quad \begin{bmatrix} \text{noun}:\beta \\ \text{cat}:\text{N} \\ \cdots \\ \text{prn}:\text{i} \end{bmatrix}$$

$$\begin{bmatrix} \text{noun}:\text{k1} \\ \text{cat}:\text{a} \\ \cdots \\ \text{prn}:23 \end{bmatrix} \begin{bmatrix} \text{noun}:\text{k2} \\ \text{cat}:\text{m} \\ \cdots \\ \text{prn}:23 \end{bmatrix} \begin{bmatrix} \text{noun}:\text{k3} \\ \text{cat}:\text{b} \\ \cdots \\ \text{prn}:23 \end{bmatrix} \begin{bmatrix} \text{noun}:\text{k4} \\ \text{cat}:\text{n} \\ \cdots \\ \text{prn}:23 \end{bmatrix} \begin{bmatrix} \text{noun}:\text{k5} \\ \text{cat}:\text{c} \\ \cdots \\ \text{prn}:23 \end{bmatrix}$$

除了命题因子和属性的明确定义以外,有时规则操作还需要属性具有特定值。为此,语法层采用带有变量和常量的正则表达式。例如,语言层的一个属性有值 a b c d,而语法层的表达式是 X D(最后一个值),X D Y(任一位置)或者 X d Y(采用常量 d 而不是限制变量 D),那么规则操作可能指定属性值 d。

下面关于规则操作的描述(另见 11.4.2)包括(i)ss 格式,nw 格式和语法层的操作,以及(ii)语言层对应的属性-值对。语言层"⇒"右侧,规则操作的正下方显示的是操作的结果。

B.5.2 删除价位

331

	ss	nw	操作
语法层:	$[\text{cat}: \text{X NP' Y}]$	$[\text{cat}: \text{NP}]$	delete NP' ss. cat
语言层:	$[\text{cat}: \text{a b np' c}]$	$[\text{cat}: \text{np}]$	$\Rightarrow [\text{cat}: \text{a b c}]\ [\text{cat}: \text{np}]$
	ss	nw	操作
语法层:	$[\text{cat}: \text{NP}]$	$[\text{cat}: \text{X NP' Y}]$	delete NP' ss. cat
语言层:	$[\text{cat}: \text{np}]$	$[\text{cat}: \text{a b np' c}]$	$\Rightarrow [\text{cat}: \text{np}]\ [\text{cat}: \text{a b c}]$

根据绑定变量 NP 和 NP' 的限制集和一致条件(见 LA-hear. 2 前导,13.2.2 和 13.2.3),系统自动检查语言层与 NP 和 NP' 相关的值之间的一致性,这是匹配的一个重要部分,因此也是执行操作的前提条件。

B.5.3 添加复制(acopy)

	ss	nw	操作
语法层:	$[\text{noun}: \alpha]$	$[\text{arg}: \text{X}]$	acopy ss. noun nw. arg
语言层:	$[\text{noun}: \text{John}]$	$[\text{arg}: \text{Julia}]$	$\Rightarrow [\text{noun}: \text{John}]\ [\text{arg}: \text{Julia John}]$

	ss	nw	操作
语法层：	[arg: X]	[noun: α]	acopy α ss. arg. 1
语言层：	[arg: Julia]	[noun: John]	⇒[arg: John Julia] [noun: John]

系统默认的操作 acopy 把复制来的值添加到目标槽的末尾。也可以用数字 1,2,3 或者 -1,-2,-3 等来指定目标属性中的位置,1 代表左数第一个位置,而 -1 代表右数第一个位置,以此类推。

B.5.4　排他复制(ecopy)

	ss	nw	操作
语法层：	[verb: α]	[fnc:]	ecopyα nw. fnc
语言层：	[verb: know]	[fnc:]	⇒[verb: know] [fnc: know]
	ss	nw	操作
语法层：	[fnc:]	[verb: α]	acopy nw. verb ss. fnc
语言层：	[fnc:]	[verb: know]	⇒[fnc: know] [verb: know]

因为目标属性的值必须定义为 NIL(空),所有操作 ecopy 没有目标位置(和 acopy 操盘相反)。需要注意的是被复制的值可以是一个指定的值,如 α,也可以用一个命题因子属性来表示,如 nw. verb。

B.5.5　提高或者降低数字值(increment-decrement)

	ss	操作
语法层：	[idy:N]	increment ss. idy
语言层：	[idy: 11]	⇒[idy:12]

332　　和 delete 一样,操作 increment 和 decrement 都只针对单个命题因子。如果语法层的句首部分包含几个格式,通过词的编号(wrn:d)来指定相关的命题因子,如 acopy ss-d. noun nw. arg,而不用 acopy ss. noun nw. arg(见 B.5.1)。

　　JSLIM 中关于推导过程的自动展示并不明确显示操作的结果(和 B.5.2 - B.5.5 不同),而是把它放在下一个组合的 ss 命题因子当中(见 B.4.2),以及推导结束之后的结果命题因子当中。

B.6 LA-think 和 LA-think-speak 发动机的基本结构

和所有 LA 语法一样，LA-think 推导的定义包含两个层面：(i)语法层和(ii)客体层。两个层面之间的联系通过格式匹配和纵向变量绑定建立起来。LA-think 推导的客体层即语境层。

LA-think 语法的起始状态定义适用于词库中的语境命题因子。这和 LA-hear 语法不同。LA-hear 语法的起始状态定义适用于词典提供的语言命题因子。

B.6.1 应用 LA-think 的起始状态定义

语法层： $ST_s = _{def} (< ss\text{-}pattern > rp_1)$

语境层： <初始命题因子>

启动 LA-think 导航的初始语境命题因子由主体控制结构来选择。JSLIM 当中还没有自主控制结构。初始命题因子由用户通过输入动词名称的方式来选择。

起始状态定义应用成功之后得到一个状态。

B.6.2 应用 LA-think STs 定义得到的起始状态

语法层： （rp1

语境层： <初始命题因子>）

JSLIM 当中起始状态定义应用情况如下：

B.6.3 LA-think 起始状态定义在 JSLIM 中应用的情况 （输入）

dbs2. DBS2-THINK > know

#思考模式#

1.

333　　起始状态：

$$
\begin{bmatrix} \text{verb: alpha} \end{bmatrix} \qquad\qquad \text{rp:}\{\text{V\_N\_N}\}
$$

$$
\begin{bmatrix} \text{sur:} \qquad\qquad \end{bmatrix}
$$
$$
\begin{bmatrix} \text{verb: know} \qquad \end{bmatrix}
$$
$$
\begin{bmatrix} \text{cat: DECL} \qquad \end{bmatrix}
$$
$$
\begin{bmatrix} \text{sem: pres} \qquad \end{bmatrix}
$$
$$
\begin{bmatrix} \text{mdr:} \qquad\qquad \end{bmatrix}
$$
$$
\begin{bmatrix} \text{arg: Julia John} \end{bmatrix}
$$
$$
\begin{bmatrix} \text{ctn:} \qquad\qquad \end{bmatrix}
$$
$$
\begin{bmatrix} \text{ctp:} \qquad\qquad \end{bmatrix}
$$
$$
\begin{bmatrix} \text{prn: 8} \qquad\quad \end{bmatrix}
$$
$$
\begin{bmatrix} \text{wrdn: 4} \qquad\ \end{bmatrix}
$$

起始状态定义应用成功之后,系统必须选择与新词相对应的一个命题因子。方法是将规则包 rp 中的规则,这里是 V_N_N,应用到来自词库的初始命题因子上。如 3.5 所述,LA-think 句首命题因子提供的信息足够用来提取(激活)语义相关的一个或者一个以上接续命题因子。例如,B.6.3 可能的接续命题因子是 Julia 和 John。

为了避免推导过程中出现越来越多的平行路径,控制结构必须在导航过程中每次出现多个候选项时作出选择。例如,在 B.6.3 中选择 Julia 作为接续命题因子成就向前导航(预示一个主动句),而选择 John 作为接续命题因子则成就一次逆向导航(预示一个被动句)。

输入、发动机和 LA-think 语法之间的互动可以图示化概括如下:

B.6.4　LA-think 发动机的各个操作

在第 1 行,初始命题因子被激活,启动 LA-think 发动机。系统从语法中调出起始状态定义,并应用于初始命题因子(第 2 行)。在第 3 行,得到包含一个规则包和初始命题因子的起始状态。在第 4 行,从语法中调出规则包的内容。在第 5 行,规则包中的规则名称被实际的定义替换。在第 6 行,规则应用于输入命题因子,得到几个接续状态(第 7 行)。在第 8 行,几个接续状

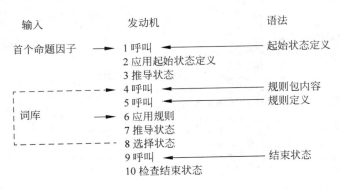

输入	发动机	语法
首个命题因子 →	1 呼叫 ←	── 起始状态定义
	2 应用起始状态定义	
	3 推导状态	
	4 呼叫 ←	── 规则包内容
	5 呼叫 ←	── 规则定义
词库 →	6 应用规则	
	7 推导状态	
	8 选择状态	
	9 呼叫 ←	── 结束状态
	10 检查结束状态	

态中的一个被选中,其他被舍弃。这个体系等价于第 3 行,所有推导环回到第 4 行,导航继续。当前实践的情况是,当不存在未经遍历的接续命题因子或者不能从词库获得新的接续命题因子时,程序停止。此时,发动机从语法中调出结束状态定义(第 9 行),以判断导航是否在合法状态下结 334 束(第 10 行)。

    LA-think 发动机比 LA-hear 发动机简单(见 B.4.3)。这是因为(i)LA-think 推导之初启动单个命题因子,而 LA-hear 推导之初启动首词的几个读入;(ii)LA-think 直接在词库查找接续命题因子,而 LA-hear 要求对新词应用查字典程序;(iii)LA-think 将规则包中的规则应用于单个命题因子,而 LA-hear 将规则包中的规则应用于一个有序对集合。

    如果主体处于说者模式,LA-think 导航和 LA-speak 实现是结合在一起的。于是,语境输入、发动机、LA-think 和 LA-speak 语法之间的互动情况如下:

B.6.5   LA-think-speak 发动机的各个操作

    第 8 行之前,LA-think-speak 发动机和 LA-think 发动机是一样的。但是,LA-think 发动机有两个选择,要么(i)环路回到第 4 行,要么(ii)退出,而 LA-think-speak 发动机的两个选择是(i)环路回到第 4 行和(ii)转向 LA-speak(第 9 行)。

    如果 LA-speak 之前没有使用过,那么系统从语法中调出 LA-speak 起始状态定义(第 10 行)并应用于被 LA-think 激活的命题因子之一(第 11 行)。

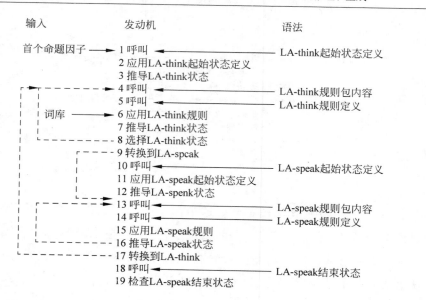

第 12 行的 LA-speak 起始状态推导还不能输出一个语表。这一步发生在第 13,14 和 15 行。

如果 LA-speak 之前用过,推导过程从第 9 行跳到第 13 行。无论是哪一种情况,在第 16 行推导出一个 LA-speak 状态后,系统面临三个选择:(ⅰ)环路回到第 13 行以生成另一个语表,(ⅱ)转向 LA-think 以继续导航过程(回到第 4 行),和(ⅲ)退出(第 18 行和第 19 行)。

C. 术　　语

C.1　命题因子属性

见 4.1.2,11.2.4,11.2.5 和 B.4.2。

属性	全名	值
adj	adjective	用作定语和状语的修饰语
arg	argument	属于动词的名词
cat	category	指明组合特性的范畴段
fnc	functor	属于名词的动词
idy	identity	表示两个名词是否一致的整数
mdd	modified	被修饰的名词、动词或者形容词
mdr	modifier	修饰名词、动词或者形容词的形容词
nc	next conjunct	下一个命题的编号和动词
noun	noun	符号、指示词、名称和替换变量
pc	previous conjunct	前一个命题的编号和动词
pcn	punctuation	标点符号"。""?"和"!"
prn	proposition number	同一命题内所有命题因子共有的一个整数
sem	semantics	指明非组合特性的语义段
sur	surface	词形的语表
trc	Transition counter	整数序列,记录词库里的命题因子被遍历的次数
verb	verb	限定和非限定动词,助词和情态词
wrn	word number	整数,记录新词命题因子的编号

C.2 命题因子值

见 11.2.2,11.2.3,13.1.13 和 13.1.14

值	说明	属性
a_1,a_2 等	形容词替换值	adj
a'	宾格价位	动词的 cat
adn	定语	形容词的 cat
adv	状语	形容词的 cat
be	be,非限定动词的价位填充值	非限定动词的 cat
be'	be,助词的价位	助词的 cat
be-past	助词 be 的过去式	动词的 sem
be-perf	助词 be 的过去分词	动词的 sem
be-pres	助词 be 的现在时	动词的 sem
comp	比较	形容词的 sem
d'	与格价位	动词的 cat
def	限定	限定词的 sem
decl	陈述句	动词的 cat
do'	do,助词价位	助词的 cat
do-past	助词 do 的过去式	动词的 sem
do-perf	助词 do 的过去分词	动词的 sem
do-pres	助词 do 的现在时	动词的 sem
exh	彻底的	限定词的 sem
f	阴性	名词的 sem
hv	have	非限定动词的 cat
hv'	have,助词价位	助词的 cat
hv-past	助词 have 的过去式	动词的 sem
hv-perf	助词 have 的过去分词	动词的 sem
hv-pres	助词 have 的现在时	动词的 sem
imp	祈使	动词的 cat

336

indef	非限定	名词的 sem
interrog	疑问	动词的 cat
m	阳性	名词的 sem
n_1,n_2 等	名词的替换值	限定词的 noun
n'	不受限制的主格价位	动词的 cat
neg	否定	动词的 sem
ns1'	单数第一人称主格	动词的 cat
n-s3'	单数第三人称以外的主格	动词的 cat
nm	专有名词	名词的 cat
nn	未标记数的名词填充值	名词的 cat
nn'	未标记数的名词价位	限定词的 cat
np	未标记格和数的第三人称名词短语	限定词的 cat
np-2	第一和第三人称复数主格	代词的 cat
ns1	第一人称单数主格	代词的 cat
ns13'	第一和第三人称单数主格	动词的 cat
ns3	第三人称单数主格	名词的 cat
ns3'	第三人称单数	动词的 cat
n-s13'	第一和第三人称单数之外的主格	动词的 cat
obq	间接（非主格）	代词的 cat
past	过去式	动词的 sem
perf	过去分词	动词的 sem
pl	复数	名词的 sem
pn	复数名词	名词的 cat
pn'	复数名词	限定词的 cat
pnp	第三人称复数名词短语	限定词的 cat
pres	现在时	动词的 sem
pro-1,pro-2 等	非反身代词指示词	名词
pro2	未标记数和格的第二人称	代词的 cat
prog	进行时	动词的 sem
rfl_1,rfl_2 等	反身代词指示词	noun
sg	单数	名词的 sem

337

sel	选择性	限定词的 sem
sn	单数名词	名词的 cat
sn'	单数名词	限定词的 cat
snp	第三人称单数名词短语	限定词的 cat
sup	最高级	形容词的 sem
v	动词,未标记语气	动词的 cat
v'	动词,未标记语气	标点符号的 cat
v_1,v_2 等	动词的替换值	动词
vi	动词,标记为疑问句	动词的 cat
vimp	动词,标记为祈使句	动词的 cat

C.3   变量,限制条件和一致条件

C.3.1   绑定变量,见 4.1.2,11.2.4,11.2.5 和 15.6.1

变量	说明	限制集
α,β 等	代表单个概念	Julia,sleep,young,等
A_n	形容词的同时替换变量	a_1,a_2,a_3,…
ADJ	形容词	adj,adn,adv
ADV	状语	adj,adv
AND	定语	adj,adn
AUX	助词价位填充值	do,hv,be
AUX'	助词价位	do',hv',be'
i,j,k	属性 prn 和 idy 的整数值	1,2,3,…
N	名词填充值	nn,sn,pn
N'	名词价位	nn',sn',pn'
N_n	名词的同时替换变量	n_1,n_2,n_3,…
NP	名词短语填充值	pro2,nm,ns1,ns3,np-2,
		snp,pnp,np,obq
NP'	名词短语价位	n',n-s3',ns1',ns3',

		ns13', n-s13', d', a'
OBQ	间接名词短语填充值	snp, pnp, np, obq
OBQ'	间接名词短语价位	D', A'
PREP	介词	on, in, above, below, …
PRO_n	非反身代词变量	pro_1, pro_2, 等
RFL_n	反身代词变量	rfl_1, rfl_2, 等
SM	句子语气	decl, interrog, imp
TEMP	时态	past, past/perf
V_n	动词的同时替换变量	v_1, v_2, v_3, …
VT	动词类型填充值	v, vi, vimp
VT'	动词类型价位	v', vi', vimp'
X, Y, Z	..?..?..?..? （4 以下任意序列）	无

C.3.2 取代变量，见 4.1.4, 5.1.2, 5.1.8 和 5.1.9

变量	说明	限制集
RA. n	重置属性变量	noun, adj, verb
RV. N	重置值变量	词条的核心属性值

C.3.3 载入变量，见 11.5.2, 11.5.3, 11.5.4, 13.3.8, 13.4.3, 13.4.6, 13.5.1 和 13.5.3。

变量	全名	限制集
PC	previous conjunct proposition number	整数
PCV	previous conjunct verb	动词的核心值
NCV	next conjunct verb	动词的核心值

C.3.4 一致条件

参见 11.2.3 和 13.2.3。

如果 AUX' = do'，那么 AUX = n-s3'

如果 AUX' = hv'，那么 AUX ∈ {hv, n'}

如果 AUX' = be'，那么 AUX = be

339   如果 N' = nn',那么 N ∈ {nn,sn,pn}

如果 N' = sn',那么 N ∈ {nn,sn}

如果 N' = pn',那么 N ∈ {nn,pn}

如果 NP {nm,snp},那么 NP' ∈ { n',ns3',ns13',d',a'}

如果 NP = ns1,那么 NP' ∈ {n',n-s3',ns1',ns13'}

如果 NP = ns3,那么 NP' ∈ {ns3',ns13'}

如果 NP = np-2,那么 NP' ∈ { n',n-s3'}

如果 NP = np,那么 NP' ∈ {n',ns3',n-s3',n-s13',d',a'}

如果 NP = obq,那么 NP' ∈ {d',a'}

如果 NP = pnp,那么 NP' ∈ {n',n-s3',n-s13',d',a'}

如果 NP = pro2,那么 NP' ∈ {n',n-s3',n-s13',d',a'}

C.4　抽象语表

见 3.5.3,6.2.2,6.3.2,6.3.4,6.4.2 等

语表	全名
an	adnominal adjective
av	adverbial adjective
ax	auxiliary
cc	coordination conjunction
d	determiner
fv	finite verb
n	proper name
nn	noun
nv	nonfinite verb
sc	subordinating conjunction
wh	relative pronoun
p	punctuation sign
pp	preposition

C.5　规则名称

C.5.1　LA-hear，见 11.4.1，13.2.4 和 15.6.2

规则名称	释义
AUX + NFV	助词加非限定动词
ADV + NOM	状语形容词加主格词
ADVNOM + FV	状语—主格词组合加限定动词
DET + ADN	限定词加定语形容词
DET + INT	限定词加强化词
DET + NN	限定词加名词
FV + NP	限定动词加名词短语
INT + ADJ	强化词加形容词
IP + START	句中标点符号加下句句首
NOM + ADV	主格词加状语形容词
NOM + FV	主格词加限定动词
NP + PREP	名词短语加介词
PREP + ADN	介词加定语形容词
PREP + INT	介词加强化词
PREP + NN	介词加名词
PREP + NP	介词加名词短语
PREPP + PREP	介词短语加介词
S + IP	句子加标点符号
V + ADV	动词加状语形容词
V + INT	动词加强化词

340

C.5.2　LA-think，见 12.1.1 和 14.1.1

规则名称	释义
N_A_N	名词_定语_名词导航

N_A_V	名词_定语_动词导航	
V_N_N	动词_名词_名词导航	
V_N_V	动词_名词_动词导航	
V_V_V	动词_动词_动词导航	

C.5.3　LA-speak，见 12.4.1 和 14.2.1

规则名称	释义	词汇化功能
-ADN	实现定语形容词	lex-an
-AUX	实现助词	lex-ax
-DET	实现限定词	lex-d
-FVERB	实现限定动词	lex-fv
-NoP	实现名称或者代词	lex-n
-NOUN	实现名词	lex-nn
-NVERB	实现非限定动词	lex-nv
-STOP	实现句号	lex-p

341

C.6　例　句　列　表

C.6.1　命题内函词论元结构

1. Julia knows John. (3.4.2;3.5.3)
2. The man gave the child an apple. (6.2.1;6.2.2)
3. Every man loves a woman. (6.2.7)
4. The little black dog barked. (6.3.1;6.3.2)
5. Fido barked loudly. (6.3.3;6.3.4)
6. Fido has been barking. (6.4.1;6.4.2)
7. The book was read by John. (6.5.1;6.5.2)
8. Julia ate the apple on the table. (6.6.2;6.6.4)

C.6.2　命题间函词论元结构

9. That Fido barked amused Mary. (7.2.1;7.2.2)

10. John heard that Fido barked. (7.3.1;7.3.2)

11. The dog which saw Mary quickly barked. (7.4.1;7.4.2;7.4.3)

12. The little dog which Mary saw barked. (7.5.1;7.5.2)

13. When Fido barked Mary smiled. (7.6.1;7.6.2)

C.6.3　命题内并列结构

14. The man, the woman, and the child slept. (8.2.1;8.2.2)

15. John bought an apple, a pear, and a peach. (8.2.4;8.2.5)

16. John bought, cooked, and ate the pizza. (8.3.2;8.3.3)

17. John loves a smart, pretty, and rich girl. (8.3.4)

18. John talked slowly, gently, and seriously. (8.3.5)

19. Bob ate an apple, walked his dog, and read a paper. (8.4.1;8.4.5)

20. Bob bought, peeled, and ate an apple, a pear, and a peach (8.4.4)

21. Bob ate an apple, Jim a pear, and Bill a peach. (8.5.1;8.5.4)

22. Bob, Jim, and Bill ate an apple, a pear, and a peach. (8.5.3)

23. Bob bought, Jim peeled, and Bill ate the peach. (8.6.1;8.6.4)

24. Bob, Jim, and Bill bought, peeled, and ate the peach. (8.6.3)

C.6.4　命题间并列结构

25. Julia sang. Then Sue slept. John read. (9.1.1)

26. Sue slept. John bought, cooked, and ate a pizza. Julia sang. (9.1.2)

27. Julia slept. John sang. (9.2.1;9.2.2)

28. That the man, the woman, and the child slept surprised Mary. (9.3.1,1)

29. That the man bought, cooked, and ate the pizza surprised Mary. (9.3.1,2)

30. That Bob ate an apple, a pear, and a peach, surprised Mary. (9.3.1,3)

    342

31. Mary saw that the man, the woman and the child slept. (9.3.2,1)

32. Mary saw that the man bought, cooked, and ate the pizza. (9.3.2,2)

33. Mary saw that Bob bought an apple, a pear, and a peach. (9.3.2,3)

34. Mary saw the man who bought, cooked, and ate the pizza. (9.3.3,2)

35. Mary saw the man who bought an apple, a pear, and a peach. (9.3.3,3)

36. Mary saw the pizza which Bob, Jim, and Bill ate. (9.3.4,1)

37. Mary saw the pizza which the man bought, cooked, and ate. (9.3.4,2)

38. Mary arrived after Bob, Jim, and Bill had eaten a pizza. (9.3.5,1)

39. After Bob had bought, cooked, and eaten the pizza, Mary arrived. (9.3.5,2)

40. Mary arrived after Bob had eaten an apple, a pear, and a peach. (9.3.5,3)

41. That Bob ate an apple, walked his dog, and read a paper, amused Mary. (9.4.1,1)

42. That Bob ate an apple, Jim a pear, and Bill a peach, amused Mary. (9.4.1,2)

43. That Bob bought, Jim peeled, and Bill ate the peach, amused Mary. (9.4.1,3)

44. Mary saw that Bob ate an apple, walked his dog, and read a paper. (9.4.2,1)

45. Mary saw that Bob ate an apple, Jim a pear, and Bill a peach. (9.4.2,2)

46. Mary saw that Bob bought, Jim peeled, and Bill ate the peach . (9.4.2,3)

47. The man who ate an apple, walked his dog, and read a paper loves Mary. (9.4.3,1)

48. Mary saw the peach which Bob bought, Jim peeled, and Bill ate. (9.4.4,3)

49. Mary arrived after Bob had eaten an apple, walked his dog, and read a paper. (9.4.5,1)

50. After Bob had eaten an apple, Jim a pear, and Bill a peach, Mary arrived. (9.4.5,2)

51. Mary arrived after Bob had bought, Jim had peeled, and Bill had eaten the peach. (9.4.5,3)

52. Julia is singing. STAR Susanne is dreaming. (STAR) (9.5.2,1)

53. Julia is singing. STAR Susanne is dreaming. STA0R0 (9.5.2,2)

54. Who is singing? STAR Julia. STA0R0 (9.5.2,3;9.5.3)

55. Who did John say that Bill believes that Mary loves? (9.5.6)

56. Peter left the house. Then Peter crossed the street. (9.6.1,1)

57. Peter crossed the street. Before that Peter left the house. (9.6.1,2)

58. Peter, who had left the house, crossed the street. (9.6.2,1)

59. After Peter had left the house, he crossed the street. (9.6.2,2)

C.6.5　命题内和命题间共指结构

60. Julia ate an apple. Then Julia took a nap. (10.1.2,1)

61. Julia ate an apple. Then she took a nap. (10.1.2,2)

62. % John shaved John. (10.1.2,3)

63. John shaved himself. (10.1.2,4;10.2.3)

64. The man washed his hands, clipped his nails, and shaved himself. (10.1.2,5)

65. That Mary had found the answer pleased her. (10.3.2)

66. % She knew that Mary had found the answer. (10.3.3)   343

67. That she had found the answer pleased Mary. (10.3.4)

68. Mary knew that she had found the answer. (10.3.5)

69. Every farmer who owns a donkey beats it. (10.4.2)

70. % She was kissed by the man who loves the woman. (10.4.3)

71. The man who loves her kissed the woman. (10.4.4)

72. The woman was kissed by the man who loves her. (10.4.5)

73. When Mary returned she kissed John. (10.5.2)

74. % She kissed John when Mary returned. (10.5.3)

75. When she returned Mary kissed John. (10.5.4)

76. Mary kissed John when she returned. (10.5.5)

77. When Mary returned John kissed her. (10.5.8)

78. % John kissed her when Mary returned. (10.5.9)

79. When she returned John kissed Mary. (10.5.10)

80. John kissed Mary when she returned. (10.5.11)

81. The man who deserves it will get the prize he wants. (10.6.2)

C.6.6   命题间并列结构

82. Julia sleeps. John sings. Susanne dreams. (11.5.1-11.5.4;12.2.1-12.2.4;12.5.1-12.5.4)

C.6.7   命题间函词论元结构

83. The heavy old car hit a beautiful tree. The car had been speeding. A farmer gave the driver a lift. (13.3.1-13.5.8;14.1.4;14.4.1-14.6.9)

C.6.8   定语和状语修饰语

84. Julia ate the apple on the table behind the tree in the garden. (15.1.14; 15.2.1-15.2.8;15.3.1;15.3.2)

85. Julia ate the apple fast. (15.3.3;15.3.4)

86. Julia ate the apple quickly on the table. (15.3.6)

87. Quickly Julia ate the apple. (15.3.7;15.3.10)

88. On the table Julia ate the apple. (15.3.8)

89. Julia quickly ate the apple. (15.3.9)

90. On the table Julia quickly ate the apple. (15.3.11)

91. The very big table (15.4.4-15.4.6)

92. On the big table (15.4.7-15.4.9)

93. On the very big table (15.4.10-15.4.13)

94. Very quickly Julia ate the apple. (15.5.1-15.5.2)

95. Julia very quickly ate the apple. (15.5.3-15.5.4)

96. Julia ate the apple very quickly. (15.5.5-15.5.6)

C.6.9　由二价命题实现基本语序

344

97. The girl could have eaten an apple. (A.2.4)

98. Could the girl have eaten an apple? (A.4.2)

99. Aß das Mädchen den Apfel? (A.4.3)

100. Könnte das Mädchen einen Apfel gegessen haben? (A.4.4)

101. Could the apple have been eaten by the girl? (A.5.2)

345
结束语

根据 Brooks (2002,p.5),具备人的能力的机器人将在 2022 年之前成为现实。那么自然语言交流的计算机重新建构是(i)仅仅依靠统计学建立起来的非符号学架构,还是(ii)以统计学为辅,符合符号学的,基于规则的功能型架构,如数据库语义学(DBS)。

仅仅依靠统计学是不够的,这一点可以通过下面的这个类比来证明①:"想象一下,火星人来到地球,并以统计学方法来建造汽车模型:这些汽车将永远开不起来。"也就是说,基于频率的关联不足以建造一个可以操作的机器。相反,我们需要内燃机、刹车、操纵机构、传送、差动齿轮等各个部分的功能模型。要建立自然语言交流的计算机模型也是一样的道理。

---

① 引自 FoCL'99², p.40。

数据库语义学的设计目的就是建立这样一个功能模型,其中包括:

1. 传统的语法方法,基于词法-句法分类对词形,及价、一致性和语序进行分析;

2. 传统的逻辑学方法,以指代、函词论元结构、并列、共指和推理概念为前提;

3. 现代数据库,由外部界面、数据结构和算法构成;

4. 方法论原则,如界面等价原则、输入/输出等价原则、功能等价原则;对有效(实时)实践进行递进升级的程序,以验证整个系统的陈述性规范说明。

这些成分在机器人自动信道的系统重建(见1.4.3)中组合在了一起。但是,由此最终形成的系统还只是个开始。我们还有很多的工作要做,这一点在全书各处均有说明。

参 考 文 献

Abney, S. (1991) "Parsing by chunks," in R. Berwick, S. Abney, and C. Tenny (eds.) *Principle-Based Parsing*. Dordrecht: Kluwer Academic

Ágel, V. (2000) *Valenztheorie*. Tübingen: Gunter Narr

AIJ' 01 = Hausser, R. (2001) "Database Semantics for natural language," *Artificial Intelligence*, 130. 1:27-74

Ajdukiewicz, K. (1935) "Die syntaktische Konnexität," *Studia Philosophica* 1:1-27

Anderson, J. R. , and C. Lebiere (1998) *The Atomic Components of Thought*. Mahwah, NJ: Lawrence Erlbaum

Austin, J. L. (1962) *How to Do Things with Words*. Oxford, England: Clarendon Press

Barsalou, L. (1999) "Perceptual symbol systems," *Behavioral and Brain Sciences* 22:577-660

Bar-Hillel, Y. (1964) *Language and Information. Selected Essays on Their Theory and Application*. Reading, MA: Addison-Wesley

Barwise, J. , and J. Perry (1983) *Situations and Attitudes*. Cambridge, MA: MIT Press

Beaugrande, R. -A. , and W. U. Dressler (1981) *Einführung in die Textlinguistik*. Tübingen: Niemeyer

Berners-Lee, T. , J. Hendler, and O. Lassila (2001) "The Semantic Web," *Scientific American*, May 17, 2001

Bertossi, L. , G. Katona, K. -D. Schewe, and B. Thalheim (eds.) (2003) *Semantics in Databases*. Berlin Heidelberg New York: Springer

Biederman, I. (1987) "Recognition-by-components: a theory of human image understanding," *Psychological Review* 94:115-147

Bloomfield, L. (1933) *Language*. New York: Holt, Rinehart, and Winston

Bochenski, I. (1961) *A History of Formal Logic*. Notre Dame, Indiana: Univ. of Notre Dame Press

Bransford, J. D. , and Franks, J. J. (1971) "The abstraction of linguistic ideas," *Cognitive Psychology* 2:331-350

Bresnan, J. (ed.) (1982) *The Mental Representation of Grammatical Relation*. Cambridge, MA: MIT Press

Bresnan, J. (2001) *Lexical-Functional Syntax*. Malden, MA: Blackwell

Brill, F. (1993) "Automatic grammar induction and parsing free text: a transformation-based approach," in *Proceedings of the 1993 European ACL*, The Netherlands: Utrecht

Brill, F. (1994) "Some advances in rule-based part of speech tagging," AAAI 1994

Brooks, R. A. (2002) *Flesh and Machines: How Robots Will Change Us*. New York, NY: Pantheon

Chang, Suk-Jin (1996) *Korean*. Philadelphia: John Benjamins

Carbonell, J. G. , and R. Joseph (1986) "*FrameKit +: a knowledge representation system*," Carnegie Mellon Univ. , Department of Computer Science

Charniak, E. (2001) "Immediate-Head parsing for language models," *Proceedings of the 39th Annual Meeting of the Association for Computational Linguistics*

Carpenter, B. (1992) *The Logic of Typed Feature Structures*. Cambrigde: Cambridge Univ. Press

Choe, Jay-Woong, and R. Hausser (2006) "Handling quantifiers in database semantics," in Y. Kiyoki, H. Kangassalo, and M. Duží (eds.), *Information Modelling and Knowledge Bases XVII*. Amsterdam: IOS Press Ohmsha

Choi, Key-Sun, and Gil Chang Kim (1986) "Parsing Korean: a free word-order language," *Literary and Linguistic Computing* 1.3:123-128

Chomsky, N. (1957) *Syntactic Structures*. The Hague: Mouton

Chomsky, N. (1995) *The Minimalist Program*. Cambridge, MA: MIT Press

Clark, H. H. (1996) *Using Language. Cambridge*, UK: Cambridge Univ. Press

CoL'89 = Hausser, R. (1989) *Computation of Language, An Essay on Syntax, Semantics, and Pragmatics in Natural Man-Machine Communication, Symbolic Computation: Artificial Intelligence*, p. 425, Berlin Heidelberg New York: Springer

Collins, M. J. (1999) *Head-driven Statistical Models for Natural Language Parsing*. Univ. of Pennsylvania, Ph. D. Dissertation

Copestake, A. , D. Flickinger, C. Pollard, and I. Sag (2006) "Minimal Recursion Semantics: an introduction," *Research on Language and Computation* 3.4:281-332

Croft, W. (1995) "Modern syntactic typology," in M. Shibatani and T. Bynon (eds.) *Approaches to Language Typology*, Oxford: Clarendon Press

Dauses, A. (1997) *Einführung in die allgemeine Sprachwissenschaft: Sprachtypen, sprachliche* 349 *Kategorien und Funktionen*. Stuttgart: Steiner

Déjean, H. (1998) *Concepts et algorithmes pour la découverte des structures formelles des langues*. Thèse pour l'obtention du Doctorat de l'université de Caen

Dorr, B. (1993) *Machine Translation: A View from the Lexicon. Cambridge*, MA: MIT Press

Earley, J. (1970) "An efficient context-free parsing algorithm," *Commun. ACM* 13.2:94-102, reprinted in B. Grosz, K. Sparck Jones, and B. L. Webber (eds.) *Readings in Natural Language Processing* (1986), Los Altos, CA: Morgan Kaufmann

Eberhard, K. M. , M. J. Spivey-Knowlton, J. C. Sedivy, and M. K. Tanenhaus (1995) "Eye movements as a window into real-time spoken language comprehension in natural contexts," *Journal of Psycholinguistic Research* 24.6:409-437

Elmasri, R. , and S. B. Navathe (1989) *Fundamentals of Database Systems*. Redwood City, CA: Benjamin-Cummings

Engel, U. (1991) *Deutsche Grammatik*. 2nd ed. , Heidelberg: Julius Groos

Fillmore, C. , P. Kay, L. Michaelis, and Ivan A. Sag (forthcoming) *Construction Grammar*. Stanford: CSLI

Fischer, W. (2004) *Implementing Database Semantics as an RDMS*. Diplom Thesis, Department of Computer Science, Universität Erlangen-Nürnberg

FoCL'99 = Hausser, R. (1999/2001) *Foundations of Computational Linguistics, Human-Computer Communication in Natural Language*, 2nd ed. , pp. 578, Berlin Heidelberg New York: Springer

Frederking, R. , T. Mitamura, E. Nyberg, and J. Carbonell (1997) "Translingual information access," presented at the AAAI Spring Symposium on Cross-Language Text and Speech Retrieval

Frege, G. (1967) *Kleine Schriften*. I. Angelelli (ed.), Darmstadt: Wissenschaftliche Buchgesellschaft

Gazdar, G. , E. Klein, G. Pullum, and I. Sag (1985) *Generalized Phrase Structure Grammar*. Cambridge, MA: Harvard Univ. Press

Geach, P. T. (1969) "Quine's syntactical insights," in D. Davidson and J. Hintikka (eds.), *Words and Objections, Essays on the Work of W. v. Quine*. Dordrecht: Reidel

Geurts, B. (2002) "Donkey business," *Linguistics and Philosophy* 25:129-156

Gibson, E. J. (1969) *Principles of Perceptual Learning and Development*. Englewood Cliffs, NJ: Prentice Hall

Givón, T. (1997) *Grammatical Relations: A Functionalist Perspective*. Amsterdam: John Benjamins

350 Greenbaum, S. , and R. Quirk (1990) *A Student's Grammar of English*. London: Longman

Greenberg, J. (1963) "Some universals of grammar with particular reference to the order of meaningful elements," in J. Greenberg (ed.) *Universals of Language*. Cambridge, MA: MIT Press

Grice, P. (1957) "Meaning," *Philosophical Review* 66:377-388

Grice, P. (1965) "Utterer's meaning, sentence meaning, and word meaning," *Foundations of Language* 4:1-18

Grosz, B. , and C. Sidner (1986) "Attention, intentions, and the structure of discourse," *Computational Linguistics* 12.3:175-204

Halliday, M. A. K. , and R. Hasan (1976) *Cohesion in English*. London: Longman

Hanrieder, G. (1996) *Incremental Parsing of Spoken Language Using a Left-Associative Unification Grammar*. Inaugural Dissertation, CLUE, Universität Erlangen-Nürnberg [in German]

Hauser, M. D. (1996) *The Evolution of Communication*. Cambridge, MA: MIT Press

Hausser, R. : for references cited as SCG'84, NEWCAT'86, CoL'89, TCS'92, FoCL'1999, AIJ'01, and L&I'05, see p. VIII above. For online papers and a list of publications, see http://www. linguistik. uni-erlangen. de/de_contents/publications. php

Hausser, R. (2002a) "Autonomous control structure for artificial cognitive agents," in H. Kangassalo, H. Jaakkola, E. Kawaguchi, and T. Welzer (eds.) *Information Modeling and Knowledge Bases XIII*, Amsterdam: IOS Press Ohmsha

Hausser, R. (2005b) "What if Chomsky were right?" Comments on the paper "Multiple solutions to the logical problem of language acquisition" by BrianMacWhinney, *Journal of Child Language* 31:919-922

Helfenbein, D. (2005) *The Handling of Pronominal Coreference in Database Semantics*. MA-thesis, CLUE, Universität Erlangen-Nürnberg [in German]

Hellwig, P. (2003) "Dependency unification grammar," in V. Ágel, L. M. Eichinger, H. -W. Eroms, P. Hellwig, H. -J. Heringer, and H. Lobin (eds.) *Dependency and Valency. An International Handbook of Contemporary Research*, Berlin: Mouton de Gruyter

Herbst, T. (1999) "English valency structures——a first sketch," *Erfurt Electronic Studies in English* (EESE) 6/99

Herbst T., D. Heath, I. F. Roe, and D. Götz (2004) *A Valency Dictionary of English: A Corpus-Based Anaysis of the Complementation Patterns of English Verbs, Nouns, and Adjectives*. Berlin: Mouton de Gruyter

Heß, K., J. Brustkern, and W. Lenders (1983) *Maschinenlesbare Deutsche Lexika*. 351 *Dokumentation - Vergleich - Integration*. Tübingen: Niemeyer

Hubel, D. H., and T. N. Wiesel (1962) "Receptive fields, binocular interaction, and functional architecture in the cat's visual cortex," *Journal of Physiology* 160:106-154

Hudson, R. A. (1976) "Conjunction reduction, gapping and right-node-raising," *Language* 52.3:535-562

Hudson, R. A. (1991) English Word Grammar. Oxford: Blackwell.

Hurford, J., M. Studdert-Kennedy, and C. Knight (1998) *Approaches to the Evolution of Language*. Cambridge, England: Cambridge Univ. Press

Ickler, T. (1994) "Zur Bedeutung der sogenannten 'Modalpartikeln'," in *Sprachwissenschaft* 19.3-4:374-404

Jackendoff, R. S. (1972) "Gapping and related rules," Linguistic Inquiry 2:21-35

Jacobson, P. (2000) "Paycheck pronouns, Bach-Peters sentences, and variable-free semantics," in *Natural Language Semantics* 8.2:77-155

Jezzard, P., P. M. Matthews, and S. Smith (2001) *Functional Magnetic Resonance Imaging: An Introduction to Methods*. Oxford: Oxford Univ. Press

Kamp, J. A. W., and U. Reyle (1993) *From Discourse to Logic*. Dordrecht: Kluwer

Kasami. T. (1965) "An efficient recognition and syntax algorithm for context-free languages," Technical Report AFCLR-65-758

Kay, M. (1980) "Algorithm schemata and data structures in syntactic processing," reprinted in B. J. Grosz, K. Sparck Jones, and B. Lynn Webber (eds.) *Readings in Natural Language Processing* (1986). San Mateo, CA: Morgan Kaufmann, 35-70

Kempson, R., and Cormack, A. (1981) "Ambiguity and quantification," *Linguistics and Philosophy* 4:259-309

Kirkpatrick, K. (2001) "Object recognition," Chapter 4 of G. Cook (ed.) *Avian Visual Cognition*. Cyberbook in cooperation with Comparative Cognitive Press, http://www. pigeon. psy. tufts. edu/avc/toc. htm

Kuˇcera, H., and W. N. Francis (1967) *Computational Analysis of Present-Day English*. Providence, Rhode Island: Brown Univ. Press

Kycia, A. (2004) *An Implementation of Database Semantics in Java*. MA-thesis, CLUE, Universität Erlangen-Nürnberg [in German]

L&I'05 = Hausser, R. (2005) "Memory-Based pattern completion in Database Semantics," *Language and Information*, 9. 1: 69-92, Seoul: Korean Society for Language and Information

Lakoff, G., and M. Johnson (1980) *Metaphors We Live By*. Chicago: The Univ. of Chicago Press

Lakoff, G., and S. Peters (1969) "Phrasal conjunction and symmetric predicates," in D. A. Reibel and S. Schane (eds.), 113-142

Langacker, R. (1969) "Pronominalization and the chain of command," in D. A. Reibel and S. A. Schane (eds.), 160-186

Lee, Kiyong (2002) "A simple syntax for complex semantics," in *Language, Information, and Computation, Proceedings of the* 16*th Pacific Asia Conference*, 2-27

Lee, Kiyong (2004) "A computational treatment of some case-related problems in Korean," *Perspectives on Korean Case and Case Marking*, 21-56, Seoul: Taehaksa

Lees, R. B., and E. S. Klima (1963) "Rules for English pronominalization," *Language* 39: 17-28

Lenders, W. (1990) "Semantische Relationen in Wörterbuch-Einträgen - Eine Computeranalyse des DUDEN-Universalwörterbuchs," *Proceedings of the GLDV-Jahrestagung* 1990, 92-105

Lenders, W. (1993) "Tagging - Formen und Tools," *Proceedings of the GLDV-Jahrestagung* 1993, 369-401

Le'sniewski, S. (1929) "Grundzüge eines neuen Systems der Grundlagen der Mathematik," Warsaw: *Fundamenta Mathematicae* 14:1-81

LIMAS-Korpus (1973) Mannheim: Institut für Deutsche Sprache

Liu, Haitao (2001) "Some ideas on natural language processing," in *Terminology Standardization and Information Technology* 1:23-27

Lobin, H. (1993a) "Linguistic perception and syntactic structure," in E. Hajicova (ed.) *Functional Description of Language*, Charles Univ., Prague

Lobin, H. (1993b) *Koordinations-Syntax als prozedurales Phänomen*. Tübingen: Gunter Narr

MacWhinney, B. (1987) "The Competition Model," in B. MacWhinney (ed.) *Mechanisms of Language Acquisition*, 249-308, Hillsdale, NJ: Lawrence Erlbaum

MacWhinney, B. (ed.) (1999) *The Emergence of Language from Embodiment.* Hillsdale, NJ: Lawrence Erlbaum

MacWhinney, B. (2004) "A multiple process solution to the logical problem of language acquisition," *Journal of Child Language* 31:883-914

MacWhinney, B. (2005a) "Item-based constructions and the logical problem," *ACL* 2005, 46-54

MacWhinney, B. (2005b) "The emergence of grammar from perspective," in D. Pecher and R. A. Zwaan (eds.), *The Grounding of Cognition: The Role of Perception and Action in Memory, Language, and Thinking*, 198-223, Mahwah, NJ: Lawrence Erlbaum

März, B. (2005) *The Handling of Coordination in Database Semantics.* MA-thesis, CLUE, Universität Erlangen-Nürnberg [in German]

Mann, W. C., and S. A. Thompson (eds.) 1993 *Discourse Description: Diverse Linguistic Analyses of a Fund-Raising Text.* Amsterdam: John Benjamins

Matthews, P. M., J. Adcock, Y. Chen, S. Fu, J. T. Devlin, M. F. S. Rushworth, S. Smith, C. Beckmann, and S. Iversen (2003) "Towards understanding language organisation in the brain using fMRI" in *Human Brain Mapping* 18.3: 239-247

Mel'ˇcuk, I. A. (1988) *Dependency Syntax: Theory and Practice.* New York: State Univ. of New York Press

Mel'ˇcuk, I. A., and A. Polguère (1987) "A formal lexicon in the meaning-text theory," in *Computational Linguistics* 13.3-4:13-54

Meyer-Wegener, K. (2003) *Multimediale Datenbanken: Einsatz von Datenbanktechnik in Multimedia-Systemen. 2nd ed.*, Wiesbaden: Teubner

Montague, R. (1974) *Formal Philosophy.* New Haven: Yale Univ. Press

Neisser, U. (1964). "Visual search," *Scientific American* 210.6:94-102

NEWCAT' 86 = Hausser, R. (1986) NEWCAT: Parsing Natural Language Using Left-Associative Grammar, Lecture Notes in Computer Science 231, p. 540, Berlin Heidelberg New York: Springer

Newton, I. (1687/1999) *The Principia: Mathematical Principles of Natural Philosophy.* I. B. Cohen and A. Whitman (Translators), Berkeley: Univ. of California Press

Nichols, J. (1992) *Linguistic Diversity in Space and Time.* Chicago: The University of Chicago Press

Nyberg, E. H., and T. Mitamura (2002) "Evaluating QA systems on multiple dimensions," paper presented at the LREC Workshop on Resources and Evaluation for Question Answering Systems, Las Palmas, Canary Island, Spain, May 28, 2002

Nyberg, E. (1988) "*The FrameKit User's Guide, Version 2.0*," CMU-CMT-MEMO

Östman, J. -O., and M. Fried (eds.) (2004) *Construction Grammars: Cognitive Grounding and Theoretical Extensions.* Amsterdam: John Benjamins

van Oirsouw, R. R. (1987) *The Syntax of Coordination.* London: Croom Helm Peirce, C. S.

Collected Papers. C. Hartshorne and P. Weiss (eds.), Cambridge, MA: Harvard Univ. Press. 1931-1935

Pereira, F., and S. Shieber (1987) *Prolog and Natural-Language Analysis*. Stanford: CSLI

354 Peters, S., and Ritchie, R. (1973) "On the generative power of transformational grammar," *Information and Control* 18:483-501

Piaget, J. (1926) *The Language and Thought of the Child*. London: Routledge

Pollard, C., and I. Sag (1987) *Information-Based Syntax and Semantics*. Vol. I, Fundamentals. Stanford: CSLI

Pollard, C., and I. Sag (1994) *Head-Driven Phrase Structure Grammar*. Stanford: CSLI

Portner, P. (2005) "The semantics of imperatives within a theory of clause types," in Kazuha Watanabe and R. B. Young (eds.), *Proceedings of Semantics and Linguistic Theory* 14. Ithaca, NY: CLC Publications

Post, E. (1936) "Finite combinatory processes - formulation I," *Journal of Symbolic Logic* I: 103-105

Quillian, M. (1968) "Semantic memory," in M. Minsky (ed.), *Semantic Information Processing*, 227-270, Cambridge, MA: MIT Press

Quine, W. v. O. (1960) *Word and Object*. Cambridge, MA: MIT Press

Quirk, R., J. Svartvik, G. Leech, and S. Greenbaum (1985) *A Comprehensive Grammar of the English Language*. New York: Longman

Reibel, D. A., and S. A. Schane (eds.) (1969) *Modern Studies of English*. Englewood Cliffs, NJ: Prentice Hall

Reiter, E., and R. Dale (1997) "Building applied natural-language generation systems," *Journal of Natural-Language Engineering* 3:57-87

Rosch, E. (1975) "Cognitive representations of semantic categories," *Journal of Experimental Psychology*, General 104:192-253

Ross, J. R. (1969) *On the cyclic nature of English pronominalization*, in D. A. Reibel and S. A. Schane (eds.), 187-200

Ross, J. R. (1970) "Gapping and the order of constituents," in Bierwisch, M., and K. E. Heidolph (eds.) *Progress in Linguistics*. The Hague: Mouton

Roy, D. (2003) "Grounded spoken language acquisition: experiments in word learning," *IEEE Transactions on Multimedia* 5.2:197-209

Russell, B. (1905) "On denoting," *Mind* 14:479-493

Sag, I., G. Gazdar, T. Wasow, and S. Weisler (1985) "Coordination and how to distinguish categories," *Natural Language and Linguistic Theory* 3:117-171

Schank, R., and R. Abelson (1977) *Scripts, Plans, Goals, and Understanding: An Inquiry into Human Knowledge Structures*. Hillsdale, NJ: Lawrence Erlbaum

355 Saussure, F. de (1972) *Cours de linguistique générale. Édition critique préparée par Tullio de Mauro*, Paris: Éditions Payot

SCG'84 = Hausser, R. (1984) *Surface Compositional Grammar*, pp. 274, München: Wilhelm Fink Verlag

Searle, J. R. (1969) *Speech Acts*. Cambridge, England: Cambridge Univ. Press

Sedivy, J. C., M. K. Tanenhaus, C. G. Chambers, and G. N. Carlson (1999) "Achieving incremental semantic interpretation through contextual representation," *Cognition* 71:109-147

Shieber, S. (ed.) (2004) *The Turing Test. Verbal Behavior as the Hallmark of Intelligence*. Cambridge, MA: MIT Press

Sowa, J. F. (1984) *Conceptual Structures*. Reading, MA: Addison-Wesley

Sowa, J. F. (2000) *Conceptual Graph Standard*. Revised version of December 6, 2000. http://www.bestweb.net/ sowa/cg/cgstand.htm

Spivey, M. J., M. K. Tanenhaus, K. M. Eberhard, and J. C. Sedivy (2002) "Eye movements and spoken language comprehension: effects of visual context on syntactic ambiguity resolution," *Cognitive Psychology* 45: 447-481

Stassen, L. (1985) *Comparison and Universal Grammar*, Oxford: Basil Blackwell

Steedman, M. (2005) "Surface-Compositional scope-alternation without existential quantifiers," *Draft* 5.1, Sept. 2005

Steels, L. (1999) *The Talking Heads Experiment*. Antwerp: limited pre-edition for the Laboratorium exhibition

Stein, N. L., and Trabasso, T. (1982). "What's in a story? An approach to comprehension," in R. Glaser (ed.), *Advances in the Psychology of Instruction*. Vol. 2, 213-268. Hillsdale, NJ: Lawrence Erlbaum

Tarski, A. (1935) "Der Wahrheitsbegriff in den Formalisierten Sprachen," *Studia Philosophica* I:262-405

Tarski, A. (1944) "The semantic concept of truth," in *Philosophy and Phenomenological Research* 4:341-375

TCS'92 = Hausser, R. (1992) "Complexity in Left-Associative Grammar," *Theoretical Computer Science*, 106. 2:283-308

Tesnière, L. (1959) *Éléments de syntaxe structurale*. Paris: Editions Klincksieck

Thórisson, K. (2002) "Natural turn-taking needs no manual: computational theory and model, from perception to action," in B. Granström, D. House, and I. Karlsson (eds.) *Multimodality in Language and Speech System*, 173-207, Dordrecht: Kluwer

Tomasello, M. (1999) *The Cultural Origin of Human Cognition*. Cambridge, MA: Harvard Univ. Press

Tomita, M. (1986) *Efficient Parsing for Natural Language*. Boston: Kluwer Academic

Tugwell, D. (1998) *Dynamic Syntax*. Ph. D. Thesis, Univ. of Edinburgh

Twiggs, M. (2005) *The Handling of Passive in Database Semantics*. MA-thesis, CLUE, Universität Erlangen-Nürnberg [in German]

356

Vergne,J. ,and E. Giguet（1998）"Regards théoriques sur le 'tagging'," in *proceedings of the fifth annual conference Le Traitement Automatique des Langues Naturelles*（TALN）

Weydt, H. （1969）*Abtönungspartikel. Die deutschen Modalwörter und ihre französischen Entsprechungen.* Bad Homburg：Gehlen

Wittgenstein,L. （1921）"Logisch-philosophische Abhandlung," *Annalen der Naturphilosophie* 14：185-262

Winograd T. （1983）*Language as a Cognitive Process.* London：Addison-Wesley

Wierzbicka, A. （1991）*Cross-Cultural Pragmatics*：*The Semantics of Human Interaction.* Berlin：Mouton de Gruyter

Younger, D. （1967）"Recognition and parsing of context-free languages in time n 3," *Information and Control* 10. 2：189-208

名 称 索 引

说明:所有页码均为英文版页码。

Abelson, R. , 3

Abney, S. , 3

Ágel, V. , 3

Ajdukiewicz, K. , 3

Anderson, J. R. , VII

Aristotle, 4, 11

Austin, J. L. , 3

Bar-Hillel, Y. , 3

Barsalou, L. , 160

Barwise, J. , 91

Beaugrande, R. -A. , 3

Berners-Lee, T. , 4

Bertossi, L. , VI

Biederman, I. , 55

Bochenski, I. , 72

Bransford, J. , 54

Bresnan, J. , 3, 35

Brill, E. , 3

Brooks, R. A. , 345

Carbonell, J. , 202

Carpenter, B. , 35

Chang, Suk-Jin, 303

Charniak, E. , 3

Choe, Jae-Woong, 63, 316

Choi, Key-Sun, 303

Chomsky, N. , 3, 5, 299

Clark, H. H. , 9

Cocke, J. , 3

Collins, M. J. , 3

Copestake, A. , 92

Cormack, A. , 92

Croft, W. , 63

Déjean, H. , 3

Dale, R. , 3

Dauses, A. , 278

Dorr, B. , 3

Dressler, W. , 3

Earley, J. , 3

Eberhard, K. M. , 31

Elmasri, R. , 35

Engel, U. , 81

Fillmore, C. , 3

Fischer, W. , 264

Flickinger, D. , 92

Francis, W. N. , 118

Franks, J. , 54

Frederking, R. , 202

Frege, G. , 37

Fried, M. , 3

Gazdar, G. , 3, 35, 117

Geach, P. T. , 169

Geurts, G. , 169

Gibson, J. , 54

Giguet, E. , 3

Givón, T. , 316

Greenbaum, S. , 118

Greenberg, J. , 45

Grice, P. , 3, 75

Grosz, B. , 165

Halliday, M. A. K. , 3

Handl, J. , 6

358　Hasan, R. , 3

Hauser, M. D. , 21

Heß, K. , 118

Helfenbein, D. , 165

Hellwig, P. , 3

Hendler, J. , 4

Herbst, T. , 3

Hu˘cinova, M. , 118

Huang, H. -Y. , 118

Hubel, D. , 54

Hudson, R. A. , 3, 117

Ickler, T. , 81

Jackendoff, R. S. , 117

Jacobson, P. , 176

Jezzard, P. , 14

Johnson, M. , 75, 76

Kalender, K. , 118

Kamp, J. A. W. , 91, 169

Kapfer, J. , 6

Kasami, T. , 3

Katona, G. , VI

Kay, M. , 3

Kempson, R. , 92

Kim, Gil Chang, 303

Kim, Soora, 118

Kirkpatrick, K. , 55

Klima, E. S. , 163

Ku˘cera, H. , 118

Kycia, A. , 6, 328

Lakoff, G. , 75, 76

Langacker, R. , 165

Lassila, O. , 4

Lésniewski, S. , 3

Lebiere, C. , VII

Lee, Kiyong, 113

Lees, R. B. , 163

Lenders, W. , 118

Liu, Haitao, 13

Lobin, H. , 116

März, B, 118

MacWhinney, B. , 21, 23, 236

Mann, W. C. , 3

Matthews, P. M. , 14

Mel'˘cuk, I. A. , 3

Meyer-Wegener, K. , 25

Mitamura, T. , 202

Montague, R. , 3, 6, 91

Navathe, S. B. , 35

Neisser, U. , 54

Neumann, J. von , 1

Newton, I. , V

Nichols, J. , 136, 299

Nyberg, E. , 202

Östman, J. -O. , 3

Oirsouw, R. van, 133

Peirce, C. S. , 51

Pereira, F. , 3

Perry, J. , 91

Peters, S. , 176, 177

Piaget, J. , 54

Pollard, C. , 3, 35

Portner, P. , 161

Post, E. , 3

Quillian, R. , 3

Quine, W. v. O. , 50

Quirk, R. , 118

Reiter, E. , 3

Reyle, U. , 91, 169

Ritchie, R. , 176, 177

Rosch, E. , 54

Ross, J. R. , 165

Russell, B. , 90, 93

Sag, I. , 3, 35, 117

Saussure, F. de, 4, 60

Schank, R. , 3

Schewe, K. -D. , VI

359 Schwartz, J. , 3

Scott, D. , 11

Searle, J. R. , 3

Sedivy, J. C. , 31

Shieber, S. , 3, 44

Sidner, C. , 165

Soellch, G. , 118

Sowa, J. F. , 3

Spivey, M. J. , 31

Stassen, L. , 63

Steedman, M. , 92

Steels, L. , 58

Stein, N. L. , 54

Tanenhaus, M. K. , 31

Tarski, A. , 3

Tesnière, L. , 3

Thórisson, K. , 10

Thalheim, B. , VI

Thompson, S. A. , 3

Tkemaladze, S. , 118

Tomita, M, 3

Trabasso, T. , 54

Tugwell, D. , 4

Twiggs, M. , 100

Vergne, J. , 3

Wasow, T. , 117

Weisler, S. , 117

Weydt, H. , 81

Wierzbicka, A. , 3

Wiesel, T. , 54

Wittgenstein, L. , 16

Younger, H. , 3